环境污染源头控制与生态修复系列丛书

污染农田土壤植物修复

——边生产边修复的理念与实践

党 志 张 慧 易筱筠 卢桂宁 徐稳定 廖长君 著

科 学 出 版 社

北 京

内 容 简 介

本书是一部关于利用经济作物玉米实现重金属和石油烃污染农田土壤边生产边修复的研究成果专著。在简要介绍了农田污染特征和相关修复技术的基础上，本书系统总结了作者及其团队针对中轻度污染农田土壤开展的修复用大生物量作物筛选、重金属/石油烃单一及复合污染修复机理、土壤中污染物的活化与增效修复技术、基于玉米的边生产边修复应用示范等方面的成果。这些研究成果可为污染农田土壤的修复治理提供科学依据和技术支持。

本书可供环境科学与工程、土壤污染控制与修复、农业环境科学、农业资源与环境、环境地球科学等学科的科研人员，生态环境部门、农业农村部门与节能环保产业的工程技术与管理人员，以及高等院校相关专业的师生参考。

图书在版编目（CIP）数据

污染农田土壤植物修复：边生产边修复的理念与实践 / 党志等著. —北京：科学出版社，2021.5

（环境污染源头控制与生态修复系列丛书）

ISBN 978-7-03-068562-9

Ⅰ. ①污… Ⅱ. ①党… Ⅲ. ①耕作土壤-污染土壤-修复-研究 Ⅳ. ①X53

中国版本图书馆CIP数据核字（2021）第062343号

责任编辑：万群霞 侯亚薇 / 责任校对：王萌萌
责任印制：吴兆东 / 封面设计：无极书装

科 学 出 版 社 出版
北京东黄城根北街16号
邮政编码：100717
http://www.sciencep.com
北京捷迅佳彩印刷有限公司 印刷
科学出版社发行 各地新华书店经销

*

2021年5月第 一 版 开本：720×1000 1/16
2022年1月第二次印刷 印张：16 1/4
字数：323 000
定价：148.00元
（如有印装质量问题，我社负责调换）

作者简介

党 志 1962 年生，陕西蒲城人，中国科学院地球化学研究所和英国牛津布鲁克斯大学 (Oxford Brookes University) 联合培养环境地球化学专业理学博士，华南理工大学二级教授、博士生导师，工业聚集区污染控制与生态修复教育部重点实验室主任、"广东特支计划"本土创新创业团队负责人，享受国务院政府特殊津贴专家。主要从事金属矿区污染源头控制与生态修复、重金属及有机物污染场地/水体修复理论与技术、毒害污染物环境风险防控与应急处置等方面的研究工作，先后主持承担了国家重点研发计划项目、国家自然科学基金重点项目和重点国际(地区)合作研究项目、广东省应用型科技研发专项等 60 余项科研项目，在国内外期刊发表论文 500 余篇(SCI 收录 340 余篇)，获授权发明专利 20 余件，获得过国家科学技术进步奖二等奖、教育部自然科学奖一等奖、广东省科学技术奖一等奖、全国优秀环境科技工作者等。

张 慧 1977 年生，湖南岳阳人，华南理工大学环境工程专业博士，曾在桂林理工大学环境科学与工程学院工作，现为华东理工大学科技信息研究所副教授。主要从事土壤环境生物修复技术研究和科技查新、专利信息分析等科技情报研究及科技信息素养教学等工作，发表学术论文 20 余篇(SCI 收录 10 篇、EI 收录 1 篇)，获授权发明专利 4 件。主持省部级项目 2 项、市厅级项目 2 项，研究成果获得广东省科学技术奖一等奖、广东省环境保护科学技术奖一等奖等。

易筱筠 1970 年生，湖南醴陵人，华南理工大学环境工程专业博士，华南理工大学教授、环境科学专业负责人、土壤污染控制与修复教研所副所长。主要从事重金属环境化学行为、重金属污染修复技术与原理等方面的研究工作，主持国家自然科学基金项目、国家环保公益项目一级课题等 20 余项科研项目，在国内外期刊发表论文 130 余篇（SCI 收录 60 余篇），获授权发明专利 12 件，研究成果获得过国家科技进步奖二等奖、教育部自然科学奖一等奖、广东省科学技术奖一等奖、广东省教学成果奖二等奖等。

卢桂宁 1980 年生，广东和平人，华南理工大学和美国罗格斯大学（Rutgers University）联合培养环境工程专业博士，华南理工大学研究员、博士生导师、土壤污染控制与修复教研所所长，教育部青年长江学者、教育部新世纪优秀人才、"广东特支计划"青年拔尖人才和本土创新创业团队核心成员，广东省自然科学杰出青年基金和中国环境科学学会青年科学家奖获得者，主要从事土壤污染控制与修复研究。

徐稳定 1977 年生，河南叶县人，华南理工大学环境工程专业博士，河南城建学院讲师，主要从事土壤环境污染与修复方面的教学科研工作。

廖长君 1976 年生，广西百色人，华南理工大学环境科学与工程专业博士，广西博世科环保科技股份有限公司土壤修复技术副总监，主要从事土壤污染修复技术研发与应用工作。

序

2014 年，环境保护部和国土资源部首次共同发布了《全国土壤污染状况调查公报》，指出全国土壤环境状况总体不容乐观，部分地区土壤污染较重，耕地土壤环境质量堪忧，工矿业废弃地土壤环境问题突出；其中耕地土壤点位超标率为 19.4%，主要污染物为镉、镍、铜、砷、汞、铅、滴滴涕和多环芳烃。农田土壤污染防治成为国家土壤污染攻坚战的重要任务。2016 年国务院颁布了《土壤污染防治行动计划》（简称"土十条"），2018 年全国人大颁布了《中华人民共和国土壤污染防治法》，有力地推动了我国农田土壤污染防治修复科技的研究与发展，也有效地遏制了土壤环境质量的恶化趋势。

纵览国内外在农田土壤污染管控和修复技术方面的研究与发展，主要有三个方向：一是通过投加不同性能的吸附稳定剂或调节土壤水分，使土壤中重金属/有机物从溶液态或弱吸附态转化成沉淀态或强吸附态，以降低其移动性和植物有效性；二是筛种高耐性、低积累的农作物或喷施叶面调理剂，以减少农作物对污染物的吸收；三是通过种植超积累或高积累植物，吸除土壤中溶液态或弱吸附态的污染物，以降低土壤中污染物有效态含量和植物吸收量。前两者通过管控以保障农产品质量安全，但不减少土壤中污染物含量。

利用植物来净化土壤污染是一种可降低土壤中污染物含量的原位绿色可持续生物修复技术。国际上，已有通过在土壤上规模化种植如镍的超积累植物实现修复，再运用"植物冶炼"技术创造经济价值的案例。但对于种植镉、砷等超积累植物，虽然它们可带来显著的环境效益，但缺乏经济价值，一定程度上影响了这类植物修复技术的推广。针对这个问题，我国华南理工大学的党志教授研发团队筛选出具有较强富集重金属能力的经济作物——玉米品种超甜 38，用于镉污染农田土壤的植物修复；多年系统试验研究表明，重金属主要积累在玉米植物的非食用部位，而可食部分安全达标，实现了"边安全生产、边绿色修复"的目标。这是一种有应用前景的新颖植物技术。相信该书的出版将提供污染农田土壤的植物修复新思路和新途径，对推进污染土壤的植物修复技术研究与应用具有重要的学术价值。

中国科学院南京土壤研究所研究员

2020 年 9 月

前　言

植物修复技术是重金属污染土壤修复最环保的技术之一。利用太阳能，借助植物泵，将土壤中的重金属分离并转移到植物中，通过植物的收割就可以将重金属移出土壤，一劳永逸地解决土壤重金属污染问题。然而该技术的弱势也很明显：修复速度慢，需要多个植物生长周期。目前用于修复的植物大多数是超积累植物，不是经济作物，所以为了植物修复，必须停止种植原本的经济作物，而种植这些超积累植物。对于我国人多地少的国情而言，从经济上是难以承受的，一些很好的植物修复工程因此搁浅。

至今尚未在经济作物中发现超积累植物，那么高积累植物是不是可以呢？笔者研究团队本着从经济作物中筛选修复植物的理念，考虑玉米的生物量比较大，而且玉米的生长适应性比较好，几乎可以适应各种土壤，适合用于土壤修复。笔者研究团队从不同玉米品种中筛选了超甜38（CT38），该品种富集重金属的能力虽然达不到超积累植物的级别，但是通过耕作设计，能有效去除土壤中的重金属镉；此外，该玉米品种还能够促进土壤中的石油烃类、多环芳烃等有机污染物的降解去除。通过种植该玉米品种，污染物被降解或积累在玉米的非食用部位，玉米采收后土壤中污染物浓度明显降低，且玉米籽粒中的污染物浓度不超标，从而实现边生产边修复。在科学技术部、广东省科学技术厅、原广东省环境保护厅和原广州市环境保护局等部门的资助下，笔者研究团队围绕CT38进行了土壤共存污染物、化学及生物强化等方面的系统研究，获得了较为系统且丰富的研究成果，本书对这些研究成果进行了全面总结。

本书是笔者和生态修复团队各位老师及所指导的数届博士、硕士研究生共同完成的研究成果，本书内容由研究团队已开展的科学试验、学位论文及共同发表的科研论文组成。全书共6章，第1章介绍了农田土壤污染现状及相关修复技术，包含了周建民、张慧、徐稳定、梁雅雅、马林、廖长君等的工作；第2章介绍了农田土壤污染修复植物的筛选，包含周建民、张慧、廖长君等的工作；第3章介绍了玉米CT38对重金属镉污染农田土壤的修复研究，包含周建民、徐稳定、惠俊爱的工作；第4章介绍了玉米CT38对石油烃污染农田土壤的修复研究，主要工作由廖长君完成；第5章介绍了玉米CT38对镉-芘复合污染农田土壤的修复研究，主要工作由张慧完成；第6章介绍了玉米修复重金属污染农田土壤的示范工程，主要工作由徐稳定完成。全书由党志、张慧、易筱筠、卢桂宁、徐稳定和廖长君负责总体设计、统稿和审校工作，参与本书资料收集与整理工作的还有郝鑫瑞、王瑾、郑雄开、徐永烨、梁承豪等硕士研究生。

本书的研究成果是在国家重点研发计划项目"农田重金属污染地球化学工程修复技术研究(2017YFD0801000)"、国家自然科学基金重点项目"矿区土壤中重金属形态分布的地球化学机制(41931288)"、国家"863"计划项目子课题"金属矿区及周边重金属污染土壤联合修复技术与示范(2007AA061001)"、广东省重点领域研发计划项目"有色金属矿冶区重金属污染源头控制关键技术及应用(2019B110207001)"、广东特支计划本土创新团队项目"矿区重金属污染源头控制与生态修复(2019BT02L218)"、广东省应用型科技研发项目"基于秸秆资源化利用的农田土壤毒害污染物削减关键技术研发及应用(2016B020242004)"、原广东省环境保护厅科技开发项目"重金属污染土壤的植物修复技术研究(2001-27)"、原广州市环境保护局科技成果应用示范项目"广州白云区蔬菜基地重金属污染土壤的化学-植物联合修复示范",以及广东省固体废物污染控制与资源化重点实验室项目(2020B121201003)等资助下完成的,特此感谢。此外,本书在撰写过程中参阅了大量的相关专著和文献,并已将主要参考书目列于书后,在此向各位著者表示诚挚的感谢!

由于笔者的专业知识和学术水平有限,书中难免存在疏漏之处,恳请读者批评指正。

最后,衷心感谢中国科学院南京土壤研究所骆永明研究员在百忙之中为本书作序!

党　志

2020 年 8 月于广州

目　录

第1章 农田土壤污染及修复研究概况

土壤是指地球表面的一层疏松的物质，由各种颗粒状矿物质、有机物质、水分、空气、微生物等组成，能生长植物。由于人口急剧增长，工业迅猛发展，固体废物不断向土壤表面堆放和倾倒，有害废水不断向土壤中渗透，大气中的有害气体及飘尘也不断随雨水降落在土壤中，土壤受到污染。根据国务院决定，2005 年 4 月至 2013 年 12 月，我国开展了首次全国土壤污染状况调查，调查范围为中华人民共和国境内(未含香港特别行政区、澳门特别行政区和台湾地区)的陆地国土，调查点位覆盖全部耕地，部分林地、草地、未利用地和建设用地。调查结果表明，全国土壤环境状况总体不容乐观，部分地区土壤污染较重，耕地土壤环境质量堪忧，工矿业废弃地土壤环境问题突出；工矿业、农业等人为活动及土壤环境背景值高是造成土壤污染或污染超标的主要原因；长江三角洲、珠江三角洲、东北老工业基地等部分区域土壤污染问题较为突出。

1.1 农田土壤污染概况

1.1.1 农田土壤污染物类型

土壤环境位于自然环境的中心位置，容纳了环境中大约 90%的来自各方面的污染物质。随着工业技术迅速发展，越来越多的污染物进入土壤环境，对土壤环境造成污染。土壤污染的类型目前并无严格的划分，从污染物的属性来考虑，一般可分为有机物污染、无机物污染、生物污染和放射性物质的污染。常见的土壤污染物主要有重金属、挥发性芳香烃化合物、多环芳烃(PAHs)、拟除虫菊酯、氨基甲酸酯类、酰胺类化合物、酚类化合物、含硫无机化合物、含氮无机化合物(Amor et al.，2001)。这些污染物主要来源于开采、冶炼、焦化、木材保护性处理、污罐、固体废弃物、农药、化肥施用等。在大多数污染地区，重金属与有机污染物是两类最为普遍且经常共存的土壤环境污染物(Maliszewska-Kordybach and Smreczak，2003)。

1.1.2 农田土壤污染物来源

土壤污染的来源可分为天然污染源和人为污染源。天然污染源是指自然界自行向环境排放有害物质或造成有害影响的场所，如正在活动的火山。人为污染源是指人类活动所形成的污染源，是土壤污染研究的主要对象。而在这些污染源中，化学物质对土壤的污染是人们最为关注的。按照污染物进入土壤的途径所划分的土壤污染源可分为污水灌溉、固体废弃物的利用、农药和化肥、大气干/湿沉降等。

土壤重金属污染主要来自人类的生产和生活活动。其主要来源：金属矿山开采、冶炼产生的矿山酸性废水及尾矿和矿渣堆放，其中的重金属离子随矿山排水和降雨直接进入土壤或进入水环境中，直接或间接造成土壤重金属污染；污水灌溉农田和污泥施肥，其所含的大量重金属引起了大面积的土壤重金属污染；施用含 Pb、Hg、Cd、As 等的农药和不合理地施用化肥导致土壤中重金属的污染，破坏土壤结构，改变土壤构成成分，使农产品品质下降；此外，来源于工业生产、汽车尾气排放及汽车轮胎磨损产生的大量含重金属的有害气体和粉尘等，经过自然沉降和雨淋沉降也会进入土壤中，对土壤造成污染（朱永官等，2005；丛艳国和魏立华，2002；王庆仁等，2002）。

近年来，中国高铁的迅猛建设，对采矿、冶炼等行业刺激很大，有害重金属随着钢铁的出现，从深层地质环境进入表层土壤环境中，导致严重的土壤污染。金属矿山开采过程中，产生大量含有重金属的尾矿和酸性矿山废水（acid mine drainage，AMD）。冶炼过程中，会产生大量的含尘气体和矿渣，粉尘和矿渣携带着大量的重金属进入土壤环境中。采矿和冶炼行业的重金属离子会随矿山排水和降雨进入土壤环境或水环境中，从而直接或间接地造成土壤重金属污染。因此，矿区或者冶炼厂及周围农田土壤被重金属污染的情况多有报道。常青山等（2007）研究报道，福建矿区及周围土壤已遭受严重重金属污染，主要是 Zn、Pb 和 Cd。张素娟等（2009）研究了蓝田冶炼厂周围的农田，包丹丹等（2011）研究了江苏南部冶炼厂周围农田，李鹏等（2011）也对某冶炼厂周围土壤进行了重金属污染分析与评价，均发现有重金属超标现象。除采矿和冶炼之外，值得注意的重金属污染源还来自电镀、塑料、电池、化工等行业，这些行业以"三废"形式将重金属从原料化学品转移到环境中，导致某些工厂企业周围土壤中 Zn、Pb 含量高达 3000mg/kg 以上。

为减轻我国水资源紧张的压力，尤其在缺水的北方，有不少地区采用城市污水灌溉，虽然在一定程度上暂时带来了农产品的增收，但大量重金属污染物也随之进入耕地中，造成了大面积的土壤重金属污染问题，进而导致部分农产品中重金属含量超标。有研究者调查了沈阳张士灌区的农产品中重金属 Cd 含量，发现莴笋的可食用部分超标 1.92 倍，辣椒和茄子分别超标 2.28 倍和 2.01 倍（刘杨等，2011）。在众多城市污泥的处理与处置手段中，填埋或直接作为肥料施用到耕地中是国内外最重要的手段，这样就使城市污泥中含有的大量重金属迁移到土壤中（姚金玲等，2010；高定等，2012）。城市污泥及其作原材料加工制造出的肥料的大量使用，虽然解决了固体废物处理和处置的问题，但其中的重金属也势必随着污泥一并进入农田中，导致农作物产量增加的同时，也造成了土壤的重金属污染。

目前，城市交通运输中尽管电动汽车技术有了较大发展，但燃油仍然是交通运输中主要的能源消耗方式,含铅燃料在当前仍占很大的比例。另外,在轮胎制造的添加剂中通常含有重金属。因此,含铅燃料汽车尾气的排放、轮胎磨损导致的重金属元素重新释放,都会引起土壤中重金属含量升高。另外,运输中的泄漏事故也会造成突发性污染事件。所以,道路两侧通常会有较高的重金属污染(曾经和付晶,2011;秦莹等,2009)。

含重金属肥料的施用,也会导致重金属进入土壤中。一般磷肥中含有较高 Cd、Hg、As 和 Zn 等重金属,氮肥和钾肥中这些重金属含量较低,但氮肥中 Pb 的含量较高,如过量施用将致使土壤这些重金属含量偏高(程旺大,2005)。国外也有报道,磷肥中通常含有重金属 Cd,施用到土壤中导致土壤和农作物重金属含量升高,严重者引起污染和对人们的危害(Grant et al.,2002;Taylor,1997)。

电子垃圾处理不当,也是造成重金属污染的重要原因。随着科技的进步,人们在日常生活中对手机、计算机等电子产品的消费越来越多,由此产生的电子垃圾处理不当,进而导致严重的土壤重金属污染问题,近年来成为环境热点难题。例如,浙江台州温岭、广东清远龙塘及汕头贵屿等地的电子垃圾拆卸场地周围,都出现了严重的重金属污染(周翠等,2012;张朝阳等,2012;林文杰等,2011;Taylor,1997)。

1.1.3　农田土壤污染的危害

土壤污染会导致农作物污染、减产,带来严重的经济损失。对于各种土壤污染造成的经济损失,目前尚缺乏系统的调查资料。仅以土壤重金属污染为例,全国每年因重金属污染而粮食减产 1000 多万 t,另外被重金属污染的粮食每年也多达 1200 万 t,合计经济损失至少 200 亿元。不仅如此,土壤污染还导致农产品品质不断下降。我国大多数城市近郊土壤都受到了不同程度的污染,有许多地方粮食、蔬菜、水果等食物中 Cd、Cr、As、Pb 等重金属含量超标或接近临界值。土壤污染除影响食物的卫生品质外,也明显影响到农作物的其他品质。有些地区污灌已经使得蔬菜的味道变差、易烂,甚至出现难闻的异味;农产品的储藏品质和加工品质也不能满足深加工的要求。

土壤污染会使污染物在植(作)物体内积累,并通过食物链富集到人体和动物体中,危害人体健康,引发癌症和其他疾病等。以重金属为例,植物生长发育过程也需要一定的金属离子,但不能超出一定限度。超出限度就会在植物及果实中存积并传递给食用的生物包括人类。重金属进入人体后,不易排泄,逐渐蓄积,当超过人体的生理负荷时,就会引起生理功能改变,导致急慢性疾病或产生远期危害。其危害主要有:慢性中毒、致癌、致畸、变态反应及对免疫功能产生影响。

土壤受到污染后,含重金属浓度较高的污染表土容易在风力和水力的作用下分别进入大气和水体中,导致大气污染、地表水污染、地下水污染和生态系统退化等其他次生生态环境问题。土壤污染还影响植物、土壤动物(如蚯蚓)和微生物(如根瘤菌)的生长与繁衍，危及正常的土壤生态过程和生态服务功能，不利于土壤养分转化和肥力保持，影响土壤的正常功能。

1.1.4　典型区域农田土壤污染特征

1. 大宝山矿区重金属污染农田

金属矿山开采活动产生的大量酸性矿山废水和废矿渣，不但破坏地表植被，其中的有毒有害重金属元素还将随酸性矿山废水的排放及尾矿堆的风化和淋滤进入水体与土壤环境中，是矿区及其周围地区生态环境重金属污染的两个最主要环境问题(Naicker et al.，2003；Chan，2003；王庆仁等，2002；周东美等，2002；Verner et al.，1996)。这些重金属进入环境后，主要通过沉淀溶解、氧化还原、吸附解吸、络合、胶体形成作用等一系列物理化学过程形成不同的化学形态，在水体和土壤环境中进行迁移转化，以一种或多种形态长期驻留在环境介质中，并最终通过土壤-植物系统经食物链进入动物和人体，危害人类健康和安全(Aykol et al.，2003；Dang et al.，2002)。因此，对矿区及其周围地区的污染水体、土壤以及植物中的重金属污染分布特征及其化学形态进行研究，弄清其环境生物效应及其在环境介质间的迁移转化规律和机制，不仅可以用来评价矿业活动对矿区周围生态环境的潜在影响，也可为矿区生态环境污染的控制和修复提供理论依据。

大宝山矿地处广东曲江、翁源两县交界处，是一座大型多金属硫化物伴生矿床。该矿自 20 世纪 70 年代大规模开采以来，产生的大量含重金属污水直接排放到横石河水中，已造成该区域生态环境的严重恶化(周建民等，2005a；蔡美芳等，2004)。本节以大宝山矿区及其周围地区的矿石、矿渣、尾矿、污水灌溉稻田土壤、各种植物和农作物、洗矿水、河水、土壤孔隙水、农田灌溉水、沉积物等为研究对象，对所采样品进行一些必要的理化性质分析(如土壤离子交换容量、土壤有机质、土壤 pH、水 pH)和元素组成的 ICP-MS 测定(如 As、Cd、Cu、Pb、Zn 等)，并结合化学萃取法分析土壤/沉积物中重金属的形态分布特征，旨在阐明该矿区周围环境的重金属污染分布特征及其迁移转化规律，对其潜在环境风险进行评估。

1) 研究区概况

大宝山矿位于东经 113°40′～113°43′，北纬 24°30′～24°36′。矿区地处亚热带季风气候区，年平均气温 20.3℃，年均降水量 1782.7mm。表层岩石风化强烈，基带土壤类型为红壤，随海拔高度增加而逐渐演替为山地黄壤。大宝山矿是一座大型多金属硫化物矿床，矿区主矿体上部为褐铁矿体，储量为 $2000 \times 10^4 t$；下部为大型铜硫矿体，储量为 $2800 \times 10^4 t$，并伴有 W、Bi、Mo、Au、Ag 等多种稀有金属和贵金属(周建民等，2004)。

自 20 世纪 70 年代以来，大宝山矿及其 21 个周边矿在采矿时采富弃贫且矿种分离不全，采矿废石堆放的风化和淋滤及选矿、洗矿产生的含有 Cd、Cu、Zn、Pb 等数种严重超标的重金属污水和含 S 等非金属污水直接排放到横石河水中，已造成该区域生态环境的严重恶化。据统计，污染最严重的时候，周边韶关境内有 83 个自然村、584.8hm² 农田、20.9hm² 鱼塘受到影响。其中翁源新江镇上坝村是严重受害区，该村河段上部颜色赤红，底部漆黑，河内鱼虾绝迹。含有超量金属元素的污水长期灌溉农田，造成土质被破坏，农作物产量逐年下降。严重超标的毒水污染给村民健康也带来严重损害，皮肤病、肝病、癌症等是该村的高发病症（常学秀和施晓东，2001）。

2）土壤中重金属含量分布特征

该矿区土壤的 pH 在 2.43～7.52（表 1-1），除废石堆尾矿和植被覆盖土呈弱碱性或中性外，其他土壤均呈酸性，其中尾矿坝尾矿、河流沉积物、污灌稻田土和污灌菜园土等的 pH 远小于废石堆尾矿的 pH，原因主要是多金属硫化物矿中黄铁矿氧化产生的大量酸性废水大大降低了该区域土壤的 pH。

从单个金属元素来看，所有土壤样品中 Cr、Co 和 Ni 的含量低于或接近该地区的背景值，表明这三种元素对该区域未能构成污染；而 Cu、Zn、As、Cd 和 Pb 的含量严重超标，以废石堆尾矿含量最高，超过土壤污染风险筛选值达几十倍之多。因此可以看出该矿区是以 Cu、Zn、As[①]、Cd 和 Pb 为主的多金属复合污染。

从区域分布看，矿区和尾矿坝附近土壤污染要比横石河污水灌溉区土壤污染严重得多，但污水灌溉稻田土中重金属 Cu、Zn、As 和 Cd 的最大含量仍分别高达 1054mg/kg、2274mg/kg、581mg/kg 和 3.37mg/kg，是土壤污染风险筛选值的 21.08 倍、11.37 倍、14.52 倍和 11.23 倍，和对照土（非污水灌溉稻田土）比较，污染已经相当严重，因而有必要采取一定措施来降低土壤中重金属对周围生态环境的危害。另外，同样污水灌溉的菜园土比稻田土所受污染要轻得多，这主要是因为菜园土为旱作，所需污水灌溉要少得多。

2. 某铅锌尾矿库周边重金属污染农田

铅锌尾矿库位于广东省梅州市梅县丙村镇，尾矿库区在韩江流域的上游，水系呈树枝状分布，矿区东南方向有一条梅江，为常年流水的河流，主要供居民灌溉和饮用。笔者分析了该地区农田土壤中重金属 Pb、Zn、Cu、Cr、Cd、Ni 和 As 的含量，并采用内梅罗综合污染指数法、潜在生态危害指数法和模糊综合评价法 3 种评价方法对土壤重金属污染进行风险评价。结果表明，稻田土壤中的重金属含量高于蔬菜地土壤（表 1-2），部分土壤样品中的 Pb、Zn、Cu、Cd、Ni、As 含量

---

① As 是非金属元素，但其很多性质和环境行为都与重金属类似，所以在环境科学领域通常将它归入重金属范畴，下同。

表 1-1 大宝山矿区污染土壤的 pH 和重金属含量

土壤样品	pH(H₂O)	重金属含量[①]/(mg/kg)							
		Cr	Co	Ni	Cu	Zn	As	Cd	Pb
废石堆尾矿* (样品数=6)	7.52±0.48 (7.22~7.82)	53.7±5.26 (47.1~64.2)	10.4±1.28 (8.42~11.8)	39.5±3.56 (34.5~43.8)	2090±269 (1339~2678)	2973±1353 (1741~4734)	310±152 (210~459)	6.42±1.80 (3.28~9.58)	429±271 (76.0~844)
植被覆盖土 (样品数=6)	6.13±0.36 (6.08~6.21)	47.3±8.67 (15.3~77.0)	12.3±2.64 (7.40~18.8)	29.9±6.84 (25.5~33.8)	1493±146 (1291~1853)	1342±179 (1148~1527)	407±175 (199~516)	4.61±1.85 (3.87~5.40)	235±126 (168~306)
尾矿*坝尾矿* (样品数=6)	2.43±0.66 (2.38~2.52)	41.9±6.58 (36.0~51.3)	11.3±0.86 (10.7~11.6)	10.3±0.67 (9.20~11.4)	1695±185 (1596~1866)	2491±463 (2248~2678)	228±11.2 (215~246)	8.44±2.65 (7.82~8.82)	263±38.5 (240~286)
河流沉积物 (样品数=6)	3.74±0.32 (3.38~4.07)	35.6±4.23 (28.6~42.7)	15.3±2.15 (12.6~18.4)	18.4±1.53 (15.4~20.2)	1118±354 (340~2970)	1656±852 (516~4463)	513±98.4 (271~668)	7.18±2.62 (2.55~18.5)	530±101 (214~841)
污灌稻田土 (样品数=12)	4.62±0.67 (4.48~4.76)	75.5±12.4 (55.8~97.3)	28.5±13.2 (6.72~45.5)	25.1±8.24 (14.4~38.5)	561±186 (368~1054)	1135±165 (678~2274)	218±88.2 (78.4~581)	2.45±0.84 (1.66~3.37)	205±64.2 (129~280)
污灌菜园土 (样品数=12)	4.42±0.56 (3.87~4.86)	52.4±7.84 (42.5~58.6)	12.6±3.24 (8.25~15.6)	18.7±1.28 (16.5~20.4)	202±17.7 (184~245)	476±110 (293~642)	148±32.6 (78.4~218)	1.11±0.21 (0.78~1.56)	104±0.21 (62.3~149)
对照土 (样品数=6)	5.33±0.55 (5.21~5.52)	42.6±2.36 (38.5~46.4)	8.83±1.25 (7.83~9.81)	15.7±0.85 (14.3~16.7)	50.5±16.5 (29.7~87.2)	154±16.5 (138~174)	40.2±8.03 (24.4~57.9)	0.23±0.15 (0.16~0.46)	38.6±6.73 (26.3~52.4)
土壤污染风险筛选值 (GB 15618—2018)	<6.5	150		70	50	200	40	0.3	90

①表中数据为平均值±标准偏差，括号内数值为范围。

表 1-2　某铅锌尾矿库周边土壤重金属含量

土壤样地	重金属	最小值/(mg/kg)	最大值/(mg/kg)	平均值/(mg/kg)	标准差/(mg/kg)	变异系数
稻田地土壤	Pb	59.62	992.58	245.60	200.06	0.81
	Zn	70.36	1362.18	491.05	319.68	0.65
	Cu	10.54	101.48	35.59	23.39	0.66
	Cr	29.66	97.74	59.78	19.38	0.32
	Cd	0.61	7.49	2.55	1.64	0.64
	Ni	3.12	135.39	37.12	29.67	0.80
	As	10.53	156.62	54.76	32.81	0.60
蔬菜地土壤	Pb	29.85	1118.98	138.16	210.39	1.52
	Zn	45.89	2847.48	321.77	547.59	1.70
	Cu	9.76	98.01	27.35	19.68	0.72
	Cr	12.34	77.33	30.55	17.4	1.83
	Cd	0.11	16.69	1.77	3.24	1.83
	Ni	3.47	55.59	11.74	10.88	0.93
	As	6.36	189.85	25.18	33.42	1.33

已超过土壤污染风险筛选值；Cr 含量均未超标。相关性分析表明农田土壤中各重金属含量之间都有极显著的相关性，主成分分析表明 Pb、Zn、Cu、Cd、As 是当地农田土壤环境质量的主要影响因子。3 种评价方法的结果存在差异，内梅罗综合污染指数法和模糊综合评价法的结果显示农田土壤重金属污染处于重度污染程度，而潜在生态危害指数法评价结果表明土壤重金属污染处于中等潜在生态危害程度。该铅锌尾矿库周边农田受到多种重金属的复合污染，其中 Cd 污染最严重，重金属对农田存在很大程度的风险(梁雅雅等，2019)。

3. 石化厂周边石油污染农田

试验区域位于广东省茂名市茂南区高岭新村，该村的农田中主要种植玉米、黄豆和水东芥菜等，且该村农田长期处于石化厂排放的废气沉降范围内，PAHs 总含量为 2515.81ng/g，根据 Maliszewska-Kordybach 划分的标准，此地 PAHs 污染为重污染，说明此地受 PAHs 污染严重。检测该村农田土壤中的 PAHs 污染物含量见表 1-3，其中 16 种 PAHs 名称和缩写分别为萘(Nap)、苊烯(Acy)、苊(Ace)、芴(Flu)、菲(Phe)、蒽(Ant)、荧蒽(Fla)、芘(Pyr)、苯并[a]蒽(BaA)、䓛(Chr)、苯并[b]荧蒽(BbF)、苯并[k]荧蒽(BkF)、苯并[a]芘(BaP)、茚苯[1,2,3-cd]芘(InP)、苯并[*a*,*n*]蒽(DaH)、苯并[*ghi*]芘(BgP)。

　　分别采集了试验样地不同深度(0～20cm、20～40cm、40～60cm)的土壤,PAHs检测结果如图1-1所示。可以发现,在0～20cm深度的土壤里PAHs含量较高,20～40cm深度的土壤里PAHs含量大幅下降,40～60cm深度的土壤里多种PAHs含量均降至微量。自然情况下,PAHs向土壤深层迁移的难度比较大,通常富集在土壤表层。这表明该试验样地PAHs含量基本上遵从了表层土壤富集规律。

表 1-3　石化厂周边农田 PAHs 含量

组分	含量/(ng/g)	组分	含量/(ng/g)
Nap	45.2±14.7	BaA	311.4±96.1
Acy	1.6±0.1	Chr	296.4±71.3
Ace	9.2±2.9	BbF	184.4±62.9
Flu	10.1±1.8	BkF	309.8±75.3
Phe	435.0±54.5	BaP	160.9±50.7
Ant	35.0±1.6	InP	190.6±71.8
Fla	210.9±34.9	DaH	18.1±8.2
Pyr	201.9±30.7	BgP	95.2±33.2

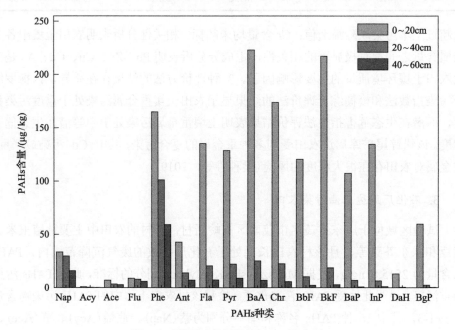

图 1-1　不同深度土壤中 PAHs 的含量

1.2　农田土壤污染控制与修复技术

　　土壤资源是人类赖以生存和发展的重要自然资源，是社会经济持续发展的必要物质保障。人类每一阶段的发展，都与土壤息息相关。可以说土壤承载了人类的一切。但如今人类的活动使土壤遭到严重的污染，破坏了必要的生存条件，使人与自然的和谐被打破，这样的趋势发展下去势必会危及人类自身的生存。如果不采取必要的措施来限制这种趋势的发展，人类可持续发展的愿望将会难以实现。

　　土壤污染具有隐蔽性，即从开始污染到导致后果有一个长时间、间接、逐步积累的过程，污染物往往通过农作物吸收、再通过食物链进入人体引发人们的健康变化，才能被认识和发现。由于进入土壤的污染物移动速度缓慢，土壤污染和破坏后很难恢复，污染治理费时、费力、费钱。因此，对于土壤污染必须贯彻"预防为主，防治结合"的环境保护方针。首先要控制污染源，即控制进入土壤中的污染物的数量和速度，通过土壤的自然净化作用而不致引起土壤污染。对已经污染的土壤，要采取一切有效措施，清除土壤中的污染物，或控制土壤中污染物的迁移转化，使其不能进入食物链。

　　污染土壤修复技术按其原理可概括如下：①以降低污染风险为目的，即通过改变污染物在土壤中的存在形态或同土壤的结合方式，降低其在环境中的可迁移性与生物可利用性；②以削减污染总量为目的，即通过处理将有害物质从土壤中去除，以降低土壤中有害物质的总浓度。基于上述基本原理，人们提出物理、化学、生物和农艺调控等多种类型的修复技术(龙新宪等，2002；夏星辉和陈静生，1997)。与工业场地重金属污染相比，农田土壤重金属污染面积巨大，但主要以中轻度污染为主，其修复技术与方式的选择需要首先考虑农业生产方式和类型，其次兼顾有效性、经济性和推广性。目前，可用于农田重金属污染的控制措施主要包括如下四种：工程措施、化学措施、农业措施和生物措施。目前实际开展的农田重金属污染修复，主要以化学钝化修复为主，辅助农艺调控措施等，以达到重金属污染农田的安全利用，控制稻米等农产品中的重金属不超标(顾继光等，2003；余贵芬和青长乐，1998；李永涛和吴启堂，1997；夏星辉和陈静生，1997；唐世荣等，1996；骆永明，1995)。

1.2.1　农田土壤污染控制措施

1. 工程措施

工程措施是用物理(机械)或物理化学的原理来治理土壤重金属污染。主要有客土、换土、翻土、去表土及电解、电动修复、淋洗、玻璃化等措施。工程措施具有效果好、不受土壤条件限制等优势，但存在需要消耗大量的人力、费用高、实施复杂和存在二次污染等缺点，一般适用于污染严重、面积小的土壤。

2. 化学措施

向污染土壤投入改良剂、抑制剂，有效地降低重金属的水溶性、扩散性和生物有效性，从而降低它们进入植物体、微生物体和水体的能力，减轻它们对生态环境的危害。主要包括酸碱中和法、固化剂固化法、有机质络合法、离子拮抗法等。化学措施的优点是治理效果和费用都适中，缺点是容易再度活化。如能与农业措施及生物措施配合使用，效果可能会更好。

3. 农业措施

因地制宜地调整一些耕作管理制度及在污染土壤上种植不进入食物链的植物等，从而改变土壤中重金属活性，降低其生物有效性，减少重金属从土壤向作物的转移，达到减轻其危害的目的。农业措施主要包括控制土壤水分、改变耕作制度、调整作物种类、合理施用有机肥等。农业措施费用较低、无副作用、实施较方便，但其修复效果较差、周期长，应与生物措施、化学措施配合使用。农业措施适合于中、轻度重金属污染土壤的修复。

4. 生物措施

利用特定的动植物和微生物的某些习性来适应、抑制和改良重金属污染，较快地转移或降解土壤中的重金属污染物而达到净化土壤的目的，称为生物措施。主要有：动物修复、微生物修复和植物修复。生物措施中的植物修复是目前正在迅速发展的一种方法，它具有许多其他方法所没有的优点，如实施简便、投资少、不产生二次污染、对土壤结构无破坏等，是一种与环境和谐的绿色修复方法，因而日益受到人们的重视，成为近年来重金属污染土壤修复研究的热点。

1.2.2　农田土壤污染修复技术

1. 物理方法修复

早期石油污染土壤的修复方法主要是物理方法和化学方法。物理方法主要有焚烧法、热修复法、换土法、隔离法、机械法等，但这些方法要求高温、使用特殊机械设备或需要更多人力等，成本较高，不能从根本上解决污染问题，需要对污染物进一步处理。因此，在实践基础上，需要不断摸索，克服传统方法的弊端，寻求更好的方法，使污染土壤修复朝着高效、节能、环境友好等方向前进。目前，新型的经济实用的方法已经得到应用，如电动修复法、微波修复法和气相抽提法等。这些方法的利用，加快了污染土壤修复工作的步伐，以下对一些常见的新型污染土壤修复方法进行简单介绍。

1) 电动修复法

电动修复(electrokinetic remediation)是近十几年出现的新技术，该技术通过施加于污染土壤两端的低压直流电场，达到强化处理污染物的目的。Wan 等(2011)开展了石油污染土壤的电动修复研究，在 200V/m 的电压作用下，10d 就能去除36%的石油烃，有效提高了修复效率；同时，电动修复使土壤中的微生物多样性减少。电动修复过程利用电场的作用力，使污染物发生向电极方向的集中迁移，导致在土壤中分散的污染物可以在局部区域集中，方便其他处理手段的使用。因此，充分利用这个优势，结合其他修复方法，修复效果将事半功倍。例如，污染物在电场力作用下发生迁移的前提条件是溶解在溶液中，因此对于在土壤表面吸附性较强的石油烃来说，增溶物质的使用就显得非常必要，只有在溶液中有较好的溶解性，才能使其在电场力作用下发生有效迁移。另外，添加高效降解菌，会使修复效果更理想。

2) 微波修复法

使用热处理方法修复有机污染土壤已经由来已久，但使用微波进行加热，则可以加速这个过程，达到快速修复的目的。在使用微波加热修复原油污染土壤、使用冷凝装置回收石油污染物的研究中，添加少量碳素纤维就能使 800W 的微波辐射在 4min 内将土壤加热到大约 700℃，在修复过程中有效回收石油污染物，而且没有造成明显的二次污染(Dawei et al.，2009)。Li 等(2008)使用颗粒活性炭作为微波吸收剂添加到土壤中，经过微波处理 10min，柴油污染土壤的污染去除率达到 99%。而 Chien(2012)则使用微波进行污染土壤的实地修复，将 2kW 功率的微波装置安装在土壤中，3.5h 能把 $C_{10} \sim C_{40}$ 的石油烃去除，显示出微波在实地修复的高效性和稳定性，可为进一步工作的开展打下良好基础。

3) 气相抽提法

利用真空泵产生的负压驱使空气气流经过土壤孔隙，解吸并驱使挥发性和半挥发性组分流向抽取井并收集于地上处理装置的方法称为气相抽提法。Albergaria 等(2012)使用该方法处理石油中的苯系物，得出以下结论：①修复效率高于 92%；②土壤水分增多则耗时增多；③污染物迁移缓慢则需要花费更长时间。由此可知，土壤性质、水分含量等因素会限制气相抽提法的修复效率。

使用物理方法修复污染土壤，修复效率高且效果明显，但花费高，需要特殊设备，并且没有从根本上解决问题，适用于突发事件的紧急处理。作为常规处理，则需要更好的方法。

2. 化学方法修复

使用化学药剂对石油污染土壤进行处理也得到广泛的应用，这种方法快速有效，可在紧急突发污染事件及污染浓度较高情况下使用，具有能耗低、处理周期短、操作简单等特点。目前常用的化学修复法有土壤淋洗法及化学氧化法等。

1) 土壤淋洗法

土壤淋洗法是指用不同的淋洗剂如水、表面活性剂和植物油等以单一或者混合使用的方式淋洗污染土壤，达到去除污染物的目的。在石油污染土壤淋洗修复中，近年研究使用的淋洗剂有吐温 80(Uhmann and Aspray，2012)、鼠李糖脂(Yan et al.，2011)、脂肽类生物表面活性剂(Singh and Cameotra，2013)等。Urum 等(2006)通过比较研究表明，十二烷基硫酸钠(SDS)效果最好，其次是鼠李糖脂和皂素；其中，SDS 去除烷烃多于芳烃，而皂素则优先去除芳烃。对原油污染土壤进行淋洗，对于重度石油污染土壤，Li 等(2012)采用正己烷-丙酮混合溶剂，取得良好效果。而 Sui 等(2014)则利用石油醚对浓度高达 10%的石油污染老化土壤进行修复，去除率高达 76%~94%，包括 C_{11}~C_{35} 的正构烷烃和 16 种多环芳烃得到去除。

使用化学淋洗的方法处理污染土壤，在考虑淋洗效果的基础上，淋洗剂的环境友好性需要特别重视，因此近年来无毒并且具有生物可降解性的淋洗剂得到学者青睐。此外，淋洗液中污染物的分离、淋洗剂的处理与淋洗剂的再次利用及处理土壤的利用等需要不断进行深入研究，以在工程上应用。

2) 化学氧化法

通过向石油污染土壤中喷洒或注入化学氧化剂，使其与污染物质发生化学反应来实现净化的目的。常用化学氧化剂有臭氧、过氧化氢、高锰酸钾及 Fenton 试剂等。例如，Xu 等(2011a)使用逐级 Fenton 氧化处理石油污染土壤，经过 4 周，石油的去除效果达到 93%，并且经过 Fenton 处理后，土壤成分烷烃更易于生物降解。而 Yang 等(2012)通过三种氧化剂(Fenton、过硫酸钠和高锰酸钾)对石油污染土壤进行处理，发现高锰酸钾对石油烃的去除率达到 94%，效果最好。

使用化学方法对石油污染土壤进行修复，具有快速、高效等优点，但这种方法一般采用异位修复的方式进行，容易破坏土壤结构，并且费用较高，二次污染严重。因而，在石油污染土壤中，化学方法的使用应该减少，宜在重度污染条件下结合其他处理方法使用，使土壤环境受到的损害最小。

3. 生物方法修复

污染土壤的生物修复技术，是指利用特定的生物(植物、动物、微生物)吸收、转化、降解或清除环境污染物，实现环境净化、生态恢复的生物措施。由于生物修复技术遵循物质循环与能量流动的基本原理，充分利用太阳能的驱动力，能耗低，副作用小，已成为生态环境保护领域最有价值和最具生命力的处理技术之一。

1) 微生物修复

微生物修复技术是指利用土壤中的土著微生物或添加经驯化的高效降解微生物，通过优化土壤环境条件，加速污染物的分解，使污染土壤得到修复的方法。这种方法高效、经济、绿色，迅速得到广泛使用。目前常用的有生物衰减(bioattenuation)、生物刺激(biostimulation)和生物强化(bioaugmentation)三种方法。

(1) 生物衰减法。指通过土壤微生物的自然降解作用，将污染物转化成毒性较小的物质或者发生矿化，去除污染物的方式。由于这是一种自然方法，没有污染物特异性，适合于苯系物等石油烃污染场地(Atteia and Guillot，2007)，但对于其他污染物不一定有效。当污染场地不需要引入其他修复措施时，使用自然衰减法就会显得经济有效，如美国使用这种方法修复了 400 处污染场地，与物理化学方法相比，大概节约了 80%～90%的费用(Megharaj et al.，2011)。

(2) 生物刺激法。通过在土壤中添加营养物质、增加氧气等措施，刺激土著微生物对污染物进行分解，以达到快速修复的目的。为刺激微生物降解，各种肥料如 KNO_3、NH_3NO_3、K_2HPO_4 等，以水溶、缓释、亲油等方式添加到土壤中(Nikolopoulou et al.，2008)。Qin 等(2013)将稻草生物炭添加到土壤中，石油烃降解明显加快，并且生物炭的添加时间对石油烃的去除效果有明显影响。而 Ijah 等(2013)则添加豆渣，经过 28d 的试验，石油烃降解率达 70.4%，明显高于空白的8.8%。

(3) 生物强化法。通过向土壤添加可高效降解污染物的微生物菌剂，使土壤污染物迅速降解，以达到加速修复的目的。Mukherjee 和 Bordoloi(2011)的研究显示，通过投加石油烃降解菌群到石油污染土壤中，经过 180d 的修复，石油烃降解率达到 76%，明显高于空白对照的 3.6%。同样地，Gargouri 等(2014)也认为，接种驯化菌群后，土壤石油烃去除效果较好，浓度从 63.4mg/g 降至 2.5mg/g。

近年来，在石油污染土壤过程中，生物刺激和生物强化同时处理得到广泛应用(Jasmine and Mukherji，2014；Abed et al.，2014；Pimmata et al.，2013；Nikolopoulou et al.，2013；Tyagi et al.，2011；Sayara et al.，2011)，表明微生物修复是解决石油污染土壤问题较好的技术手段。

2) 植物修复

植物修复(phytoremediation)是指利用绿色植物去除或者隔离污染物，进行污染场地的修复技术，这种技术经济绿色，对土壤扰动少，特别适合污染小而范围广的区域，为社会所普遍接受。术语 phytoremediation 由两个词组成：希腊词

phyto(意为植物)和 remedium(意为去除恶魔)。植物修复开始于重金属土壤的处理,特别是发现超积累植物之后,植物修复技术发展迅速,成为研究热点,目前在有机物污染土壤中也得到广泛的使用。一般来说,能用于石油烃污染土壤修复的植物应具有耐受高污染浓度及发达根系的特点(Khan et al.,2013)。根系在土壤中纵深发展,有利于气体交换和水分供应,改善土壤的理化性质,从而有利于提高污染物的可去除性(Muratova et al.,2012)。植物根系分泌物使根系的污染物降解菌数量增多,多样性增加,这可能是植物根际修复的重要机制。一些植物通过筛选,不断被应用在石油污染土壤修复中,如黄豆、绿豆、玉米等作物(Dominguez-Rosado and Pichtel,2004)、能源作物麻风树(Agamuthu et al.,2010)、杨柳(Cunha et al.,2012)、牵牛花(Zhang et al.,2010)、牛筋草(Lu M et al.,2010)等,而 Wang 等(2013)则将重金属超积累植物东南景天和黑麦草复合种植同时修复重金属和多环芳烃,效果良好。利用转基因技术,有望产生对污染土壤修复能力更强的转基因植物,为植物修复带来新的希望(James and Strand,2009; Kang,2014)。

1.3　农田土壤污染植物修复研究

1.3.1　植物修复原理

植物修复技术被当今世界迅速而广泛接受,正在全球应用和发展。根据其作用过程和机理,重金属污染土壤的植物修复技术可分为植物固定、植物挥发和植物提取(Salt et al.,1995; 骆永明,1995)。

植物固定(phytostabilzation)是利用耐重金属植物及一些添加物质降低土壤中有毒重金属的移动性,从而减少重金属被淋滤进入地下水或通过空气扩散进一步污染环境的可能性。植物挥发(phytovolatilization)是利用植物的吸收、积累和挥发而减少土壤中一些挥发性污染物,即植物将污染物吸收到体内后将其转化为气态物质,通过叶面释放到大气中,达到减轻土壤污染的目的。已有的研究主要是针对挥发性重金属元素 Hg 和易于形成生物毒性低的挥发性有机物的元素 Se 进行的。挥发进入大气的污染物有可能产生二次污染问题,对人类和生物具有一定的风险,因而此方式尚存不少疑虑。植物提取(phytoextraction)是目前研究最多的利用植物去除环境中重金属的方法。植物提取是利用专性植物根系吸收一种或几种污染物,特别是有毒重金属,并将其转移、储存到植物茎叶,然后收割茎叶,离地处理,连续种植这种植物,即可使土壤中重金属含量降低到可接受水平。

目前,人们对耐性植株和超富集植物的研究表明,植物吸收富集重金属首先发生的是细胞壁作用机制。研究发现(杨强,2004),耐重金属植物要比非耐重金属植物的细胞壁具有优先键合金属的能力，因此根部细胞壁可视为重要的金属离子储存场所。当金属与细胞壁结合达到饱和时，多余的金属离子才会进入细胞质。而许多观察表明(Brooks et al.，2006)，重金属确实能进入耐性植物的共质体，液泡可能是超富集植物重金属离子储存的主要场所。当然，植物向地上部运输也是吸收重金属的重要途径(Lasat and Kochian，1998)，在木质部中，金属元素与有机酸结合将有利于元素向地上部运输。而在这个过程中，重金属与各种有机化合物络合、酶适应机制和植物螯合态的解毒作用(Liang，1999)，都能降低自由离子的活度系数，减少其毒害。

　　土壤中重金属的生态效应与其总量关系不大，主要受重金属的生物可利用性的影响，而植物根际环境特征与重金属的植物有效性关系密切。如根际环境氧化还原电位(E_h)，一般而言，旱作植物由于根系呼吸、根系分泌物的微生物好氧分解，根系分泌物中含有酚类等还原性物质，根际E_h一般低于土体。该性质对重金属特别是变价金属元素的形态转化和毒性具有重要影响。再如根际环境 pH，植物可以通过根部分泌质子酸化土壤来溶解金属，低 pH 可以使与土壤结合的金属离子进入土壤溶液(Mcgrath，1997)。而根系分泌物通过络合作用影响土壤中金属的形态及在植物体内的运输，显然根系分泌物的种类、数量可能与重金属的生物有效性有着较为密切的关系(林琦等，2001)。

　　植物根际环境特征更为重要的方面是根际微生物与土壤重金属的行为之间的关系。目前，在利用细菌降低土壤中重金属毒性方面已经有了许多尝试。据研究，细菌能产生特殊的酶还原重金属，且对某些重金属有亲和力。Thomas 等(2000)认为，微生物能通过主动运输在细胞内富集重金属，同时微生物通过对重金属元素的价态转化或通过刺激植物根系的生长发育影响植物对重金属的吸收，微生物也能产生有机酸、提供质子及与重金属络合的有机阴离子。因此，当污染土壤的植物修复技术蓬勃兴起时，微生物学家也将研究重点投向根际微生物，他们认为菌根和非菌根根际微生物可以通过溶解、固定作用使重金属溶解到土壤溶液中，进入植物体，最后参与食物链传递，特别是内生菌根可能会大大促进植株对重金属的吸收能力，加速植物修复土壤的效率。但是，迄今为止，有关菌根在植物根系吸收重金属中的作用还是有很大的出入，有结果认为菌根能提高植物对重金属的吸收，但也有结果认为是降低。根际环境的另一个重要特征是土壤中的矿物质，因为其也是重金属吸附的重要载体，不同的矿物质对重金属的吸附有着显著的差异。据 Courchesne 和 Gobran 报道(1997)，根际矿物丰度明显不同于非根际，特别是无定型矿物及膨胀性硅酸盐在根际土壤中发生了显著变化。从目前对土壤中根际吸附重金属的行为研究来看，根际环境的矿物成分在重金属的可利用性中的作用可能较大。

1. 植物的直接吸收和代谢

植物可直接吸收土壤中的有机污染物，进入植物体内的有机污染物会在植物根部富集或迁移到植物其他部分，而本身形态、性质没有发生变化，这称为植物提取。一部分有机污染物会通过植物蒸腾作用挥发到大气中。大多数有机污染物在植物的生长代谢活动中发生不同程度的转化或降解，被转化成对植物无害的物质(不一定对人畜无害)，储存在植物组织中。只有较少的一部分被完全降解、矿化成二氧化碳和水(Macek et al.，2000)。影响根系吸附吸收的主要因素是有机污染物的物理化学性质，如辛醇-水分配系数(K_{ow})、电离常数、在土壤溶液中的浓度等。植物蒸腾作用强度、有机物在土壤水中的浓度也会直接影响有机污染物的吸收速率。有机污染物在根部和其他部分的分布及迁移通常是不一样的。例如，三硝基甲苯(TNT)容易在植物根部富集；六氯苯则可被根和叶吸收，但却观察不到它们在植物体内的迁移；三氯乙酸也可被根和叶吸收，且污染物会在根和叶之间发生双向迁移。Gordon 等(1998)研究了杂交杨树对三氯乙烯(TCE)的吸收，结果发现杂交杨树可有效吸收 TCE，并且可把它降解成三氯乙醇、氯代酮，最后降解成二氧化碳。Kučerová 等(2000)研究了多氯联苯(PCB)被 *Solanum nigrum* 毛根吸收后的代谢转化情况，发现有72%的 PCB 发生了转化，其中单氯联苯的代谢产物为单羧基氯代联苯和双羧基氯代联苯，二氯联苯的代谢产物为单羧基二氯联苯。

2. 根部释放的酶可催化降解有机污染物

例如，腈水解酶可以降解 4-氯苯腈，去硝化酶和漆酶可以分解弹药废物 TNT，去卤代酶可以把氯代溶剂(如三氯乙烯)降解成氯离子、二氧化碳和水。但酶对环境要求较高，不适宜的酸度、过高的金属浓度或细菌毒素都会使酶失活或被破坏。酶在植物组织内或根区附近得到保护，释放到土壤中后，可保持几天的降解活性(Schnoor et al.，1995)。

3. 根际微域微生物群落的降解作用

在植物生长过程中，根系不断地向环境释放有机化合物，大体上，这些有机物质约占植株碳同化量的 15%～25%，高的达到 40%。如此大量的分泌物为微生物的生命活动提供了能源从而使其聚集在根际区域，增加了有机污染物的生物降解能力。根际环境除了微生物高度富集，还存在具有趋向性的特种菌种。微生物的这种趋向性常常取决于根系分泌物中的特定物质。如研究表明根系分泌物中的某些酚类物质可以诱导 PCB 降解菌在土壤中富集。石油污染水稻田土壤中分离出的微生物 *Bacillus* sp.仅在有水稻根系分泌物存在的情况下才能在石油残留物中生长。

4. 根际环境对污染物的降解作用

根系、根际微生物能够分泌有机物(Chanmugathas and Bollag，1987)，可能会影响污染物质的迁移、转化甚至其生物可利用性。有研究表明，环境中的憎水性有机污染物往往被吸附于土壤中，而游离在水相中的很少，一般情况下，未被吸附的化合物易于被微生物降解，而吸附态的污染物生物可利用性降低(戴树桂和董亮，1999)。表面活性剂的加入能够改变这一状态，如辛苯环氧树脂能够促进水土悬浮液中 PAHs 的解吸，提高其生物可利用性。植物根系分泌物可能也会存在该类物质。Roy 等(1997)从果树 *Sapindus mvkurossi* 果皮获得植物表面活性剂，用于一维土壤柱中冲洗六氯苯，其浓度为 0.5%和 1%时，六氯苯回收率分别是水冲洗回收率的 20 倍和 100 倍。同样，许多微生物在降解难溶物质时都产生表面活性物质，分泌于细胞外，这些生物表面活性物质显然也能促进吸附态污染物的溶解。

根际 E_h 对有机污染物降解有刺激作用。在根-土界面，土壤的化学性质有异于本土，植物可将大气中的氧气经叶、茎传输到根部，扩散到周围缺氧的底质中，形成氧化的微环境，刺激微生物对有机污染物的分解作用。刘志光与徐仁扣(1991)测得未受根系影响的水稻土的 E_h 约为–100mV，而根系密集处的土壤 E_h 可达 150～250mV。这种水生植物根际 E_h 的变化将会直接制约微生物种群的分布，进而影响有机物的降解。例如，对硫磷在水稻根际中降解 22.6%时，非根际中仅降解 5.5%，前者是后者的 4 倍。此外，也有研究表明，五氯酚的降解受 E_h 制约，其在旱田土壤中的降解速率大于水田。

1.3.2　植物强化修复技术

1. 化学强化植物修复技术

近来已陆续出现了利用表面活性剂来修复土壤重金属污染的相关研究。表面活性剂因具有亲水亲脂的两亲性，已被广泛用来治理环境污染。利用表面活性剂强化植物萃取土壤重金属的作用机理是建立在表面活性剂与重金属、土壤、植物等之间关系的基础上的。

研究发现，表面活性剂对土壤中微量重金属阳离子具有增溶作用和增流作用，且表面活性剂的链越长，其效应越高。在批试验与土柱试验中，表面活性剂与阳离子交换树脂之间竞争吸附金属离子，浓度为 4.2mmol/L 的表面活性剂能够络合 88%～97%的 Cd^{2+}；表面活性剂对土壤重金属具有解吸作用，而且当有重金属存在的情况下，表面活性剂本身在土壤上的吸附较弱(Herman et al.，1995)。阳离子表面活性剂通过竞争表面位点而减少蒙脱石对金属离子的吸附，但对伊利石、高岭石的吸附效应很小；加入的阴离子表面活性剂可能由于可溶性金属-表面活性剂的沉淀而使溶液中金属的损失量增加；非离子表面活性剂的效应则随矿物与金属离子的类型不同而不同(Beveridge and Pickering，1983)。

表面活性剂促进植物吸收重金属的作用机理可能与表面活性剂破坏细胞膜透性有关。表面活性剂是一种可溶性、两亲性的特殊脂类化合物，不同于构成生物膜成分的不溶性和具膨胀性的脂类化合物，它在水中有较高的单体溶解度，其两亲性使之能与膜的亲水和亲脂基团相互作用，从而改变膜的结构和透性，促使植物对重金属的吸收。表面活性剂最早用于植物是利用它可以增加对叶片蜡质的润湿能力，以提高除草剂、杀虫剂的药效，但后来发现表面活性剂也可以增加根系对除草剂的吸收，而根并没有难以润湿的蜡质、角质层，由此估计表面活性剂可以增加植物细胞膜的透性(Kulli et al.，1999)。低于一定值的阳离子型溴代十六烷基三甲胺(CTAB)、高于一定值的非离子型 Triton-X100 可以改变大麦根质膜透性，形成大麦离体根并引起可溶糖等溶质的外流(栾升和倪晋山，1987)。液培条件下阴离子型直链烷基苯磺酸盐(LAS)、阳离子型 CTAB、非离子型吐温 80 三类表面活性剂处理小麦，使小麦叶片中 Cd 含量从对照的 1.205mg/kg 分别增加到 4.594mg/kg、5.125mg/kg、3.725mg/kg 都达到了极显著水平(Gadelle et al.，2001)。同样在液培条件下，随着表面活性剂 CTAB 浓度的增加，玉米根细胞膜内形成的胶团越多且细胞膜电位过极化，增加了细胞膜对 Al^{3+} 的透性，使玉米体内 Al^{3+} 浓度增高(罗立新和孙铁珩，1998)。在 Cd、Cu、Zn 含量分别为 2mg/kg、530mg/kg、700mg/kg 的土壤上种植莴苣与黑麦草，用表面活性剂次氮基三乙酸酯进行处理，发现植株地上部位中三种重金属的含量比对照增加 4～24 倍，但生物量有所下降。如果以重金属总萃取量考虑，次氮基三乙酸酯的中、低剂量处理较好，比对照增加 3 倍左右(束良佐和朱育晓，2001)。

与所有化学物质的强化修复一样，表面活性剂也对植物生长发育表现出一定的毒害作用，并且自身也容易给环境带来影响。因此在选择表面活性剂时应遵循下列原则：对被去除的重金属等有较强的增溶吸附能力；可形成大胶团，以便形成大孔径膜，提高处理能力；较低浓度即能起作用，以减少表面活性剂的浪费；离子型表面活性剂有较低的 Krafft 点(溶解度急剧增大时的温度)，非离子型表面活性剂有较高的浊点；低发泡性；环境友好性，即无毒、生物降解好，不至于产生二次污染。因此利用廉价底物，开发高产量、高质量的生物表面活性剂是表面活性剂利用的方向。

2. 植物-微生物联合修复技术

与植物密切相关的微生物，包括根际菌(rhizobacteria)和内生菌(endophyte)。根际菌存在于根系环境，具有帮助植物降解污染物的作用，还可能有助于植物生长，被称为"植物生长促进根际菌(plant growth promoting rhizobacteria，PGPR)"。

在逆境胁迫下，PGPR 可通过以下一些作用帮助于植物生长：①通过固氮作用为植物提供氮素；②合成铁载体从土壤吸收铁元素并被植物细胞吸收；③合成植物激素如生长素、细胞分裂素、赤霉素等促进植物生长；④溶解磷等矿质元素，有利于植物利用；⑤合成脱氨酶，降低植物激素乙烯的水平(Glick，2010)。此外，植物也可以通过根系分泌代谢产物，为根际微生物提供营养物质，促进根际微生物的生长，提高微生物降解污染物的能力。而内生菌是指存在于植物组织内而没有对植物产生有害作用的一类微生物，一般包括细菌和真菌。内生菌与植物之间存在良好的互利关系，植物为内生菌提供营养物质与庇护所，而内生菌不仅有助于植物生长，还有助于污染土壤的植物修复作用(Weyens et al.，2009)，因而成为研究的热点。Soleimani 等(2010)将内生真菌接种到高羊茅和牛尾草中进行石油污染土壤的修复试验，结果表明，不管是否成功接种内生菌，植物对多环芳烃和总石油烃的去除率分别达到 80%～84% 和 64%～72%，而相应的无植物空白仅为 56% 和 31%，但是，接种内生菌有助于石油烃的去除。而 Afzal 等(2012)采用种子接种和土壤接种的不同方式，对黑麦草接种烷烃降解菌后修复石油污染土壤，发现土壤接种方式的效果较好。

3. 植物-动物联合修复技术

除了微生物和植物，动物也可以应用到石油污染土壤的修复当中。例如，在一个修复石油污染土壤的陆生微宇宙中，蚯蚓对石油烃降解具有良好作用，尽管其对植物生长和微生物活性没有明显影响(Fernández et al.，2011)。另外，蚯蚓也可以用作石油污染土壤毒性检测的指示生物(Olfa et al.，2013)。利用动物进行污染土壤的修复研究较少，基于动物在土壤生态系统中的良好作用，这方面的工作有待加强，以期获得更好的修复技术。

4. 农艺强化植物修复技术

由于费用低廉、不破坏土体结构、美化环境等优点，植物修复技术被认为是一项很有发展前景的污染土壤修复技术。然而，由于受到复杂的土壤环境、植物因素的制约，单纯使用植物修复技术效率往往很低，有必要采取强化措施来提高植物修复的效率(Maliszewska-Kordybach and Smreczak，2003)。很多研究表明，施肥、使用农药、搭配种植等农艺措施，可显著增加植物对土壤中重金属的吸收积累量及对有机物的吸收、降解率，从而提高植物修复的效率。孙铁珩(2005)从土壤管理和植物管理两大方面综述了农艺措施强化重金属污染土壤植物修复的研究进展，提出今后应在深入研究土壤-植物系统中重金属与营养元素相互作用的基础上，优化施肥技术，施用新型肥料，以改良土壤环境，促进植物生长和对重金属的吸收，提高植物修复的效率；应加强驯化超富集植物野生种，为栽培种的研究工作摸索出一套切实可行的修复用植物栽培管理措施。同时也提出,为使植物修复技术实用,一整套面向大规模商业化应用的农艺管理措施是必不可少的,应加强在这方面的系统化大田试验研究。

1.4 农田土壤污染边生产边修复的理念

由于废水、废气、固体废弃物的污染和化肥、农药、污泥的施用,重金属和石油类污染物在农田土壤中形成了一定的积累,土壤中重金属和多环芳烃含量超标突出,土壤污染已成为制约现代农业健康持续发展的瓶颈。工业化、城镇化建设以及人口增多,导致土地资源缺乏,特别是耕地面积减少,"耕地红线"不断面临挑战。赵其国等(2011)认为,到 2050 年左右,我国人口将达到 15 亿,目前粮食产量无法满足要求,保护"耕地红线",保障食品安全成为当前我国亟须解决的重大问题。陈印军等(2014)认为,土壤污染问题日益突出,受污染的土壤面积呈明显扩大之势。土壤污染局势的日益严峻和粮食生产需求的不断增大迫使人们需要考虑在污染土壤中进行有效修复的同时生产出安全可食的作物产品,以保障国民生产的稳步发展和社会文明的不断进步。

利用分布广泛、适应能力强、生长速度快、生物量大、秸秆可用于生物质能源的常见作物开展污染土壤修复研究,通过了解植物对污染土壤的适应性及修复效果,采取螯合剂及表面活性剂强化植物修复的手段,评价修复效果及作物生产安全性,探究污染物迁移进入植物的途径,为采取有效措施实现高效修复污染土壤的同时开展安全生产打下理论基础,研究结果将有助于正确认识污染物在植物修复过程中的吸收积累特点,实现对污染土壤的修复与安全生产的可能,进而开展污染实际场地修复治理,实现"边生产边修复"策略,为污染土壤的节能环保修复治理提供新的理念和切实可行的有效技术手段。

笔者团队围绕土壤中的毒害重金属和有机污染物,开展了重金属和有机污染物从释放、迁移、转化到去除等过程的环境化学行为及修复机理研究,从不同玉米品种中筛选了超甜 38(CT38),开发出一项利用经济作物玉米对重金属-有机物复合污染土壤进行"边生产边修复"的修复技术。该玉米品种不仅能够吸收土壤中的 Cd 等重金属,还能够促进土壤中的石油、多环芳烃等有机污染物的降解去除;通过种植该玉米品种,污染物被降解或积累在玉米的非食用部位,玉米采收后土壤中污染物浓度明显降低,且玉米籽粒中的污染物浓度不超标,从而实现"边生产边修复"。

第 2 章　农田土壤污染修复植物的筛选

在我国，蔬菜地特别是城市附近的菜园地，正面临越来越严峻的环境问题，蔬菜中重金属含量超标和农药残留使我国的蔬菜出口屡屡遭受绿色技术壁垒的影响。土壤中重金属污染不但会导致农作物减产和品质下降，还会通过土壤-植物系统，经食物链进入人体，危害人类健康和生命安全。在各种土壤修复方法中，植物修复法是目前正在迅速发展和前景最被看好的一种方法，它具有实施简便、投资少、不产生二次污染、对土壤结构无破坏等优点，是一种与环境相和谐的绿色修复方法。

我国有广袤的国土、丰富的植物资源、复杂多样的地理地质条件，因而可能蕴藏着大量超富集植物，为我国开展有关研究提供了良好的基础。在超富集植物研究方面，我国已开展了超富集植物的筛选、超富集机理及利用超富集植物修复重金属污染土壤的前期研究。例如，陈同斌的研究小组在我国湖南、广西等地发现了 As 的超富集植物蜈蚣草，对 As 具有很强的超富集能力，在国际上率先开发出 As 污染土壤的植物修复技术，已初步形成了 As、Cu、Zn 污染土壤植物修复的技术体系，并建立了第一个植物修复示范工程(陈同斌和韦朝阳，2002)。浙江大学的杨肖娥等(2001)在 Zn、Cu 超富集植物筛选和超富集机理方面有较系统的研究。中山大学、中国科学院南京土壤研究所等也进行了植物修复研究工作。但从总体来看，我国对超富集植物种类研究较少，与我国丰富的植物多样性不相适应，至于植物修复重金属污染土壤的实践，大多停留在实验室和小型的田间试验阶段，修复植物的筛选成为植物修复重要的一个环节。

2.1　边生产边修复植物的筛选原则

重金属污染土壤植物修复技术，根据是否采取辅助强化措施可分作两大类：自然植物修复和强化植物修复。自然植物修复通常是利用超富集植物的能力来独立完成修复；强化植物修复，通常是在富集植物本身能力的基础上，增施各种措施来促进植物修复，包括施用螯合剂、间作或套种、添加根际微生物等。玉米能弥补超富集植物生物量小、生长缓慢、地域适用性受限等缺点，即使没有超富集能力，也能够通过一系列的强化措施用于植物提取重金属。Wuana 等(2010)对两种修复技术做了详细的对比，提出在发展中国家，玉米作为生物量大的庄稼作物，特别适合治污经费紧缺的发展中国家进行重金属污染土壤修复。

2.1.1　作物普遍性

据联合国粮食及农业组织数据库资料显示，2012 年我国玉米种植面积为 $3.5 \times 10^7 hm^2$，总产量为 20823 万 t，单位面积产量达 $5900kg/hm^2$ 以上。据佟屏亚研究，中国玉米种质资源集中分布在从东北向西南走向的狭长地带。从东北黑龙江、吉林、辽宁，经内蒙古南部、河北、山西、山东、河南、陕西南部、湖北、四川至贵州、广西、云南等地，该密集带集中了全国 89.9%的种质资源，品种有9600 多份(佟屏亚，2001)。

玉米有广泛的用途，其商业等级主要根据籽粒的质地划分。我国常见的玉米分为马齿种、硬质种、粉质种、爆裂种及糯玉米、甜玉米等(叶雨盛等，2008)。玉米的种质资源丰富、分布地域广泛且生物量大、易栽培，客观上为植物修复研究者探索其在环境保护中的应用提供了丰富的物种优势，是具有商业潜力的一种修复材料。

2.1.2　适应性强

与传统的水稻、小麦等粮食作物相比，玉米具有很强的耐旱性、耐寒性、耐贫瘠性以及极好的环境适应性。对土壤的要求并不严格，可以在多种土壤上种植，在我国分布广泛，主要集中在东北、华北和西南地区，大致形成一个从东北到西南的狭长玉米栽培地带。

2.1.3　生物量大

玉米生物量大，株型高大，有强壮且挺直的茎。茎的两侧互生叶窄长且边缘显现波状。雌雄同体，雄花穗状顶生，雌花花穗腋生，成熟后成谷穗，具粗大中轴，谷穗外被多层变态叶包裹，称作苞叶。授粉后，穗轴上小花发育成籽粒(胡成华，1989)。

2.1.4　可食用部位积累量低

通过盆栽试验筛选出了一种对金属有较强吸收和积累能力的可用于强化植物修复的玉米品种 *Zea mays* L. cv CT38，其地上部 Cu、Zn、Cd 和 Pb 含量分别达54.87mg/kg、231.80mg/kg、1.08mg/kg 和 25.69mg/kg，积累量分别达 1.58mg/pot[①]、6.69mg/pot、0.031mg/pot 和 0.74mg/pot。Cd 和 Pb 含量虽然分别高于食品标准(GB 2762—2017)的 0.1mg/kg 和 0.2mg/kg，但分别低于饲料标准(GB 13078—2017)

---

① pot 指盆。

的 1mg/kg 和 10mg/kg，可以用经济作物玉米代替野生超富集植物进行污染土壤的植物修复。

2.2　玉米品种间重金属的耐受性及富集特征

在代号分别为 TD10、DH9、SN10、HH2、TY28、YA3、CT38 和 XSJ1 的 8 个供试玉米(*Zea mays* L.)品种中，玉米品种表现出不同的耐受性和富集特征。耐受性根据收割时玉米生物量结合生长期症状进行衡量，富集特征主要是根据富集浓度、富集量及转移比来评价。

2.2.1　不同玉米品种的生物量

以收割时不同玉米品种的生物量来衡量相应玉米品种的耐受性，生物量干物质的对比如图 2-1 所示。

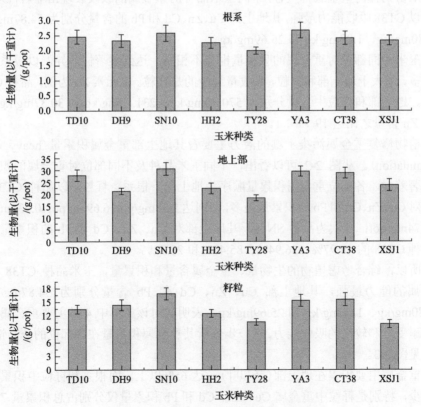

图 2-1　不同玉米品种各部位的生物量

从试验结果看，在污染土壤上不同玉米品种的生长表现不一，TY28 和 DH9 在生长初期就表现出轻微叶片卷曲、发褐等中毒迹象，大约一周后中毒迹象消失，其他玉米品种在污染土壤上都能正常生长，但生长速度各不相同，表明玉米品种对重金属都有一定的耐受性，但耐受程度差异明显。如图 2-1 所示，从生物量看，以地上部(包括茎和叶)最多，其次为籽粒，根系生物量最少，地上部生物量是根系生物量的 10 倍左右。不同玉米品种的生物量也各不相同，表明其对重金属的耐性各异，其中品种 TD10、SN10、YA3 和 CT38 地上部生物量较高，品种间无显著性差异($P < 0.05$)，分别为 27.89g/pot、30.60g/pot、29.53g/pot 和 28.86g/pot。生长期间表现出中毒症状的 TY28 和 DH9 地上部生物量最少，仅分别为 18.31g/pot 和 21.18g/pot。

2.2.2　不同玉米品种的重金属富集特征

从植物体内重金属含量看，不同玉米品种对重金属的吸收表现出显著性差异，其中以 CT38 吸收能力最强，其地上部 Cu、Zn、Cd 和 Pb 的含量分别为 54.87mg/kg、231.80mg/kg、1.08mg/kg 和 25.69mg/kg。

玉米不同部位对重金属的吸收量也各不相同，达到显著性差异，以根系吸收量最多，远大于地上部和籽粒，吸收量最少的是籽粒。以元素 Zn 为例，品种 CT38 根系、地上部和籽粒中含量分别为 570.70mg/kg、231.80mg/kg 和 30.37mg/kg，三部分 Zn 含量之比达 19∶8∶1。

植物修复重金属污染土壤的潜力主要看其地上部重金属积累量(heavy metal accumulation)。从图 2-2 可以看出，不同玉米品种及不同部位对重金属的积累量有显著差异，各部位重金属积累量顺序为地上部＞根系＞籽粒。以品种 CT38 地上部对 Cu、Zn、Cd 和 Pb 的积累量最多，分别达 1.58mg/pot、6.69mg/pot、0.031mg/pot 和 0.74mg/pot；其次为品种 SN10，其地上部对 Cu、Zn、Cd 和 Pb 的积累量分别为品种 CT38 的 48.97%、56.94%、85.40%和 20.72%。

所以，综合考虑植物的生物量、重金属含量和积累量，玉米品种 CT38 吸收重金属的能力最强，其地上部 Cu、Zn、Cd 和 Pb 含量分别为 54.87mg/kg、231.80mg/kg、1.08mg/kg 和 25.69mg/kg，表明其对该土壤中 4 种主要重金属有较好的耐受性和较高的吸收能力。进一步分析其重金属积累量在各部位的分布情况，结果见图 2-3。

重金属主要积累在地上部(茎和叶)，达 65%以上，而根系和籽粒中积累量相对较少，特别是籽粒中重金属 Cu、Zn、Cd 和 Pb 积累量仅分别占总积累量 7.2%、5.5%、10.4% 和 6.1%。因此，该品种是一种潜在最佳的可用于强化植物提取的植物品种。

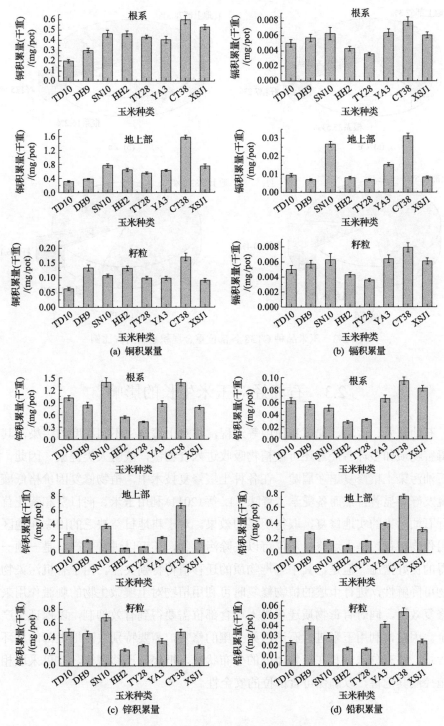

图 2-2 不同玉米品种体内重金属积累量

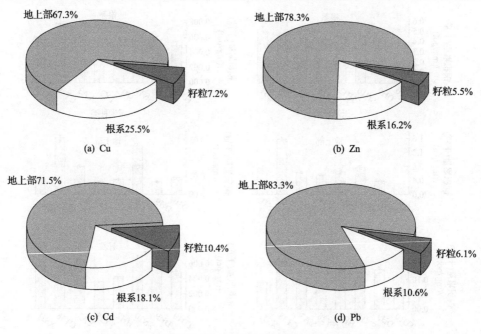

图 2-3　玉米品种 CT38 各部位重金属积累量所占比例

2.3　石油烃对玉米生长的影响

石油开采、运输、加工和使用等过程，都对土壤产生不同程度的污染，其中的毒害物质如多环芳烃等还可被植物吸收进入食物链，威胁人类健康。因此，开展石油污染土壤修复迫在眉睫。在各种土壤修复技术中，植物修复因价格低廉、环境友好等显著特点而备受学者青睐。Li 等(2011)利用玉米、向日葵和紫花苜蓿进行石油污染的实地修复，取得明显的效果。对于耕地日益缺乏的国家和地区，利用作物进行污染土壤修复不仅可以去除污染物，还可以进行生产，是一项一举两得的良好措施。但是，其中有毒物质的迁移值得特别关注。由于有机污染物的生物可降解性，进行土壤的植物修复时可利用植物对土壤微生物的刺激作用来强化修复效果，同时有毒物质迁移进入可食部位需要得到有效抑制，以保证生产的安全。因此，利用玉米进行石油污染土壤的修复，需要特别关注地上部的多环芳烃含量，并充分认识其在植物体内的分布状况，把握其迁移规律，才可采取相应措施控制其危害，以确保可食部位的安全性。

1. 土壤石油污染对玉米发芽率的影响

利用植物进行污染场地的修复，首先要使植物在污染土壤中生根发芽，进而生长，直至显示出修复效果。因此，了解选择植物在污染土壤中的发芽情况至关重要，这也是进行植物修复能否成功的关键。土壤石油污染对玉米品种 CT38 的发芽率影响结果如图 2-4 所示。由图可知，生长在石油污染土壤的玉米种子，发芽率都明显低于空白处理，但发芽率没有表现出随着石油污染程度增加而减少的趋势。

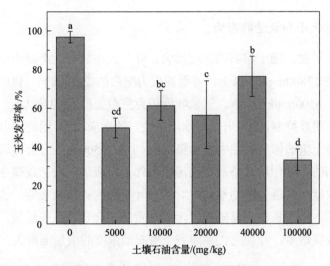

图 2-4　土壤石油污染对玉米发芽率的影响

图中字母表示显著性检验，具有相同字母的数据间无显著差异，$P=0.05$；不同字母表示各处理间
存在显著性差异，$P<0.05$，全书其余类似图同。

在石油污染土壤中植物种子的发芽，不仅受到石油中有毒有害物质的影响，还与环境条件关系密切，其中土壤水分是种子萌发期最重要的限制因子。由于不同程度石油污染条件造成的土壤含水量存在差异，不同污染程度下土壤中的有毒有害物质也有所不同，因此在污染土壤中植物种子的发芽存在不确定性。此外，石油加入土壤中，石油的黏滞性也会影响到土壤的通气状况，阻碍土壤中空气的运动和大气的相互交换。植物发芽过程中，具有强烈的呼吸作用，消耗土壤中的氧气并释放出二氧化碳，容易在土壤里积累过多的二氧化碳，对种子的继续发芽产生不利的后果。

本次种子发芽试验采用原油新鲜配制的土壤，其中含有较多的短链脂肪烃和苯系物等挥发性的毒害物质，在土壤中经过渗透作用接触玉米胚芽，对玉米种子的发芽造成明显的影响，导致经石油处理的土壤种子发芽率均明显低于无污染土壤。Henner 等(1999)的研究认为，植物在石油烃污染土壤中的发芽和生长强烈受到挥发性、可溶性的低分子量碳氢化合物(<3 环)的限制，如苯、甲苯、二甲苯、苯乙烯、萘或者其他可能有毒的物质，而高分子量 PAHs(3~5 环)没有显示出任何的植物毒性。因此，对石油污染土壤进行修复，首先应进行污染土壤的机械翻耕等预先处理，使低分子量环状烃类毒害物质通过挥发、生物降解、风化等方式减少，减弱对植物的毒害作用后，再进行植物修复效果会更好一些。另外，植物发芽率的测定具有快速、便捷的特点，已经在污染土壤修复过程中植物品种的筛选方面得到广泛应用(Banks and Schultz，2005；Kirk et al.，2002)。

2. 对叶片大小和数量的影响

由表 2-1 可知，随土壤石油浓度增大，叶片大小具有逐渐减小的趋势，当土壤石油浓度在 17800mg/kg 以上，叶面积仅为空白的 21%以下，说明生长受到明显抑制。而在 6500mg/kg 以下，玉米叶面积为空白处理的 93%以上，玉米叶片的生长没有受到明显抑制，显示出对石油污染较好的适应能力。因此，利用玉米 CT38进行石油污染土壤的修复，在中低污染浓度(小于 6500mg/kg)会比较适宜，此时玉米生长受到的抑制作用较小；在高污染条件下，应采取农艺或微生物措施，降低土壤石油浓度后再进行植物修复。对玉米叶片的统计结果表明，玉米在石油污染土壤中生长，叶子长出明显延迟，污染严重的还会导致生长缓慢，而且长出的叶子枯死的数量增多，叶片死亡率随着土壤石油浓度的增加而增大。

表 2-1　土壤石油污染对玉米叶片大小和数量的影响

土壤石油含量/(mg/kg)	长/cm	宽/cm	叶面积/cm²	总叶片数/张	死亡叶片数/张	叶片死亡率/%
0	39 ± 2.5^a	4.3 ± 0.25^a	127 ± 12.8^a	11 ± 0.0^a	3 ± 0.0^a	27 ± 0.0^a
2600	38 ± 2.3^a	4.4 ± 0.32^a	131 ± 12.4^a	10 ± 0.0^b	5 ± 0.6^{bc}	53 ± 6.7^{bc}
3700	36 ± 2.1^b	4.4 ± 0.26^a	118 ± 13.3^a	10 ± 0.0^b	5 ± 0.6^b	47 ± 6.7^b
6500	28 ± 2.0^c	3.3 ± 0.10^b	69 ± 7.1^b	10 ± 0.6^b	5 ± 0.6^{bc}	55 ± 5.7^c
17800	18 ± 1.7^d	2.0 ± 0.15^c	27 ± 4.4^c	9 ± 0.0^c	6 ± 0.0^c	67 ± 0.0^d
48800	17 ± 2.3^d	2.0 ± 0.20^c	27 ± 5.8^c	8 ± 0.6^d	6 ± 0.0^c	72 ± 5.7^d

注：表中不同字母表示各处理间存在显著性差异，$P<0.05$；相同字母数据间无显著性差异，$P=0.05$；全书类似表同。

玉米叶片的生长随着土壤污染的增加而呈减弱趋势，可能是由于石油中的有毒物质对玉米产生了毒害。叶片生长变小意味着光合作用能力减弱，使植株的生长能力受限。在污染土壤中，植物根系因与污染土壤直接接触而受影响。Merkl等(2005)的研究结果显示，土壤石油污染不仅可以改变植物根系生物量，还可以改变植物根系结构，导致植物根系伸长受阻，变得粗短。而 Udo 和 Fayemi (1975)则认为，受土壤石油污染影响，植物生长减弱是石油在土壤中的堵塞使空气交换不畅或者微生物增加消耗过多氧气而引起根系缺氧窒息。此外，根系是合成生长素等植物激素的部位，受根系结构改变及环境因素影响，植物激素分泌发生变化将影响根系生长及地上部的发育，引起叶片生长减弱。

玉米叶片死亡率随着土壤石油浓度的增大而不断增加，这也是试验中观察到的比较明显的现象。叶片的过早发黄、枯萎可导致植株生长的失衡，特别是叶片作为植物体糖类、蛋白质等物质合成主要来源器官，其发育过早衰败会引起体内组成物质减少，输送到根系的营养物质减少，使根系的功能受到抑制，在植物修复过程中，可影响到根系分泌物的产生，进而影响土壤微生物活动，减缓土壤有机污染物的降解。找出玉米在石油污染土壤中叶片易于发黄枯萎的原因，将有助于提高植物对污染物的修复效率。

3. 对气孔密度和大小的影响

生长于石油污染土壤中的玉米，其气孔可能也会受到影响。由图 2-5 可知，通过对比在空白土壤中生长的玉米叶片气孔与在污染土壤中生长的玉米叶片气孔可知，在污染土壤中生长的玉米叶片气孔较小。从图 2-6 的比较也可以看到，生长于不同石油污染浓度土壤中的玉米，其叶片气孔大小随着石油浓度的增大而减小，而且都明显小于空白土壤中生长的玉米叶片气孔。同样，在污染土壤中生长的玉米，其叶片气孔密度也小于空白土壤中生长的玉米气孔密度(图 2-7)。这说明，

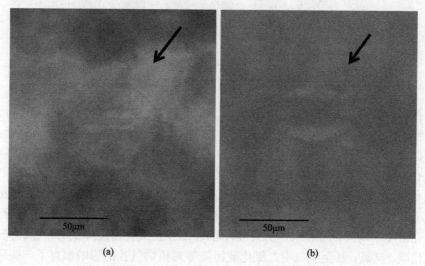

图 2-5　玉米叶片气孔在空白土壤(a)与污染土壤(b)的比较

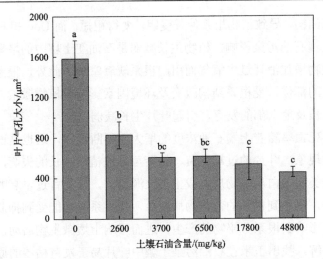

图 2-6 土壤石油污染对玉米气孔大小的影响

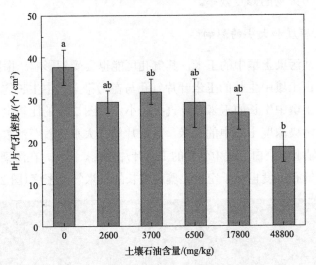

图 2-7 土壤石油污染对玉米气孔密度的影响

土壤石油污染可引起玉米气孔明显变小，密度降低。有研究显示，气孔由叶片表皮细胞经过至少一次的不对称分裂和一次对称分裂形成，植物激素如赤霉素、脱落酸(ABA)和生长素等可诱导、调节细胞分裂过程，对气孔的形成具有重要作用(Le et al.，2014)。在影响气孔发育形成过程中，外界环境因素如光照强度、空气二氧化碳浓度等有重要影响(Casson and Gray，2008)。例如，Woodward 和 Kelly(2006)对 100 种植物的 122 次观察研究结果显示，二氧化碳浓度升高导致植物气孔密度平均降低 14.3%，另外 74%的样品存在气孔密度降低的现象。光照、二氧化碳、臭氧，甚至空气中二氧化硫污染等对植物气孔的影响都有了一些研究，但土壤污染对植物气孔有何影响研究较少。玉米气孔的变化可减少植物对污染物的吸收，避免有毒污染物对体内细胞的毒害作用。这可能是玉米通过体内生理机制的调节，使自身具备更好的对污染逆境的耐受能力，但这方面的研究工作较少。因此，土壤石油污染对玉米叶片气孔变小的机理还有待深入研究，以获知植物通过生理调节应对环境逆境的机制。

　　由于土壤中的污染物，如多环芳烃，可通过根部吸收后随蒸腾流迁移到植物地上部分，而95%的蒸腾流可通过叶片气孔散失进入空气，或者从土壤挥发进入空气中，再通过扩散作用从气孔进入植物地上部，并可能会发生迁移作用到达根部。在污染物的迁移过程中，气孔成为两种迁移方式的咽喉要道。在污染条件下，气孔大小和密度变小，可能会导致污染物的吸收减少。在利用玉米进行实地污染土壤修复时，玉米籽粒的安全性是人们普遍关心的问题。利用气孔对植物吸收污染物的影响作用，可通过化学试剂如脱落酸的使用，抑制气孔开放，使玉米在籽粒形成时期吸收的污染物减少，以达到安全食品生产的目的，从而体现利用玉米CT38进行石油污染土壤"边生产边修复"的双重目的，解决我国人多地少、土壤污染日趋严重的现状所引起的问题。

4. 对叶片水分含量的影响

　　水分在植物的生命周期过程中具有重要作用，植物各组织水分含量约为80%～90%，许多生理活动和生化反应都依赖水分的充分存在，水分缺乏，植物将发生生理生化功能的紊乱。因此，玉米叶片进行水分含量测定，了解玉米的水分生理状态，有助于把握植物在石油污染土壤中的生长状况。试验结果如图2-8所示，各处理之间玉米叶片的含水量比较一致，没有存在显著性的差异，说明土壤石油污染没有对生长的玉米水分产生影响，污染引起的生长抑制及叶片发黄枯死的原因并非来源于体内水分的缺乏。而 Rahbar 等(2012)的研究显示，土壤

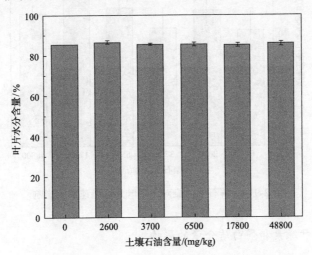

图 2-8　土壤石油污染对玉米叶片水分含量的影响

石油污染可导致向日葵(*Helianthus annuus*)的水分缺乏,成为影响其生长的一个主要限制性因素。这可能是由于对水分缺乏的抗逆性存在品种特异性,相比之下,玉米 CT38 具有更强的水分调节能力,这成为其可用于石油污染土壤修复的基础。

5. 对蒸腾速率的影响

生长在石油烃污染土壤中的植物,部分水溶性污染物可能通过根系吸收随着蒸腾作用转移到地上部,因此了解土壤污染对植物蒸腾速率的影响,有助于理解污染物通过蒸腾流进行迁移的情况。不同浓度石油污染土壤对玉米叶片蒸腾速率的影响结果如图 2-9 所示,各土壤处理间玉米叶片蒸腾速率没有明显的差异,说明土壤石油污染对玉米的蒸腾作用没有产生明显影响。在浓度为 17800mg/kg 处理中,蒸腾速率较高,可能受到土壤含水率的影响。结合植物叶片的含水量结果,发现石油污染对生长玉米的水分生理没有明显影响,因此认为在进行石油污染土壤的修复活动中,水分管理不应成为修复工作的限制性因素。由于污染物可以随着蒸腾作用迁移进入植物地上部,说明蒸腾作用对污染物在植物体内的迁移具有较大的影响。因此,可以将抗蒸腾作用的试剂施用于污染土壤中,可能会使植物地上部吸收的污染物降低。特别在生殖生长阶段,使用抗蒸腾药剂可能会使可食部位的污染物含量减少,这一技术有助于在污染土壤进行植物修复的同时,生产出污染物含量较低的产品。

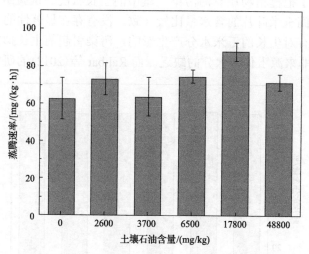

图 2-9　土壤石油污染对玉米叶片蒸腾速率的影响

6. 对叶片叶绿素和蛋白质含量的影响

叶绿素在植物光合作用过程的光吸收中起核心作用,而蛋白质是生命的物质基础，是构成细胞结构的基本大分子物质，是生命活动的主要承担者，与各种形式的生命活动紧密联系在一起。植物体中的每一个细胞和所有重要组成部分都有蛋白质参与，且具有催化功能的各类蛋白酶，在生命活动中有着不可替代的作用。因此，了解污染土壤对植物叶片中叶绿素和蛋白质含量的影响，有助于理解植物在污染土壤中的生长状况。土壤石油污染对玉米叶片中的叶绿素和蛋白质含量的影响如图 2-10 和图 2-11 所示。

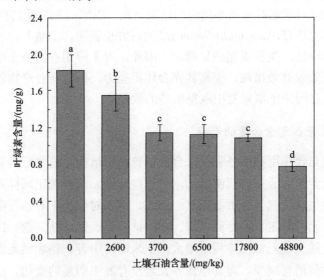

图 2-10　土壤石油污染对玉米叶片叶绿素含量的影响

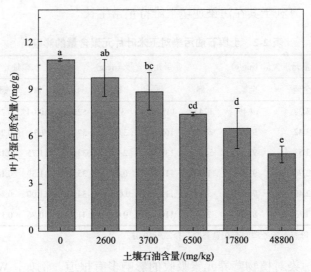

图 2-11　土壤石油污染对玉米叶片蛋白质含量的影响

随着土壤石油污染程度的增大，叶片叶绿素含量和蛋白质含量均显著下降，表明土壤石油污染可显著降低植物叶绿素和蛋白质的含量，这可能与气孔的变化密切相关。研究显示，Pb 的毒性可引起茄子(*Solanum melongena*)叶绿素含量明显降低，Pb 浓度对气孔参数具有负作用(Yilmaz et al.，2009)。叶绿素含量的减少将会导致植物光合能力的下降，有机物质合成受阻，生物量明显降低。而蛋白质含量下降，将导致细胞变小，部分酶功能受到抑制，影响植物正常生理生化功能，使生长变缓，这与前述叶片大小测定的结果一致，玉米的生长受到抑制。Cartmill 等(2014)对黑麦草(*Lolium multiflorum* L.)的研究也表明，土壤石油污染可导致黑麦草光合作用降低，生长受到明显抑制。因此，对于应用在污染土壤修复中的植物品种，应当采取有效措施，提高其光合作用能力，促进光合产物的合成，增加生物量，使其在污染土壤修复中取得明显的效果。

7. 对叶片营养元素含量的影响

除了通过光合作用和水分吸收来合成自身组织结构，植物还需要通过根系吸收一些必需元素来完成生命代谢活动，对这些营养元素的测定同样对理解植物在污染土壤中的生长状况具有重要意义。因此，本书对生长于石油污染土壤的玉米叶片进行营养元素测定，包括氮、磷、钾、钠、钙、镁、铁、铜、锌和锰等。由表 2-2 可知，随土壤石油污染程度增大，玉米叶片中钾、钠和钙元素含量明显减少，氮元素含量稍有减少，而其他营养元素没有发生明显的变化。这表明，在植物修复过程中，缺乏的营养元素可以通过叶面肥的形式加以补充，有助于对植物进行营养补充，有利于其在污染逆境下维持正常生长。

表 2-2　土壤石油污染对玉米叶片元素含量的影响

土壤石油含量 /(mg/kg)	常量元素含量/(mg/g)		常量元素含量/(μg/g)				微量元素含量/(μg/g)			
	全磷	全氮	钾	钙	钠	镁	铁	铜	锌	锰
0	3.28	14.49	124.9[a]	149.06[ab]	3.4[a]	52.86	10.04	0.20	0.64	1.48
2600	3.42	9.09	78.53[b]	162.80[a]	3.03[b]	52.10	9.64	0.20	0.65	1.26
3700	3.53	9.68	56.33[b]	137.80[b]	2.93[b]	33.91	11.75	0.18	0.64	1.54
6500	2.96	9.58	1.40[c]	117.80[c]	0.43[c]	35.48	11.39	0.14	0.52	0.96
17800	2.49	7.68	3.17[c]	115.93[c]	0.006[d]	34.61	11.00	0.19	0.64	1.22
48800	3.13	8.37	2.95[c]	110.72[c]	0.01[d]	41.79	10.76	0.18	0.63	1.15

注：表中不同字母表示各处理间存在显著性差异，$P<0.05$。

土壤石油污染对植物营养元素吸收的影响多有报道。例如，Wyszkowski 等(2004)认为，柴油污染土壤程度增大有助于提高黄花羽扇豆(yellow lupine)地上部及根部的磷、钠、钙和镁的含量，进一步加大污染，则明显抑制其地上部的氮和根部的钾含量。钾离子是一种植物必需营养元素，也是植物中含量最丰富的阳离子，与其关系密切的钠离子在含量较高时则对植株存在毒性。两者在植物根部存在相同的转运蛋白，对两者进行从土壤溶液到根部的迁移（MäSer et al.，2002）。Roberts 和 Snowman（2000）认为，植物激素脱落酸可调节根部钾离子转运蛋白通道，从而影响钾离子在根部的吸收。由于脱落酸可来源于植物根部的合成，土壤石油污染是否会影响脱落酸的分泌，进而影响到植物其他生理生态过程需要进一步研究。

第3章　玉米对重金属镉污染农田土壤的修复

我国玉米种质资源集中分布在从东北向西南走向的狭长地带。从东北黑龙江、吉林、辽宁，经内蒙古南部、河北、山西、山东、河南、陕西南部、湖北、四川至贵州、广西、云南等地，该密集带涵盖了全国 89.9%的种质资源，品种有 9600多份(佟屏亚，2001)。

玉米籽粒有广泛的用途，其商业等级主要根据籽粒的质地划分。我国常见的玉米分为马齿种、硬质种、粉质种、爆裂种及糯玉米、甜玉米等(叶雨盛等，2018)。玉米的种质资源丰富、分布地域广泛且生物量大、易栽培，客观上为植物修复研究者探索其在环境保护中的应用提供了丰富的物种优势，是具有商业潜力的一种修复材料。笔者课题组周建民(2006)已经筛选出一种能够富集土壤重金属的玉米品种——超甜 38 (CT38)。

玉米对土壤中 Cd 的富集受多种因素影响，包括土壤物化特性、植物的生理遗传特性及重金属的化学形态等。目前，国内外在实验室内用盆栽手段研究的较多，利用实际污染土壤进行修复的研究则报道较少。有研究报道(Fässler et al.，2010)，玉米的根系、秸秆能富集大量重金属，缓解重金属污染物进入籽粒中，根茎叶对籽粒起着屏蔽作用，但对根茎叶为何具有屏蔽作用则未做进一步探究。玉米相对于东南景天、天蓝遏蓝菜等超富集植物而言，具有很多特点：明显的雌雄同体异位性，玉米茎顶端有雄花，雄花的花粉囊中有大量花粉；玉米籽粒着生在玉米芯上，玉米芯上有花丝，在玉米芯根部集中有玉米苞叶，并通过穗柄连接到直立的玉米茎上。玉米植株这种特殊的结构学形态，使人们了解，重金属从秸秆转移到籽粒的整个过程中，需经玉米穗柄、苞叶，才能转移至玉米芯，最后出现在玉米籽粒中。目前的研究对玉米植株的根、茎、叶等营养生长器官研究较多，对玉米穗柄、苞叶、玉米芯等生殖器官则很少提及。因此，从玉米植株结构的角度，还需要对这方面的问题进行深入的研究。

3.1　苗期玉米对镉的耐受机制

玉米作为一种生物量大、广泛种植的庄稼作物，在大面积种植过程中，播种方式与玉米的生长有密切关系。在农业生产中，玉米播种方式通常有两种，直接播种和育苗移栽。其中，育苗移栽具有很多优点，如在庄稼生产时间控制上有更多的自由，且能避开不利的气温环境，移栽统一，便于产量管理等(伍端平，2008)，但受移栽时气候、温度、土壤水分等因素控制，所付出的人工劳动量相对较大，不及直接播种简单、方便。

苗期玉米对重金属的富集会导致其生长受到抑制，影响拔节期生长，严重者甚至会影响开花和吐丝进而严重影响授粉，更为其者将导致拔节前死亡。因此，探索苗期玉米种子或者秧苗毒害缓解性的机理尤为重要。国内外不少学者已经通过水培或者土培的方式进行了相关探索(Wang et al.，2013)。玉米生长快、生物量大，为进一步提高生物富集的效果，通常采用螯合强化等措施来提高对污染土壤的修复效果，甚至有学者对添加螯合剂后玉米根吸收 Cd 的机理进行了相关模型研究(Custos et al.，2014)。

利用玉米作为重金属污染土壤修复材料，势必面临直接播种还是育苗移栽的工程问题。这就需要考察操作简单的直接播种方式在污染土壤中的可行性，将涉及播种后出苗状况是否良好、发芽出土后幼苗能否进一步生长，以及从利用玉米种子胚乳异养到光合自养的转变等问题。笔者课题组(惠俊爱等，2010)通过盆栽试验，研究了不同浓度 Cd 污染土壤中，玉米幼苗在 20d 时的生长和生理特点，发现玉米叶片光合速率、光饱和点、表观量子效率降低，光补偿点和暗呼吸速率均会随着 Cd 含量的变化而变化，15mg/kg 以下低 Cd 胁迫和 15mg/kg 以上的高Cd 胁迫呈现不同的变化趋势。该研究在光合生理方面做了规律性探索，但在玉米幼苗吸收重金属及耐受机制方面，则仍有待进一步的研究。

对玉米而言，常常能观察到吐水现象的发生。在植物生理学上，植物吐水是指植物在正常生长状况下，从叶的尖端或者叶的边缘叶脉终止部位的水孔排出水滴的现象。吐水是正常的植物生理现象，由植物根压产生。吐水情况与植物种类有关，同时随着外界温度、湿度、土壤溶液的水势及根系损伤程度的变化而变化。玉米植株吐水现象与玉米体内水分代谢密切相关，也随生长发育、外界环境条件的变化而变化。吐水强度可以反映玉米体内水分代谢的动态及土壤水分的变化，体内水分代谢正常的植株表现吐水，体内水分代谢失调或衰老的植株吐水减弱或不吐水(严竞平和魏永超，1985)。

基于以上原因，笔者课题组继续对玉米植株耐受重金属方面的机制进行探究。结合玉米的吐水现象，在种子萌发过渡期内开展研究工作。种子发芽后幼嫩的秧苗生长，是从胚乳营养消耗到利用光合作用的转变，该过程伴随有植物吐水现象。植物所吐的水滴中是否含有污染物 Cd，以及所含污染物与秧苗生长过程中耐受污染的情况之间的关系，直接关系到植物对 Cd 的耐受性，值得深入探讨。

3.1.1　Cd 胁迫对玉米苗期生长的影响

1. Cd 胁迫对玉米 CT38 发芽率的影响

发芽率不仅是农业上的重要生产指标，同时也是植物修复表征的一项重要指标。在重金属污染土地上采用直接播种的方式，如果修复植物表现出良好的发芽率，说明该植物对重金属具有良好的耐受性，有利于后续获得较好的修复效果。相对于育苗移栽，直接播种不仅节省大量的人力，而且能提高作业效率，因此研究玉米在重金属污染土壤上的发芽率意义重大。本书试验计算出的出苗率和发芽率如表 3-1 所示。

表 3-1　玉米种子出苗率和发芽率情况一览表

Cd 浓度/ (mg/kg)	出苗率/%							发芽率/%
	3d	5d	6d	7d	9d	10d	11d	
CK	41.0	61.5	71.8	84.6	92.3	97.4	97.4	97.4±4.4^a
1	35.9	53.8	61.5	71.8	82.1	94.9	94.9	94.9±4.4^a
5	25.6	53.8	71.8	79.5	84.6	92.3	92.3	92.3±7.7^{ab}
20	33.3	59.0	74.4	76.9	84.6	89.7	89.7	89.7±4.4^{ab}
50	41.0	76.9	84.6	84.6	87.2	87.2	87.2	87.2±4.4^{ab}
100	51.3	69.2	82.1	82.1	87.2	87.2	87.2	87.2±4.4^{ab}
200	35.9	64.1	76.9	76.9	82.1	82.1	82.1	82.1±8.9^b

注：发芽率所在列中不同字母表示有显著性差异($P<0.05$)；CK 指空白对照组。

由表 3-1 可知，玉米的出苗率随播种天数增加而增加，在第 10d 达到出苗率最大值，是玉米 CT38 在不同 Cd 含量下的最终出苗率，即玉米种子在不同 Cd 浓度下的发芽率。出苗率随着时间的增加而增加，表明玉米 CT38 种子的萌动和发芽时间存在明显的个体差异。CT38 种子的发芽率，随着 Cd 含量的增加，呈现下降的趋势。由表 3-1 可知，除 200mg/kg 处理之外，其他处理条件与空白对照(CK)相比，玉米种子的发芽率没有显著性差异，玉米种子对逆境耐受的能力很强，主要是借助其种子内的胚乳异养生长的缘故。

2. Cd 胁迫对玉米 CT38 生长的影响

不同 Cd 胁迫下玉米 CT38 幼苗的生长高度统计如图 3-1 所示，玉米幼苗在 Cd 含量 100mg/kg 以下，均表现出正常生长的状况，各浓度梯度之间 CT38 幼苗高度没有显著性差异。而在 200mg/kg 条件下，玉米 CT38 幼苗明显受到抑制，出现部分植株死亡，与其他浓度梯度之间存在显著性差异。因此，我们推断显著抑制玉米幼苗生长的 Cd 含量阈值在 100～200mg/kg，玉米 CT38 对重金属 Cd 有良好的耐受性；若对该玉米品种的 Cd 致死土壤浓度进行研究，则需在 100～200mg/kg 进一步开展工作。

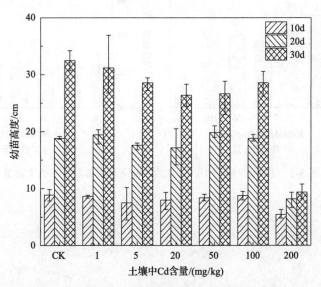

图 3-1 玉米幼苗在不同 Cd 含量土壤中的高度变化

在 CT38 幼苗生长 30d 后收获，分别通过地上部和根部的鲜重与干重测定其生物量，所得结果如图 3-2 所示。从图 3-2 可知，在 Cd 含量低于 100mg/kg 的处理条件下，玉米幼苗地上部鲜重并未呈现低促高抑的现象，而干重则有低促高抑现象，但未达到显著性差异；根部的鲜重呈现低促高抑的现象，没有达到显著性差异；与地上部相反，根部干重则没有这种趋势。苗期玉米主要发育根、叶器官，在这个阶段，玉米对重金属 Cd 有强的耐受性，根据表 3-1，并结合图 3-1 和图 3-2，可知在 200mg/kg 的 Cd 处理下，根部和地上部都受到了显著的抑制，实际症状见图 3-3。

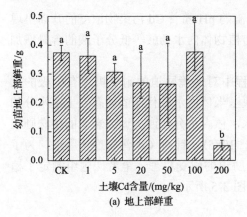

(a) 地上部鲜重

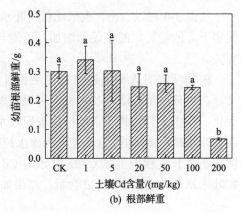

(b) 根部鲜重

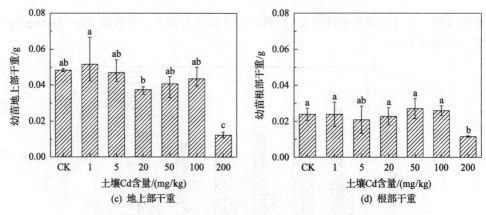

图 3-2　玉米幼苗在不同 Cd 含量条件下地上部和根部的生物量

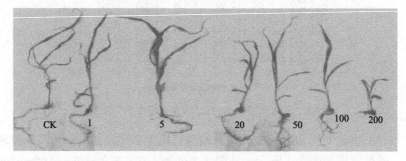

图 3-3　不同 Cd 含量土壤中玉米 30d 时的生长状况（单位：mg/kg）

3. Cd 胁迫对玉米 CT38 吐水的影响（植物吐水 pH、植物吐水中 Cd 的含量）

植物吐水来自植物内部木质部汁液，植物吐水中含有多种有机和无机化学成分。重金属元素作为其中的无机化学成分，其吸收、富集及排出机理与溶液的 pH 密切相关。鉴于植物吐水量较少，用精密 pH 试纸进行多次比对测试。测定结果如图 3-4 所示。

从图 3-4 可以看出，玉米幼苗所吐水滴的 pH 随着 Cd 污染物浓度的升高呈现缓慢下降的趋势，酸度逐渐增加，可能与植物体内水杨酸等低分子酸的含量增加有关。

植物吐水对人们了解植物在生长过程中对逆境胁迫的耐受机理有积极的意义，在水分胁迫方面，吐水强度可以反映玉米体内水分代谢的动态及土壤水分的变化，体内水分代谢正常的植株表现吐水，体内水分代谢失调或衰老的植株则表现为吐水减弱或不吐水（严竞平和魏永超，1985）。针对 Cd 污染逆境胁迫，为了解幼苗生长过程中玉米 CT38 吐水对 Cd 胁迫的耐受机理，笔者课题组测定了植物吐水水滴中的重金属 Cd 含量，结果如图 3-5 所示。

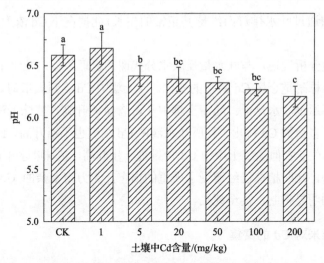

图 3-4　玉米幼苗在各处理条件下所吐水滴的 pH

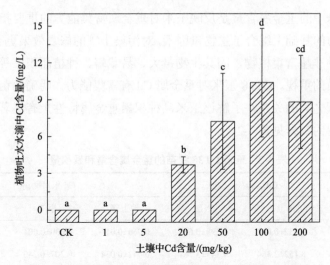

图 3-5　玉米幼苗在各处理条件下所吐水滴中的 Cd 含量

随着 Cd 胁迫浓度的增加，玉米 CT38 幼苗吐水中重金属含量呈增加趋势，在 20mg/kg Cd 胁迫下，玉米植物吐水中 Cd^{2+} 浓度显著增加，而 5mg/kg Cd 胁迫下未检出重金属 Cd^{2+}。由此可见，玉米 CT38 吐水中 Cd^{2+} 产生的土壤 Cd 浓度在 5~20mg/kg。进而认为玉米 CT38 对重金属 Cd 有较强的耐受性。在低浓度 Cd 胁迫下，玉米 CT38 不需要通过吐水排泄即可维持其正常生长，而在高浓度 Cd 胁迫下，则可通过植物吐水排泄 Cd^{2+} 而减缓自身的毒害作用。只有当土壤 Cd 浓度进一步升高至 100~200mg/kg 时，才有部分植株死亡，说明玉米 CT38 在该浓度下已经无法通过吐水排毒而维持其正常的生长,此情况下 Cd 浓度超出了 CT38 排毒的极限。

通过上述分析发现,与吐水量反映水分代谢的机理相似,吐水中 Cd^{2+} 浓度也能反映玉米植株耐重金属 Cd 胁迫的变化。当土壤中 Cd 含量较低时,玉米能完全耐受,不需要通过吐水排泄;随着土壤中 Cd 含量的升高,植株无法完全耐受,则通过吐水将多余的 Cd 排出,且所吐水滴中 Cd 浓度也不断升高,此时玉米幼苗仍表现为正常生长;但随着土壤中 Cd 含量进一步升高,植株吐水中的 Cd 含量则有减弱的趋势,此时植株已经遭受了严重的损害,无力将多余的 Cd 吐出体外,植株生长受到明显抑制,甚至死亡。

3.1.2　苗期玉米对 Cd 的富集

1. Cd 胁迫下玉米 CT38 对重金属 Cd 的富集

玉米植株中的重金属含量是反映玉米对重金属富集能力的重要指标;积累量则在富集能力的基础上综合了生物量因素,对污染土壤的修复效果更有实际意义。玉米作为一种非超富集植物,因其生物量大、易栽培、种植面积广等特点,逐渐受到研究人员的重视。CT38 玉米对重金属 Cd 有富集能力,明确幼苗中重金属含量与污染土壤之间的关系在了解该玉米品种积累重金属特性上有显著的意义。本书试验所测得的数据见表 3-2。

表 3-2　玉米 CT38 秧苗的重金属含量和累积量

土壤 Cd 含量 /(mg/kg)	Cd 含量/(mg/kg)		Cd 积累量/µg		
	地上部	根部	地上部	根部	总积累量
CK(0.13)	1.232±0.062	1.298±0.652	0.060±0.011	0.030±0.004	0.090±0.016
1	8.152±2.364	9.345±3.781	0.442±0.034	0.207±0.240	0.649±0.274
5	41.63±5.622	53.46±18.46	1.977±0.613	1.156±0.523	3.133±1.124
20	134.9±27.75	254.3±27.04	5.012±0.646	5.715±0.701	10.73±0.125
50	267.9±63.35	577.7±127.6	10.93±3.019	15.17±3.458	26.10±4.423
100	543.4±54.59	1064±33.38	23.84±3.338	27.62±5.629	51.46±7.761
200*	2980±986.7	5829±1060	35.63±14.85	78.30±7.687	113.9±18.66

* 表示有死亡株出现,在测定含量时选未死亡株测定。

从表 3-2 可看出,随土壤 Cd 浓度的增加,重金属 Cd 在 CT38 地上部和根部的含量均不断增加,且根部 Cd 浓度增加的程度较地上部明显。这说明根在高浓度 Cd 胁迫下，所起的滞留作用更加明显，从而保护光合作用的叶器官不受 Cd 污染损害。该现象与玉米幼苗过渡期的生理有密切关系。玉米幼苗过渡期是玉米从胚乳异养转化为光合自养的混合营养阶段，转化的成功与否关键在于光合营养提供的生物量能否逐渐增大，能否满足玉米生长的需要，叶片的光合作用在此时尤为重要，而 Cd 的存在，对光合作用具有抑制作用。因此，地上部积累量增加的幅度不及根部大，符合玉米在过渡期的生长需要，是玉米植株在该特殊时期应对 Cd 胁迫的自然响应。

2. Cd 胁迫下 CT38 植株重金属 Cd 的分配情况

为深入了解玉米 CT38 对 Cd 的吸收情况，仅从地上部和根部 Cd 含量与积累量的角度分析还不足以详细、形象地说明玉米 CT38 对 Cd 的整体积累规律。因此，需从地上部与根部 Cd 含量、积累量的比例，即迁移的角度来进行探讨。重金属进入植物体内之后，植物体为了适应重金属的胁迫环境，会表现出选择性分配，以保护植物生长最重要的组织、细胞和细胞器。在组织水平和细胞水平上，也同样有选择性分配，并且这种选择性分配会因植物种类和重金属类型的不同表现出一定的差异(陈英旭等，2009)。为考察玉米 CT38 秧苗对重金属 Cd 的选择性分配，将地上部与根部 Cd 含量比，即超富集植物定义中的转运系数 S/R（S 和 R 分别为植物地上部和根部重金属含量)和积累量比(A_S/A_R)按照土壤中 Cd 含量梯度分别作图(图 3-6 和图 3-7)。

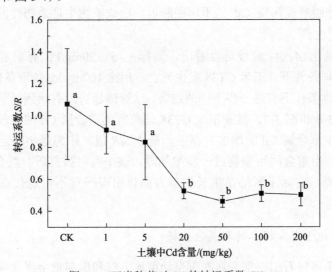

图 3-6　玉米秧苗对 Cd 的转运系数 S/R

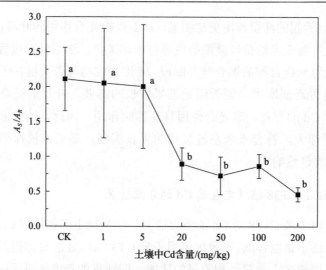

图 3-7 玉米地上部和根部对 Cd 的积累量比 A_S/A_R

从图 3-6 可以看出，随盆栽土壤污染水平的升高，转运系数 S/R 逐渐降低至一平衡点。在 5~20mg/kg 有明显的下降。结合图 3-5 与图 3-6，推断植物吐水排 Cd 是导致平衡情况出现的重要原因。在 5mg/kg 浓度以下，植物本身能耐受重金属；而在 20~100mg/kg，玉米 CT38 能通过植物吐水排 Cd 毒，从而继续正常完成苗期的生长；在 200mg/kg 时出现死亡株，则说明 100~200mg/kg 之间存在一临界土壤浓度梯度，在土壤中 Cd 含量高达 200mg/kg 时，即便玉米 CT38 幼苗吐水，也将无法缓解高污染 Cd 的不可逆胁迫，造成植物生理杀伤性的破坏，导致玉米 CT38 死亡。

从积累量比 A_S/A_R 曲线可以看出，同样在 5~20mg/kg 有明显的下降。在 200mg/kg 处理条件下，玉米 CT38 发生死亡，相比 100mg/kg 处理条件，A_S/A_R 在 200mg/kg 处理条件下有进一步下降的趋势，尽管该趋势没有达到显著性差异的水平。结合图 3-6 和图 3-7，推断玉米 CT38 幼苗富集重金属 Cd 的生理过程中，随着污染土壤中重金属 Cd 的增加，存在一最小 S/R 值，作为最小转运系数，以维持分配平衡。当重金属污染物进一步增加时，该平衡将被打破，就会引起 A_S/A_R 的进一步下降，实际玉米幼苗生长生理方面将出现严重不可逆代谢，引起植株死亡。

3. Cd 在地上部和根部的相关性分析

从图 3-6 可以看出，重金属在玉米幼苗地上部和根部重金属含量之比趋于平衡，为定量表达平衡数据，找出 S/R 最小值，需对地上部和根部重金属含量进行相关性分析，分析结果如图 3-8 所示。

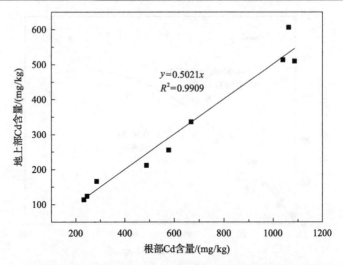

图 3-8　重金属 Cd 在玉米地上部和根部含量的相关性分析

从图 3-8 可以看出,重金属 Cd 在玉米幼苗体内的地上部含量与根部含量之间有显著线性相关关系。因地上部和根部富集 Cd 是同时发生的事件,因此采用过原点的直线拟合。直线斜率为 0.5021,即对 CT38 玉米而言,苗期地上部重金属含量是根部重金属含量的 0.5021 倍。种子发芽过程中,胚逐渐生长为独立生活的植株,其营养方式和能量形式都发生了深刻的变化。一般分为三个阶段,即异养阶段(从属营养期)、混合营养阶段(幼苗过渡期)、自养阶段(独立营养期)。在玉米幼芽还没有形成绿色组织以前,胚生长所需的营养物质和能量完全由胚乳供给;在幼苗出土以后,胚乳营养还没有利用完之前,幼芽形成能进行光合作用的绿色组织,植物的营养由剩余胚乳和光合作用共同提供,属混合营养阶段;胚乳中储藏的营养物质被完全利用后,植株生长所需的营养物质和能量完全能通过光合作用满足,此时,植株转入自养阶段。依据玉米的生长生理,收割时(30d)的玉米植株处于完全自养阶段的初期。此时,尽管根的干物质量增加相对较多,但地上部的光合作用对玉米苗生长至关重要,玉米地上部重金属含量尽可能低的分配情况,是玉米正常生长的自我调节机制所致。由此可见,笔者团队的研究结果印证了前人的研究观点,即重金属在植物体内的分配原则是尽可能保护功能相对重要的组织不受损伤(陈英旭等,2009)。

从修复工程角度考虑,人们更关注植物体内的富集量,特别是地上部的富集量,这对污染物的去除有重要意义。鉴于此,对所有处理条件下玉米 CT38 植株对重金属 Cd 的富集量进行地上部和根部的相关性分析,进行拟合后发现两者呈现显著的二次相关关系,如图 3-9 所示。

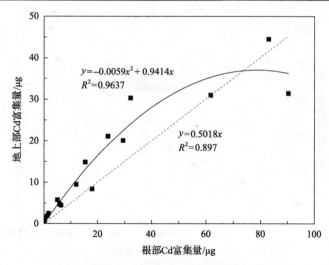

图 3-9　重金属在玉米体内富集量的相关性分析

重金属在玉米体内的富集量，由含量和生物量的乘积计算而来。随着土壤中重金属污染程度的增加，玉米地上部富集的重金属所占的比例逐渐减小，根部越来越多。结合图 3-3，我们推断，图 3-9 中曲线的顶点，将是玉米 CT38 的理论死亡点。玉米在幼苗期，主要是主根的发育，随着重金属含量的升高，主根受到越来越严重的抑制，从表 3-2 和图 3-9 可以看出，苗期的玉米 CT38 植株，主根对重金属 Cd 的富集作用是明显的，由此可见，该曲线对研究整个植株不同形态的根系对重金属的富集规律也具有重要引导意义。

结合图 3-5 和图 3-9，在低浓度(5mg/kg 以下)的时候，玉米依靠自身能适应污染环境条件，对污染物 Cd 有耐受性，植物不通过吐水排出 Cd，此时地上部重金属积累量在整株所占比例相对较大；在中浓度(5～100mg/kg)时，可依靠植物吐水排出 Cd 来缓冲调节适应生长，相比低浓度而言，地上部重金属积累量比例因植物吐水排 Cd 而降低；在高浓度(100mg/kg)条件下，Cd 积累量太多，超出自身调节能力，吐水排 Cd 途径无法满足植株幼苗正常的生理需要，输入植株体内的金属 Cd 因高浓度胁迫而大量增加，根部截留作用进一步提高，植株呈现死亡症状；当污染程度进一步加剧时，植株无法通过根部截留和植物吐水两方面的调节满足正常生长需要，种子发芽后将会无法生长而迅速死亡。

4. 根部 Cd 含量与土壤 Cd 含量的相关性分析

为进一步讨论植株死亡的原因，鉴于植株幼苗吸收的重金属是来自根-土界面，因此，将地面以下根部重金属含量和土壤重金属含量进行相关性分析，结果如图 3-10 所示。

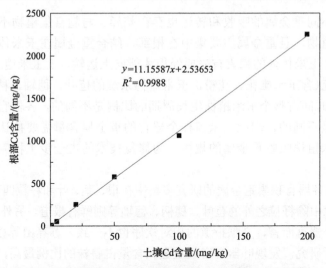

图 3-10　土壤和玉米根部重金属 Cd 含量的相关性分析

从图 3-10 可以看出，玉米 CT38 根部重金属 Cd 的含量与土壤中重金属 Cd 的含量具有极显著的相关性。随着土壤中重金属含量的增加，玉米 CT38 植株根部重金属含量呈现显著线性增加，由定量相关关系可知，CT38 根部重金属含量是土壤中重金属含量的 11.2 倍左右。结合图 3-5、图 3-6 和图 3-10，我们发现，在 0～200mg/kg Cd 污染的土壤中，玉米植株地上部重金属含量随着土壤 Cd 含量的升高而增加，但在 5mg/kg Cd 以下的低浓度范围没有明显线性关系，在 20mg/kg Cd 以上的高浓度范围内则将会随着土壤污染而呈现明显的线性关系；植物通过吐水的方式排 Cd，则是导致该现象的重要原因。

3.2　重金属镉在植物体内的分布

通常食用或饲用玉米的价值在于籽粒，而目前玉米富集重金属的研究多集中在根、茎、叶等营养生长器官，而营养物质在从茎到籽粒的转运过程中存在着穗柄的富集、苞叶的分流、玉米芯的富集，最后才到达籽粒。Cd 作为一种非玉米所需的有毒元素，同时也是营养元素 Zn 的"假冒品"，与 Zn 有相同的转运蛋白，会随着 Zn 的转移而转移到籽粒中(Fässler et al.，2010)。通常各器官对重金属的富集总量中，根和叶较高，茎和种子相对较少；对重金属 Cd 而言，有报道表明玉米根中 Cd 含量最高，而玉米籽粒中 Cd 含量最低(Fässler et al.，2010)。重金属经植物根系吸收后，在蒸腾拉力的作用下，会通过木质部向地上部运输，运输过程中会和一些转运体或植物络合素作用，完成其在植物体内的积累和分布定位过程(陈英旭等，2009)。不同植物对同一种重金属的吸收和转运能力有所不同，而同一植物对不同重金属的吸收和转运也存在差异。与超富集植物不同，玉米属于一般富集植物，且重金属主要集中在根部，结合重金属在玉米体内的运输过程，重金属在玉米体内的积累首先要经根才能向上运输，而玉米地上部器官叶、茎及生殖系统(含玉米雄花、花粉，玉米雌穗系统的苞叶、穗轴、穗柄、花丝、籽粒等)发育时间占整个玉米植株生长周期的比例是不同的，各器官对重金属的接触时间也是不同的，因此玉米植株全器官的重金属含量需要被认识，以便更好地了解玉米植株吸收重金属的规律，为修复技术的进一步工程应用提供准确的理论依据。

目前，对各器官积累重金属的研究多集中在根、茎、叶和籽粒四个主要器官，而雄花和雌穗中除籽粒之外的苞叶、穗柄、穗轴等则鲜有报道。另外，就根、茎、叶、籽粒四个器官而言，文献报道的相对次序也不一致。苏春田等(2011)对多种金属元素进行研究，发现叶器官富集重金属含量占整株的比例最高，茎和籽粒中相对较少。在富集含量方面，有研究者报道玉米各器官积累的重金属平均含量顺序为：茎≈叶＞根＞籽粒(张晓琳等，2010；陈燕等，2006)；可是，另有学者则持不同的观点，认为根＞叶＞茎＞籽粒(刘艳红等，2010；郭凤台等，2008)；还有学者研究发现，几种重金属(Cd、Pb、Cu、Zn)在玉米植株不同器官中的分布特征为叶＞根＞茎＞籽粒。虽然这些学者因所种植玉米品种和污染土壤的条件不同，但一致认为籽粒中重金属含量是最低的，本书研究前期工作也证实玉米籽粒中重金属含量是最低的，根、茎、叶等器官相对较高。另外，目前已公开的研究成果并未对雌穗中非籽粒器官如穗柄、苞叶、穗轴等部位中的重金属含量进行讨论，因此，本节将对全器官重金属含量，包括雄花和雌穗各部分的含量进行探究。

3.2.1　玉米不同器官积累 Cd 的研究

1. Cd 胁迫下玉米植株高度和叶面积的变化

玉米拔节期是营养生长器官增加最快的时期，在玉米拔节期，植株代谢旺盛，对外界生态条件的反应敏感，此时期受到胁迫会引起明显的外部形态变化，最直观的表现就是外在特征如株高和叶面积出现差异。为了解玉米 CT38 植株在重金属 Cd 胁迫条件下的生长特征，需对株高和叶面积进行定量研究。

本书研究中，玉米经过拔节后，植株的高度随着土壤重金属 Cd 含量的增加出现了直观上的"低促高抑"现象。如图 3-11 所示，在 Cd 含量为 1mg/kg 的土壤中生长的玉米植株高度相对空白对照有提高，但没有达到显著性水平；而随着污染程度的加剧，玉米高度有明显的变化趋势，低浓度的促进作用不显著，而高浓度条件下的抑制作用则是显著的，Cd 含量为 20mg/kg 以上，玉米的高度相对空白对照有显著性降低，且随着土壤中 Cd 污染浓度的升高，植株受到的胁迫越来越严重。

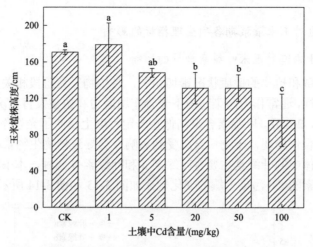

图 3-11　不同 Cd 含量土壤中玉米植株的高度

　　成熟期玉米植株的叶面积随着土壤中 Cd 含量的变化如图 3-12 所示，随着土壤中重金属 Cd 含量的增加，玉米植株的叶面积也呈现一种"低促高抑"的现象，与高度相似。这种"低浓度促进高浓度抑制"的现象前人也早有报道，如与李丽君等（2001）研究 Cd 对玉米种子萌发和幼苗生长影响所得到的趋势一致，0.5～1.0mg/kg 低浓度能起到促进作用，而 10.0mg/kg 的高浓度则明显抑制。然而，本书的研究和李丽君等的研究在生长时期、玉米品种及培养方式上都存在差异，根据本书的研究，低浓度虽有促进作用，但是没有达到显著性差异；高浓度条件下则有显著性的抑制。

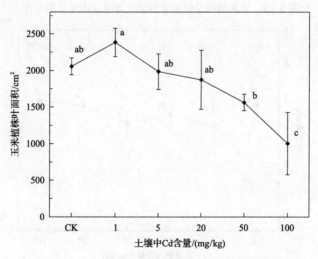

图 3-12　玉米植株的叶面积随土壤中 Cd 含量的变化

2. Cd 胁迫对玉米灌浆期各项生理指标的影响

1）不同 Cd 胁迫对玉米叶绿素含量的影响

叶绿素含量和植物的健康状况密切相关，是植物发育阶段相关光合器官生理状况的重要指标，通常作为污染胁迫下光合作用能力和植被发育状况的指示器（梁烜赫和曹铁华，2010）。叶绿素含量高低在一定程度上反映了光合作用水平，叶绿素含量低，光合作用弱，干物质合成受到影响，会导致植物生物量下降。

玉米叶绿体中的叶绿素主要有叶绿素 a 和叶绿素 b 两种，本书研究中灌浆期玉米植株叶绿素随 Cd 污染土壤的变化规律如图 3-13 和图 3-14 所示。

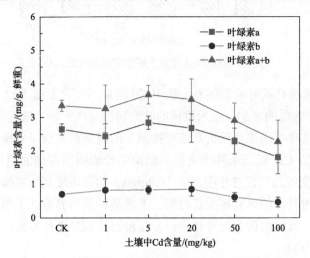

图 3-13　玉米植株叶绿素含量随土壤中 Cd 含量的变化

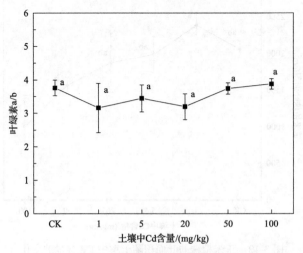

图 3-14　玉米植株叶绿素 a/b 随土壤中 Cd 含量的变化

图中 a 表示各点间并没有显著性差异

　　根据图 3-13 可以看出，随着土壤中 Cd 含量的增加，叶绿素的含量先轻微上升，在 5mg/kg 达到最高，然后呈下降趋势，表明只有高浓度胁迫才逐渐显现对玉米的伤害，这与惠俊爱等(2010)的研究结果并不完全一致，可能是研究的玉米生长时期不同所致，玉米不同时期有不同的抗胁迫表现。玉米作为阳生植物，叶绿素 a 含量比叶绿素 b 高，两者的下降趋势相似。如图 3-14 所示，通过叶绿素 a/b 分析，看到尽管单独的叶绿素含量随着土壤 Cd 含量的升高有先轻微上升后明显下降的趋势，但是叶绿素 a/b 随着土壤 Cd 含量的升高，并未发生显著性的改变。这与惠俊爱等(2010)对玉米苗叶绿素的研究结果所展示的趋势一致，但在绝对数值上有差异，可能是不同批次试验体现出的趋势一致而绝对数据上存在差异性造成的。

　　2) 不同 Cd 胁迫对抗氧化酶活性及丙二醛含量的影响

　　植物体内的超氧化物歧化酶(SOD)、过氧化氢酶(CAT)和过氧化物酶(POD)是一类重要的抗氧化酶，在清除重金属等诱导产生的氧自由基和过氧化物、抑制膜脂过氧化、保护细胞免遭伤害等方面起着重要作用，抗氧化酶可以作为检测环境污染物胁迫的生物标记物(陈志良等，2001)。Cd 对玉米有机体的毒性很大，蓄积性也很强，当 Cd 引起的毒害达到一定程度，植物就会表现出生长缓慢、植株矮小、褪绿等中毒症状，严重影响产量与质量(郑世英等，2007)。

　　因此，本书研究分别对不同 Cd 含量土壤中生长的玉米植株体内的抗氧化酶进行测试，所得结果见图 3-15～图 3-17。

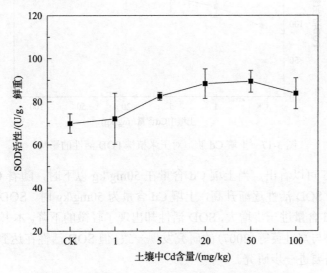

图 3-15　土壤 Cd 胁迫对玉米植株 SOD 活性的影响

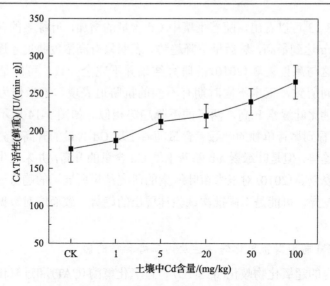

图 3-16　土壤 Cd 胁迫对玉米植株 CAT 活性的影响

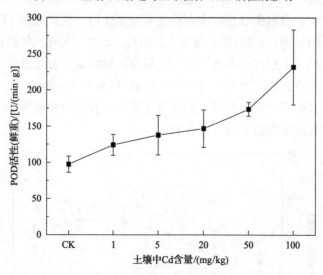

图 3-17　土壤 Cd 胁迫对玉米植株 POD 活性的影响

　　由图 3-15 可以看出，当土壤 Cd 含量在 50mg/kg 以下时，随着 Cd 含量的增加，玉米幼苗 SOD 活性逐渐升高，土壤 Cd 含量为 50mg/kg 时，SOD 活性达到最大，随土壤 Cd 含量进一步增大，SOD 活性却出现了轻微的下降。本书研究中 SOD 酶变化的趋势与郑世英等(2007)的研究发现一致，但 SOD 活性在达到最大值后下降的原因，需要进一步研究。

　　CAT 在植物体中是一种起保护性功能的酶，能够清除细胞内过多的 H_2O_2，以维持细胞内 H_2O_2 在一个正常水平，从而保护膜结构。由图 3-16 可以看出，随着土壤 Cd 含量的提高，玉米幼苗 CAT 活性逐渐上升。趋势虽与郑世英等 (2007) 的研究一致，但没有出现陡然上升的浓度范围。

POD 是一种含 Fe 的金属蛋白质，它能催化 H_2O_2 氧化酶类的反应，使植物免于受毒害，其作用如同氢的接受体一样，是植物体内重要的代谢酶，参与许多重要的生理活动。同时，POD 也是植物体内抗氧化酶系统的重要组成部分，它能催化有毒物质的分解，其活性的高低能反映植物受害的程度。由图 3-17 可以看出，随着土壤 Cd 含量的增加，POD 活性逐渐上升。本书研究与郑世英等 (2007) 的研究结果一致，表明无论是幼苗期，还是灌浆期，玉米植株体内 POD 活性都随着土壤重金属 Cd 含量的增加而逐渐上升。

植物器官在 Cd 迫下受到伤害往往发生膜脂过氧化作用，丙二醛 (MDA) 是膜脂过氧化最终分解产物，其含量可以反映植物遭受逆境胁迫的程度。本书研究发现玉米植株体内 MDA 含量随着土壤 Cd 含量的升高而呈现加速上升的趋势，如图 3-18 所示。在 5mg/kg 以下的土壤 Cd 胁迫强度内，细胞的各种保护机制使 MDA 含量维持在较低的一个水平，但随着胁迫强度不断增加，20mg/kg 以上的 Cd 胁迫超过了玉米植株能自我调节的限度，细胞内代谢失调，自由基积累、膜脂过氧化作用体现出急剧增强的现象，引发了 MDA 含量的急速升高。因此，在一定程度上玉米植株体内 MDA 含量的高低可以表示细胞膜脂过氧化的程度和玉米对逆境条件反应的强弱。本研究得到的变化趋势和郑世英等 (2007) 的研究一致，但在 5mg/kg 以上，MDA 含量的增加程度比郑世英等 (2007) 研究得到的结果明显，可能是灌浆期玉米植株和幼苗期 MDA 有不同增长幅度的体现。

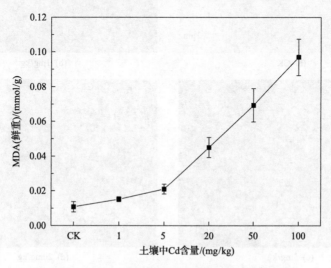

图 3-18　土壤 Cd 胁迫对玉米植株 MDA 含量的影响

3) 不同 Cd 胁迫对花粉萌发孔的影响

本书研究发现，在 Cd 含量为 50mg/kg 以下的污染土壤中生长的玉米植株能够完成开花散粉，Cd 含量为 100mg/kg 的污染土壤中，玉米雄花中没有花粉形成。通过成像光学显微镜观察，发现在土壤 Cd 污染胁迫的条件下，玉米的花粉大小没有明显的差异性；但是在电子显微镜下得到的扫描图像显示，花粉萌发孔的形状发生了变化。萌发孔大小尽管没有明显差异，但萌发孔里面的花粉孔盖则随着土壤 Cd 含量的增大而逐渐凹陷，如图 3-19 所示。由此可见，土壤中的 Cd 对植株的胁迫已经损害到花粉，值得进一步研究。

3. Cd 胁迫对玉米 CT38 各器官生物量的影响

将玉米分成营养生长器官和生殖生长器官。营养生长器官，简称营养器官，包括根、茎、叶；而生殖生长器官，简称生殖器官，则包括雄花和果穗，其中果穗又分为苞叶、穗柄、穗轴、花丝和籽粒五部分。

从修复角度考虑，玉米植株对土壤中 Cd 的富集总量，与其生物量干重有直

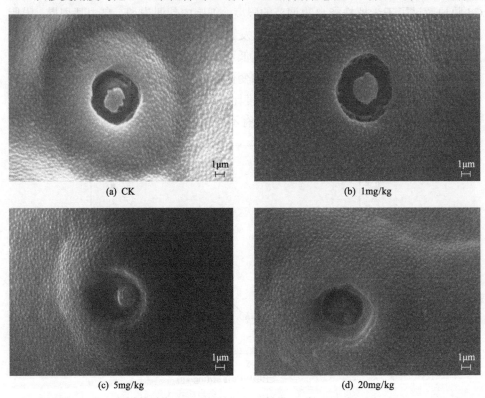

(a) CK   (b) 1mg/kg

(c) 5mg/kg   (d) 20mg/kg

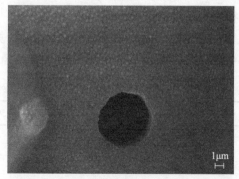

(e) 50mg/kg

图 3-19　不同土壤 Cd 含量条件下玉米花粉的萌发孔盖对比

接的关系。据此，我们对玉米的全器官生物量干重做了详细的研究，除了通常文献中报道的根、茎、叶等营养器官之外，还对雄花、雌穗，包括苞叶、穗柄、穗轴、花丝、籽粒等进行了详细的统计。

从表 3-3 可以看出，玉米盆栽条件下，随着土壤 Cd 含量的升高，各器官的干重有轻微上升而后明显下降的趋势。从整株干重的显著性分析来看，20mg/kg 以下的各处理间没有显著性差异；50mg/kg 以上的生物量干重相对于空白对照有明显的下降。针对籽粒而言，5mg/kg 以下的各处理间没有显著性差异；20mg/kg 以上的籽粒干重明显下降，主要是籽粒数明显减少，授粉率下降所致；100mg/kg

表 3-3　不同 Cd 浓度条件下玉米各器官的生物量

器官名称		生物量(干重)/g					
		CK	1mg/kg	5mg/kg	20mg/kg	50mg/kg	100mg/kg
营养器官	根	2.14 ± 1.17^a	2.24 ± 0.76^a	2.57 ± 0.84^a	2.91 ± 0.92^a	1.95 ± 0.24^a	1.96 ± 0.90^a
	茎	5.44 ± 1.25^{ab}	5.53 ± 1.20^{ab}	6.05 ± 1.61^a	5.48 ± 1.37^{ab}	4.11 ± 0.69^{ab}	3.26 ± 1.49^b
	叶	12.6 ± 0.46^a	13.3 ± 1.50^a	13.11 ± 1.09^a	11.85 ± 2.65^a	8.42 ± 2.17^b	5.49 ± 2.18^b
生殖器官	雄花	0.73 ± 0.19^a	0.85 ± 0.08^a	0.72 ± 0.07^a	0.63 ± 0.10^a	0.61 ± 0.22^a	0.30 ± 0.27^b
	苞叶	6.51 ± 3.55^a	6.45 ± 1.43^a	6.40 ± 3.14^a	5.64 ± 1.89^a	4.74 ± 0.88^a	4.98 ± 3.33^a
	穗柄	0.39 ± 0.09^a	0.31 ± 0.20^a	0.76 ± 0.39^a	0.82 ± 0.35^a	0.55 ± 0.09^a	0.79 ± 0.36^a
	穗轴	4.24 ± 0.67^{ab}	4.57 ± 0.794^a	2.93 ± 1.47^{ab}	5.07 ± 1.06^a	3.54 ± 1.69^{ab}	2.13 ± 0.87^b
	花丝	0.52 ± 0.30^a	0.75 ± 0.498^a	0.80 ± 0.18^a	0.86 ± 0.69^a	0.64 ± 0.34^a	0.46 ± 0.23^a
	籽粒	11.7 ± 3.5^a	12.8 ± 1.7^a	12.6 ± 1.7^a	$5.4\pm1.9b^*$	$0.51\pm0.3^{c*}$	—**
整株		44.3 ± 2.9^a	40.8 ± 3.1^a	37.5 ± 3.3^a	35.5 ± 6.4^a	24.7 ± 4.9^b	19.4 ± 8.0^b

*表示自然状态下仅能部分授粉成功，且授粉率≤50%；**表示无法自然授粉，没有籽粒产生。

的玉米无法完成有效授粉，没有籽粒产生。

为明确 Cd 胁迫下玉米植株干物质在各器官的分布，计算各器官占整株玉米干重的比例，如表 3-4 所示。

表 3-4　不同 Cd 浓度条件下各器官占整株干重的比例　　　　（单位：%）

器官名称		CK	1mg/kg	5mg/kg	20mg/kg	50mg/kg	100mg/kg
营养器官	根	4.59	5.00	5.51	7.57	8.03	11.52
	茎	11.73	12.27	13.02	14.39	16.48	16.71
	叶	27.61	29.72	28.62	31.32	33.49	29.05
生殖器官	雄花	1.59	1.89	1.60	1.69	2.39	1.37
	苞叶	13.90	9.83	13.52	14.64	19.25	23.91
	穗柄	0.84	0.73	1.60	2.11	2.28	4.18
	穗轴	9.25	10.31	6.69	13.51	13.57	10.97
	花丝	1.18	1.61	1.79	2.11	2.43	2.30
	籽粒	25.94	20.51	27.65	12.66*	0.60*	—**

* 表示自然状态下仅能部分授粉成功，且授粉率≤50%；** 表示无法自然授粉，没有籽粒产生。

从表 3-4 可以看出，在盆栽条件下，叶器官的干重所占比例是最大的，能正常授粉的籽粒次之。随着土壤重金属含量的升高，根部干重所占比例越来越大，主要是地上部的干重急剧减少所致。

4. Cd 胁迫下玉米 CT38 各器官重金属 Cd 的含量

玉米各器官重金属含量能反映重金属的富集部位，对玉米作为修复植物处理重金属有重要的现实意义，对于含量高的器官，可在其发育快的生长时期采取螯合诱导等强化措施，使其能快速地富集重金属，以达到整株玉米最佳的修复效果。同时，对研究玉米植株的吸收机理也有重要的理论指导意义。因此，对重金属含量按照营养器官和生殖器官进行植株全器官分析，结果如表 3-5 所示。

根据表 3-5 可知，随着土壤中重金属 Cd 含量的升高，玉米植株各器官中 Cd 含量均上升，但增加的趋势有所不同。根部增加的最多，籽粒、花粉和花丝中增加的最少。营养器官比生殖器官增加的程度大。这表明玉米在受到重金属胁迫的情况下，主要是将重金属滞留在根、茎、叶等营养器官中，而雄花和雌穗部分积累较少。就雌穗而言，苞叶、穗柄和穗轴中增加的较多；籽粒中增加的较少。该现象是玉米植株适应 Cd 胁迫的一种自然表现，把非营养元素 Cd 尽量滞留在富含遗传信息物质的籽粒之外。

表 3-5　不同 Cd 浓度条件下玉米各器官中重金属 Cd 含量

器官名称		Cd 含量/(mg/kg)					
		CK	1mg/kg	5mg/kg	20mg/kg	50mg/kg	100mg/kg
营养器官	根	2.1±1.5	25.3±6.0	151±24.4	371±92.6	807±149	958±83.4
	茎	0.6±0.3	3.4±2.6	19.2±1.4	66.8±4.0	94.8±4.8	132±9.6
	叶	1.5±1.2	4.2±1.9	24.9±6.4	81.0±34.2	120±25.9	187±88.5
生殖器官	雄花	0.9±0.1	5.5±0.6	32.9±3.7	117±9.5	146±8.8	215±12.1
	花粉	0.14±0.13	0.74±0.29	3.16±0.90	7.01±0.30	12.0±1.83	—*
	苞叶	0.52±0.13	1.32±0.36	8.27±0.36	27.7±4.58	38.9±6.99	60.9±7.85
	穗柄	0.35±0.05	2.11±0.20	11.6±0.86	38.6±5.53	56.9±6.22	78.2±6.18
	穗轴	0.09±0.02	0.92±0.32	3.75±0.99	13.3±1.11	21.4±4.18	41.1±5.77
	花丝	0.02±0.002	0.64±0.02	1.39±0.10	5.67±0.33	12.3±2.13	25.7±3.25
	籽粒	0.02±0.005	0.62±0.08	1.32±0.22	5.06±1.60	11.6±0.90	—**

*表示自然状态下仅能部分授粉成功，且授粉率≤50%；**表示无法自然授粉，没有籽粒产生。

5. Cd 胁迫对玉米 CT38 各器官重金属 Cd 富集量的影响

根据玉米植株各器官的生物量和重金属含量数据，得到玉米各器官富集重金属 Cd 的量，如表 3-6 所示。随着土壤污染程度的增加，玉米植株重金属 Cd 的富集量逐渐增加。结合玉米植株生长状况，发现尽管玉米植株在高污染条件下发生了明显矮化，但其积累重金属的量却明显增加，这主要是高污染条件下植株各器官中 Cd 含量升高所致。

表 3-6　不同 Cd 浓度条件下玉米各器官中重金属 Cd 富集量

器官名称		Cd 富集量(干重)/μg					
		CK	1mg/kg	5mg/kg	20mg/kg	50mg/kg	100mg/kg
营养器官	根	5.719±0.520	56.39±21.67	403.4±198.0	1036±253.8	1577±388.6	1881±861.3
	茎	2.941±1.810	17.10±11.61	117.7±38.58	330.0±158.6	387.7±50.22	436.7±214.7
	叶	6.724±5.814	55.71±25.60	331.5±111.8	902.4±250.7	1010±357.2	909.2±121.1
生殖器官	雄花	0.681±0.135	4.624±0.514	23.75±2.709	73.79±15.95	88.35±28.74	62.19±52.85
	苞叶	2.589±0.891	5.683±1.742	53.63±28.04	162.0±77.96	181.1±22.77	293.1±168.8
	穗柄	0.135±0.024	0.684±0.471	9.013±5.212	32.66±16.94	31.29±7.690	61.78±30.33
	穗轴	0.385±0.145	4.146±1.342	10.03±2.952	67.91±17.98	70.99±23.71	85.58±29.62
	花丝	0.012±0.007	0.468±0.299	1.107±0.464	5.034±4.294	7.414±3.270	11.51±5.218
	籽粒	0.324±0.088	7.871±0.898	16.65±2.768	23.12±7.715	5.875±0.455	—
整株		19.51±4.560	152.7±48.52	966.7±378.3	2633±154.1	3360±485.7	3741±711.6

　　由表 3-6 还可以看出，玉米植株营养器官积累重金属的量比生殖器官积累的量大，而生殖器官中除籽粒外，其他器官所积累 Cd 的量均随着土壤重金属 Cd 含量的增加而增加。为详细了解各器官重金属的富集量在整株富集中的贡献，将整株作为基准，计算各器官积累重金属的百分数，如表 3-7 所示。笔者发现在低 Cd 含量的空白对照土壤中，根部富集的重金属很少，而叶和苞叶相对较高；而在高 Cd 含量的土壤中，重金属 Cd 大多被截留在玉米植株的根部，叶和苞叶中富集量降低。

表 3-7　不同 Cd 浓度条件下各器官重金属 Cd 的富集量
占整株富集量的百分比　　　　　　（单位：%）

器官名称		CK	1mg/kg	5mg/kg	20mg/kg	50mg/kg	100mg/kg
营养器官	根	9.31	36.93	41.73	39.36	46.94	50.28
	茎	15.07	11.20	12.17	12.53	11.54	11.67
	叶	54.46	36.49	34.29	34.27	30.06	24.30
生殖器官	雄花	3.49	3.03	2.46	2.80	2.63	1.66
	苞叶	13.27	3.72	5.55	6.15	5.39	7.83
	穗柄	0.69	0.45	0.93	1.24	0.93	1.65
	穗轴	1.97	2.72	1.04	2.58	2.11	2.29
	花丝	0.06	0.31	0.11	0.19	0.22	0.31
	籽粒	1.66	5.16	1.72	0.88	0.17	0.00
玉米穗小计		17.65	12.36	9.35	11.04	8.82	12.08

　　从本书研究可以看出，在重金属 Cd 污染的土壤中，玉米植株营养器官首先对重金属进行"一级截留"，富集重金属的比例在 78.9%～88.5%，而生殖器官则相对较少，富集总量占整株 11.5%～21.1%。奇怪的是，在玉米穗部，苞叶、穗柄、穗轴等仍能分散更多的重金属，占穗部 55% 以上，起到"二级分流"的作用，使籽粒中的重金属富集比例进一步减少。

　　从表 3-7 还可以看出，在 Cd 污染土壤中生长的玉米植株，营养器官中茎的积累所占比例是最少的，在 11.20%～15.07%，而根部和叶的积累则较多，根部为 29.31%～50.28%，叶器官在 24.30%～54.46%。结合玉米生理，根和叶器官通常发育比较早，接触污染物的时间较长，而雄花和雌穗出现的时间较晚，在授粉之后才开始暴露在重金属 Cd 的胁迫环境中。由此，可初步推断玉米作为非超富集植物的庄稼作物，各器官之间的重金属富集量与其暴露在 Cd 胁迫下的时间有关，呈现出正相关的趋势。但具体的相关性，则尚需进一步的研究。

3.2.2 玉米体内 Cd 的亚细胞分布及化学形态

1. 玉米 CT38 体内 Cd 的亚细胞分布

氨三乙酸(NTA)能显著促进植物对重金属的吸收和积累，为比较螯合剂诱导强化下玉米体内重金属的亚细胞分布和存在形态差异，试图从金属在植物体内区室化分布特征的角度，揭示玉米耐金属胁迫和富集金属的内在机理和解毒机制，试验结果如图 3-20 所示。

从图 3-20 可以看出，当 NTA 施加量增加时，Cd 在玉米根、茎、叶细胞中的含量也随之增加，且主要分布于细胞壁组分 F1 和可溶性部分细胞质组分 F3 中，各组分的 Cd 含量均为 F1>F3>F2(细胞器组分)。矿山生态型东南景天茎中的 Cd 在细胞器部分的分配随之增加，可溶性部分却有所下降，细胞壁及残渣部分的 Cd

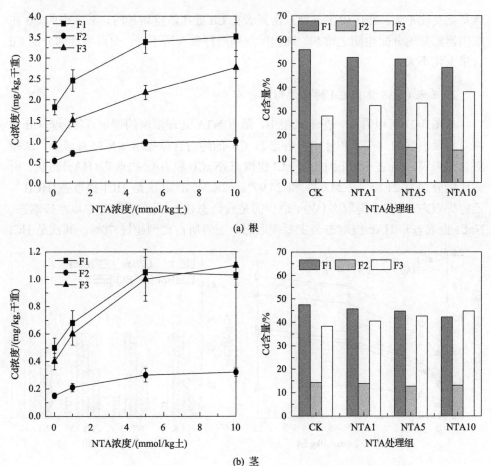

(a) 根

(b) 茎

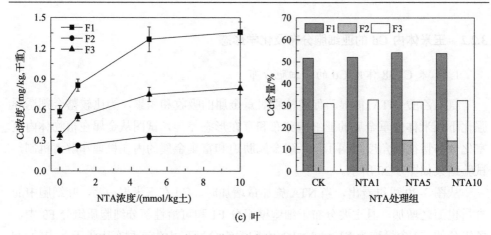

(c) 叶

图 3-20　Cd 在玉米根、茎和叶中的亚细胞含量及其分配比例

NTA1 表示 NTA 浓度为 1mmol/kg；NTA5 表示 NTA 浓度为 5mmol/kg；NTA10 表示 NTA 浓度为 10mmol/kg

含量则变化不大。非矿山生态型东南景天在 Cd 处理浓度增加时，其茎中的 Cd 在细胞器部分的分配也随之增加，细胞壁及残渣部分有所下降，而可溶性部分的 Cd 含量变化不大。

2. 玉米 CT38 体内 Cd 的化学形态分布

从图 3-21 可以看出，在玉米根中，随着 NTA 处理浓度的增加，各形态 Cd 的绝对含量也增加，在茎和叶中，各形态 Cd 的绝对含量先增加后略有减少。从相对含量来说，Cd 在玉米根中以 NaCl 提取态（NaCl）和 HAc 提取态（HAc）占优，所占比例分别为 21.85%～24.62%和 24.97%～28.74%，其次是 HCl 提取态（HCl）、乙醇提取态（E）和水提取态（W），最少的是残余态（R）；而在茎和叶中以水提取态、NaCl 提取态和 HAc 提取态为主要提取态，三者所占比例超过 70%，其次是 HCl

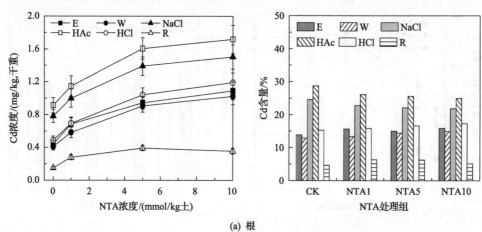

(a) 根

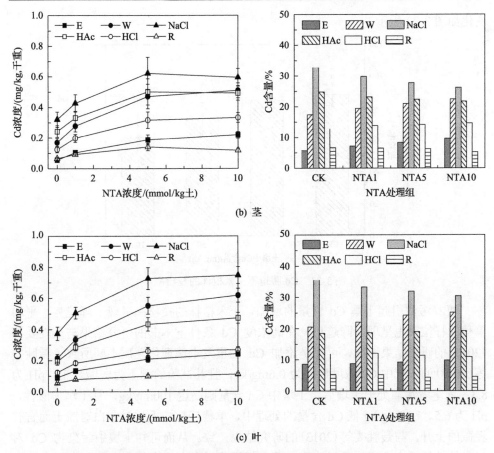

图 3-21　Cd 在玉米根、茎和叶中的化学形态分布

提取态，最少的是乙醇提取态和残余态。

　　同时，在不同 NTA 处理下，玉米不同部位 Cd 的各种形态所占比例也略有改变。随着 NTA 处理浓度的增加，在根中，NaCl 提取态、HAc 提取态和残余态所占比例有所减少，而其他提取态则略有增加或维持不变。在茎和叶中，也有与根相类似的规律。

3.3　授粉对玉米吸收重金属镉的影响

3.3.1　Cd 胁迫下玉米授粉率的变化

　　Cd 胁迫下玉米的授粉率会受到影响，根据 3.2 节的研究，发现玉米在高污染胁迫条件下授粉率会下降，甚至没有花粉产生。根据扫描电镜观察的结果，花粉的萌发孔会随着重金属胁迫的加剧而产生变异。因此在本章研究中，花粉的授粉率也是需要考虑的重要因素。本书研究中玉米植株的授粉率在不同污灌条件下的变化如图 3-22 所示。

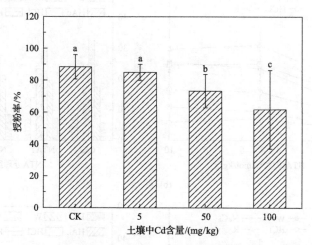

图 3-22　Cd 胁迫下玉米植株的授粉率

　　随着污灌引起土壤 Cd 含量的增加，玉米植株的授粉率呈现下降趋势，平均单穗的籽粒重也呈现下降趋势。在高浓度 Cd 条件下本书的研究结果与聂胜委等(2013)的研究结果不同，可能是添加 Cd 的量及土壤理化性质不同所致。聂胜委等(2013)的研究中 Cd 浓度最高为 0.6mg/kg，且其试验的潮土为弱碱性土，pH 为8.3；而笔者污灌处理土壤后，土壤中 Cd 含量则高达 100mg/kg，且土壤偏酸性，pH 为 6.5。在 5mg/kg 低 Cd 含量的处理中，单穗籽粒粒重相对空白对照土而言有轻微的上升，与聂胜委等(2013)的研究结果一致。从而可知土壤中污染物 Cd 对玉米植株授粉率的影响是低浓度处理有促进作用和高浓度处理有抑制作用。

　　从授粉率的变化和植株生物量干重的变化而言，两者有明显的相关关系，在100g/kg 高浓度 Cd 处理的条件下，玉米植株对重金属的授粉率相对空白对照有明显的抑制作用。此时，授粉植株和不授粉植株之间的差异与空白对照相比明显缩小，详细的定量相关关系需要进一步试验研究。

3.3.2　授粉对玉米生长状况影响

1. 高度和叶面积的对比

　　Cd 胁迫下玉米植株的高度和叶面积通常随着 Cd 污染程度的增加而呈现"低促高抑"现象，即在低浓度下(≤5mg/kg)有促进作用，在高浓度(50～100mg/kg)土壤中则呈现明显的抑制。因玉米植株高度的变化能直观反映出玉米的生长状况，为了解 Cd 胁迫下玉米授粉与否对灌浆期玉米植株生长状况的影响，本书研究中观察到的玉米 CT38 高度对比情况示于图 3-23。

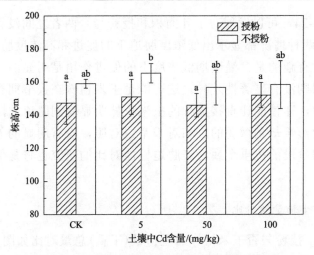

图 3-23　Cd 胁迫下授粉与否玉米灌浆期株高对比

结果为均值±标准差，$n=3$

从图 3-23 可以看出，所有含 Cd 土壤中，不授粉的玉米 CT38 植株都要比授粉的玉米 CT38 植株高，整体上有较明显的差异。该现象可能与玉米植株在授粉后光合物质向籽粒转移有很大关系，不授粉的玉米植株光合物质转移少，节间伸长比授粉的玉米表现明显，导致了高度上的优势。

叶片是玉米植株与环境进行物质和能量交换的主要场所，玉米植株通过叶片吸收光能和二氧化碳进行光合作用，并通过叶片的蒸腾作用产生拉力，促进水分和矿物质在体内的运输。对比授粉与否玉米的叶面积，能间接反映出玉米植株在灌浆期 Cd 胁迫下光合产物的分配能力，能为玉米在灌浆期富集重金属差异提供辅助证据。玉米叶面积的对比情况如图 3-24 所示。

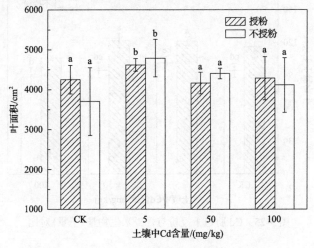

图 3-24　Cd 胁迫下授粉与否玉米灌浆期叶面积对比

根据图 3-24，可以发现对于叶面积和授粉与否两者之间没有统计学上的明显差异，但两种情况都显示出低浓度胁迫下的促进和高浓度胁迫下的抑制。与苗期相比，有趣的是，灌浆期低浓度下的促进作用是明显的，高浓度条件下的抑制作用则没有显著性差异。这可能是玉米植株在拔节期有强烈的抗重金属胁迫能力，即使能让直接播种的玉米植株明显受到胁迫的污染水平，对拔节期玉米的影响却是微弱的，相对于空白对照，没有明显的差异。由此推断，玉米不同阶段的抗重金属污染胁迫性能对比的研究也将是值得深入研究的课题。

2. 各器官生物量的对比

Cd 胁迫下授粉与否玉米植株的生物量（干重）总量对比如图 3-25 所示，可知各处理条件下干重表现出一致的趋势，不授粉玉米全植株的干重比授粉的低 16.4%～22.4%，这主要是因为玉米授粉后，籽粒干重占整株干重的 14%～25%，导致了授粉植株整体上比不授粉植株干重高。根据表 3-8 所示，授粉玉米植株营养器官的干重占整株的 52.3%～58.8%，而不授粉的玉米占 73.9%～78.7%；授粉玉米植株生殖器官的干重占整株的 41.2%～47.7%，而不授粉的玉米仅占 21.3%～26.1%。Cd 胁迫下玉米各器官所占的比例与空白对照没有明显差异，授粉的植株比不授粉的高，与自然状态无异，表明 Cd 胁迫虽然能改变玉米植株的高度、叶面积和生物量的大小，但植株形态没有明显差异。

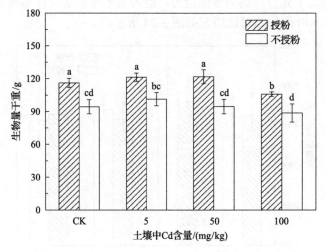

图 3-25　Cd 胁迫下授粉与否玉米生物量（干重）对比

表 3-8　不同处理条件下各器官生物量干重占整株的比例　　　（单位：%）

器官名称		TCK,Y	TCK,N	T5,Y	T5,N	T50,Y	T50,N	T100,Y	T100,N
营养器官	根	6.0	6.9	6.1	11.0	6.9	8.5	5.8	8.7
	茎	18.6	34.6	18.8	29.8	20.9	32.8	22.3	31.3
	叶	27.6	37.2	28.6	33.0	26.9	36.6	30.7	37.8
	营养器官小计	52.2	78.7	53.5	73.8	54.7	77.9	58.8	77.8
生殖器官	雄花	3.4	4.9	3.1	4.1	4.3	4.9	3.8	5.2
	苞叶	9.6	11.0	8.8	11.9	10.1	10.8	11.7	12.4
	穗柄	1.8	2.0	1.5	2.4	1.8	2.0	1.6	2.2
	穗轴	8.0	2.0	8.4	6.8	8.6	3.4	8.2	1.4
	花丝	1.6	1.5	1.2	1.0	1.2	1.1	1.9	0.9
	籽粒	23.4	—	23.5	—	19.3	—	14.0	—
	雌穗小计	44.4	16.5	43.4	22.1	41.0	17.3	37.4	16.9
	生殖器官小计	47.8	21.4	46.5	26.2	45.3	22.2	41.2	22.1

注：Y 为授粉；N 为不授粉；TCK 为土壤无 Cd 含量；T5 为土壤中 Cd 含量为 5mg/kg；T50 为土壤中 Cd 含量为 50mg/kg；T100 为土壤中 Cd 含量为 100mg/kg；下同。—表示未检测到含量。

3.3.3　授粉对玉米植株富集重金属 Cd 的影响

根据图 3-22，可知 5mg/kg 的低浓度 Cd 处理条件下，玉米植株的授粉率和授粉植株的单穗质量与空白对照相比，没有明显的变化。而高浓度 50mg/kg 和 100mg/kg 处理条件下，玉米植株的授粉率有明显的下降。为了考察授粉对植株富集 Cd 的影响，对比分析了不同营养器官在授粉与否条件下的 Cd 富集含量，笔者对所有的处理进行了比较；对生殖器官及整株的比较，选取 5mg/kg 处理条件。

1. 授粉与否条件下玉米营养器官中 Cd 富集含量的对比

玉米植株的营养器官包括根、茎、叶，在各处理条件下，其 Cd 富集含量随着土壤重金属含量的升高而升高。但在控制授粉的条件下，玉米植株的 Cd 富集含量会受什么影响，是在实地修复中指导是否产生籽粒的重要理论依据。本书研究所得到的含量对比数据如表 3-9 所示。

由表 3-9 可知，玉米植株授粉与否导致叶片中重金属 Cd 含量有明显的差异，不授粉的要显著高于授粉的；而单独处理浓度比较，玉米的根和茎的对比结果则没有显著性差异，尽管不授粉的植株比授粉的 Cd 含量略高。授粉影响最大的是叶器官，授粉后籽粒的灌浆能导致叶器官重金属含量的降低。玉米植株生殖生长是玉米植株在授粉后所经历的生长阶段，授粉被阻断后，营养器官的无机营养物质无法正常转移到籽粒部位。据此，笔者推断当玉米授粉被阻断，无法形成籽粒的时候，原本应沉积在雌穗上的部分污染物就被迫停留在营养器官中，而具有光合作用的叶器官是代谢最明显的有机物合成器官，需要无机营养元素最多，导致差异性最大，相比授粉植株而言，不授粉植株有较高的 Cd 含量。具体的生理机理可能与玉米植株在授粉后的激素含量有关，这尚需进一步研究。

表 3-9　　授粉与否玉米植株营养器官中
Cd 含量的对比　　　　（单位：mg/kg，以干重计）

处理名称	根	茎	叶
TCK,Y	0.534±0.195[a]	0.183±0.074[a]	0.752±0.286[a]
TCK,N	2.148±0.931[a]	0.323±0.017[a]	1.726±0.174[b]
T5,Y	15.88±3.263[b]	2.329±0.589[b]	5.838±0.391[c]
T5,N	20.12±2.784[b]	2.013±0.313[b]	9.183±2.346[d]
T50,Y	150.7±16.22[c]	5.809±1.904[c]	11.81±4.476[e]
T50,N	159.3±56.85[c]	9.065±5.611[c]	24.45±8.836[f]
T100,Y	286.7±53.11[d]	10.31±5.554[d]	29.65±6.876[g]
T100,N	307.5±148.2[d]	16.76±6.407[d]	48.475±6.427[h]

注：每列不同的字母表示有显著性差异，$P<0.05$。

2. 授粉与否条件下玉米生殖器官中 Cd 富集含量的对比

根据各处理条件下玉米植株授粉率的状况，选择对比效果最好的处理浓度为 5mg/kg，进行玉米生殖器官重金属富集含量的对比研究，结果如图 3-26 所示。

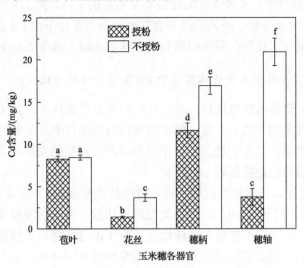

图 3-26　授粉与否玉米穗各器官重金属 Cd 含量的比较

根据图 3-26 可知，玉米穗各组成器官中，授粉处理(T5,Y)和不授粉处理(T5,N)相比，苞叶中重金属含量没有明显差异，而花丝、穗柄和穗轴中重金属 Cd 含量都有明显的降低，特别是承载玉米籽粒的穗轴差别最大。为进一步证实玉米穗轴的差异(图 3-27)，笔者研究了穗轴的秃穗部位和满粒部位的重金属含量，并将不授粉玉米穗轴的结果一并列出比较(图 3-28)。秃穗部位的重金属含量介于籽粒部位和不授粉之间，由图 3-26 和图 3-28 可得出结论，玉米籽粒的发育能显著降低穗轴中的重金属含量。

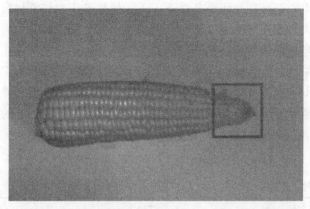

图 3-27　带秃穗的授粉玉米棒子示意图(方框内为秃穗部位)

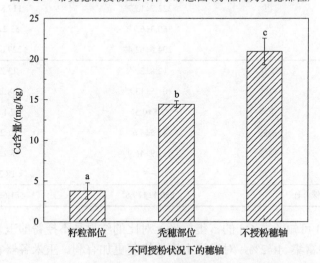

图 3-28　不同授粉状况下玉米穗轴中的 Cd 含量

根据以上分析可以得出，增加玉米的授粉率不仅能在生产上增加玉米的产量，而且能减少穗轴中的重金属 Cd 含量。Ning 等(2012)研究发现，玉米的穗轴和苞叶能部分代替玉米籽粒从根部吸收营养物质。从元素分析的角度，Cd 作为一种

Zn 元素的"假冒品",具有和营养物质 Zn 相似的富集规律。不授粉的玉米植株,其穗轴和苞叶能起部分代替籽粒富集的作用,因此,玉米植株富集 Cd 的含量增加。籽粒附着穗轴部位,其重金属含量显著低于秃穗部分,从该现象上说,饱满的籽粒具有减少玉米穗轴重金属 Cd 富集的能力。

3. 授粉与否条件下整株玉米 Cd 富集量的比较

关于玉米植株作为修复材料的可行性,人们最终还是要从重金属富集量上来衡量其修复效果。而且在高污染条件下,玉米植株若作为修复材料,籽粒含量超标的可能性很大,在该情况下,玉米授粉与否对污染土壤修复效果的最终评价需要通过整株玉米的富集效果来判断。因此,笔者对比了玉米植株在授粉与否条件下的整株富集量,以及各器官的富集比例,以便为实地修复的工程管理提供理论依据。结合本研究的具体情况,在 T50 和 T100 的污灌处理条件下,玉米授粉率相对空白对照处理有显著的下降,因此,为突显授粉与否之间的差异,本书研究只选择 T5 污灌处理的授粉与否条件下的玉米植株[(T5,Y)和(T5,N)]整株对比(表 3-10)。

表 3-10　授粉与否条件下的玉米植株各器官 Cd 富集量的对比　　　（单位：μg）

器官名称		(T5,N)	(T5,Y)
营养器官	根	222.7±15.7[a]	117.8±40.3[b]
	茎	60.3±6.7[a]	53.2±14.5[a]
	叶	294.6±62.4[a]	229.6±58.6[b]
生殖器官	雄花	12.8±2.5[a]	13.2±3.4[a]
	苞叶	101.5±13.8[a]	88.1±5.9[a]
	花丝	3.8±0.5[a]	2.1±0.5[b]
	穗柄	41.5±4.6[a]	21.2±4.3[b]
	穗轴	112.9±46.9[a]	38.2±11.2[b]
	籽粒	—	18.2±5.5
整株合计		850.1±119.8[a]	581.6±115.8[b]

由表 3-10 可知,在 Cd 的富集总量上对比的结果是不授粉的玉米植株比授粉的玉米植株多富集 46.2%,对污染土壤的修复更加有利。玉米各器官中,以叶器官富集量最大,主要是由于盆栽试验中叶器官的生物量最大且含量较高。不仅富集总量上不授粉玉米植株的富集量较大,而且在各器官的对应比较中也发现不授粉的植株一般高于授粉的植株,特别是营养器官的根、叶和生殖器官的穗轴,分别高出 89.0%、28.3%和 195.5%。营养器官中差异最大的是根,生殖器官中差异最大的是穗轴。

4. 授粉与否条件下玉米各器官 Cd 富集量占整株富集量的比例

玉米各器官重金属的富集含量和富集量不同，由玉米的生理结构决定。为清晰了解玉米各器官富集重金属的贡献，将各器官所占的比例（富集比例）进行统计，如表 3-11 所示。

表 3-11　授粉与否条件下各器官重金属 Cd 富集量占整株富集量的比例　　　（单位：%）

器官名称		各器官富集比例/%	
		(T5,N)	(T5,Y)
营养器官	根	26.2	20.3
	茎	7.1	9.1
	叶	34.7	39.5
	营养器官小计	68.0	68.9
生殖器官	雄花	1.5	2.3
	苞叶	11.9	15.1
	花丝	0.4	0.4
	穗柄	4.9	3.6
	穗轴	13.3	6.6
	籽粒	—	3.1
	雌穗小计	30.5	28.8
	生殖器官小计	32.0	31.1
整株合计		100.0	100.0

注：—表示未检测到。

从表 3-11 可以看出，玉米营养器官和生殖器官富集重金属的比例与授粉与否无关。营养器官所占的比例为 68.0%～68.9%，而生殖器官所占的比例为 31.1%～32.0%；这种分配与授粉与否没有关系，主要可能是因为授粉所带来的变化不能明显影响元素 Cd 在植株体内的分配。完全不授粉和完全授粉是授粉状况的两个极端，对照这两个极端，发现玉米植株生殖系统对 Cd 的富集占整株的比例是几乎不变的，该现象需要进一步的研究来确认。

从玉米植株各器官富集重金属的比例来看，叶器官富集最多，占 34.7%～39.5%；花丝最少，占 0.4%左右。并且授粉能引起根部富集比例的下降，使重金属 Cd 向茎和叶转移；而在生殖系统的分配中，授粉能引起雄花富集比例增加，与茎表现出一致的变化趋势，而雌穗的富集比例则略有下降，这体现出玉米植株的自我调节功能，将污染物 Cd 尽量阻止在雌穗之外。同时，在雌穗各器官进行分配时，授粉植株苞叶表现出分流污染物的趋势，不授粉植株的苞叶富集比例为 11.9%，而授粉植株则为 15.1%，最终籽粒的富集比例仅为 3.1%，尽管籽粒的生物量干重占整株的 23.5%；该分流趋势与根部截流同样表现出玉米植株适应 Cd

污染胁迫的自我调节机制，以减少籽粒中重金属含量为导向。

3.4　重金属镉污染土壤植物强化修复

螯合剂诱导的强化植物提取包括两个过程：对土壤中重金属的活化和促进植物对重金属的吸收。螯合剂的活化作用主要是有机螯合剂与土壤溶液中的重金属离子络合，降低土壤溶液中的游离重金属离子浓度，为维持重金属离子在液相和固相之间的平衡，重金属从土壤颗粒表面解吸，由不溶态转为可溶态。大量研究结果表明，土壤施用有机螯合剂后，其对土壤中重金属及微量元素有明显的活化作用，增强其移动性。其中以乙二胺四乙酸(EDTA)的活化能力最强，其次是一些弱有机酸如柠檬酸等，这主要与螯合剂形成络合物的能力有关。吴龙华等(2000)发现，在印度芥菜收获前10d，向Cu污染土壤中加入EDTA(3.15mmol/kg)后，水溶态Cu由对照土壤的0.18mg/kg增加到22.5mg/kg，增加幅度达124倍，土壤交换态也增加了10.9倍，表明EDTA可提高污染土壤液相和固相表面非专性吸附态Cu的浓度(吴龙华等，2000；Luo and Christie，1998a)。但螯合剂对土壤中重金属的活化能力因重金属种类而异，如EDTA对Pb的活化能力最强，柠檬酸对铀(U)有很强的活化能力(Li and Larry，1996)。此外，有机酸种类、浓度对活化土壤重金属也有一定的影响。吴龙华等(2000)研究表明，向土壤中加入EDTA，水溶态Cu和交换态Cu含量均显著增加，而加入柠檬酸，水溶态Cu含量增加，但交换态Cu含量不变(Luo and Christie，1998b)。杨仁斌等(2000)研究表明，不同的有机酸(柠檬酸、酒石酸、草酸等)在低浓度时对重金属的活化作用不大，只有在高浓度时，才表现出较强的活化能力(杨仁斌等，2000)。Stanhopeet等(2000)研究表明，随EDTA浓度的增大，土壤中Cd、Cu、Zn、Pb、Ni的可溶态含量占其总含量的比例呈线性提高。

螯合剂对植物吸收重金属的影响比较复杂，可能提高、降低或无显著影响。施加螯合剂诱导后，土壤中一些理化性质包括pH、E_h与根际微生物的变化必然会影响重金属的化学形态与植物可利用性，从而影响植物的提取效率。Gadd(2001)研究表明，添加EDTA、二乙烯五乙酸盐(DTPA)、柠檬酸等后，印度芥菜地上部Pb、Cd的浓度显著提高，以EDTA对Pb的吸收影响最大。陈玉成(2004a)的试验表明，表面活性剂和螯合剂EDTA的施用能显著增加土壤有效态金属的含量，有利于植物对重金属的吸收，同时还促进重金属由植物根部向地上部转移。然而，并不是所有植物施用螯合剂后对重金属的吸收都会增加，不同植物对有机酸的反应不同。Cui等(2004)向Zn污染土壤中加入EDTA后能显著增加印度芥菜吸收Zn的能力，但对燕麦和大麦没有影响。由此可见，螯合剂对植物吸收重金属的影响效果不仅与螯合剂种类和重金属的性质有关，还因环境条件(土培或水培)和植物的种类及其生长状况等不同存在差异。

3.4.1　螯合剂诱导强化玉米修复重金属污染土壤

本试验以玉米为植物材料，通过添加有机螯合剂 EDTA、NTA 和乙二胺二琥珀酸（EDDS）来螯合诱导植物提取，研究螯合剂对土壤中重金属化学形态转化及植物吸收、转运、积累重金属的作用机理。

螯合剂浓度设 2 个水平，1.0mmol/kg 土和 5.0mmol/kg 土，并设置 2 种投加方式。试验共设以下 10 组处理：①不加螯合剂（control）；②EDTA 1.0mmol/kg（EDTA1）；③EDTA 5.0mmol/kg（EDTA5）；④分 5 次加 EDTA 5.0mmol/kg，每次 1.0mmol/kg（EDTA5_rep）；⑤NTA 1.0mmol/kg（NTA1）；⑥NTA 5.0mmol/kg（NTA5）；⑦分 5 次加 NTA 5.0mmol/kg，每次 1.0mmol/kg（NTA5_rep）；⑧EDDS 1.0mmol/kg（EDDS1）；⑨ EDDS 5.0mmol/kg（EDDS5）；⑩分 5 次加 EDDS 5.0mmol/kg，每次 1.0mmol/kg（EDDS5_rep）。所有试剂均配成溶液，用 HCl 或 NaOH 调 pH 至 4.62。每个处理重复 4 次，随机区组排列。

于 2004 年 3 月 1 日～2004 年 5 月 20 日进行温室土培盆栽试验。植株移栽 50d 后进行不同试验处理，其中一半处理在添加螯合剂 10d 后收获植物，用剪刀沿植株基部切取，分为根、茎和叶三部分。另一半处理在添加螯合剂 30d 后收获，分为根、茎、叶和籽粒。茎和叶用自来水、去离子水各洗涤 2～3 次，根部先用超声波清洗器清洗、0.02mol/L EDTANa$_2$ 溶液交换 15min 去除根部吸附离子，再用去离子水漂洗和洗涤 2～3 次，吸干表面水分，测定株高和各部分鲜重。称取一定量鲜样先在 105℃下杀青 30min，然后在 65℃下烘干至恒重，测定其干物质含量；烘干后的植物样品用不锈钢植物粉碎机粉碎并过 40 目尼龙网筛，供分析测定用。

处理②、③、⑤、⑥、⑧、⑨分别在处理后第 1d、2d、4d、7d、10d 分 5 次用土壤溶液取样器抽取土壤溶液。收获植物后，分别取根际土壤和非根际土壤，用于测定其重金属有效态含量。

处理④、⑦和⑩在植株移栽 40d 后开始添加螯合剂，每 2d 添加一次，分 5 次加入；处理③、⑥和⑨在植物移栽 50d 后一次性加入螯合剂。以上 6 组处理于 2004 年 4 月 30 日收获植物，用剪刀沿植株基部切取，分为根、茎和叶三部分。

处理④、⑦和⑩分别在第一次添加螯合剂后第 1d、2d、4d、7d、11d、15d、20d 取土壤溶液；处理③、⑥和⑨分别在第一次添加螯合剂后第 1d、2d、5d、10d 取土壤溶液。每个处理在植物收获后，分别取根际土壤和非根际土壤，用于测定其金属有效态含量。

1. 螯合剂对植物体内重金属积累量的影响

植物体内重金属的积累量是各组织重金属含量和生物量综合作用的结果。图 3-29 表明，在螯合剂作用下，与对照比较，各处理玉米组织中的积累量差异显

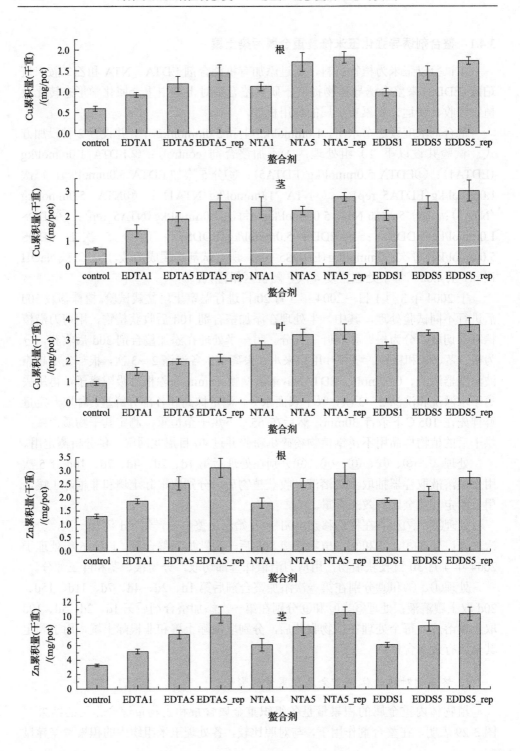

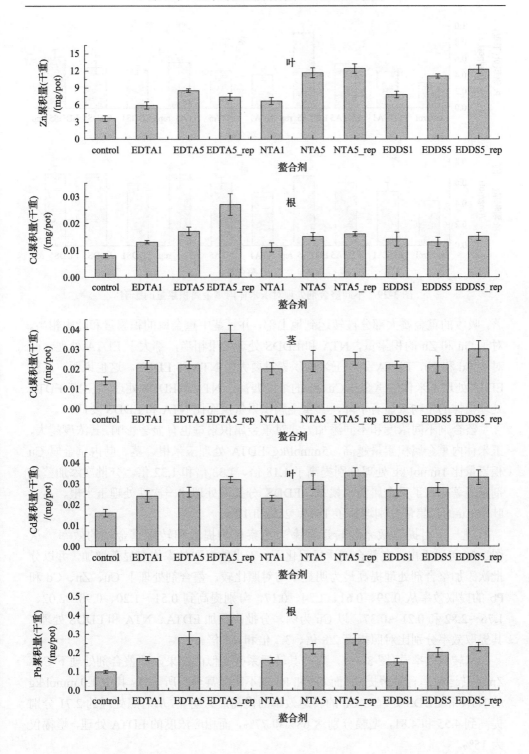

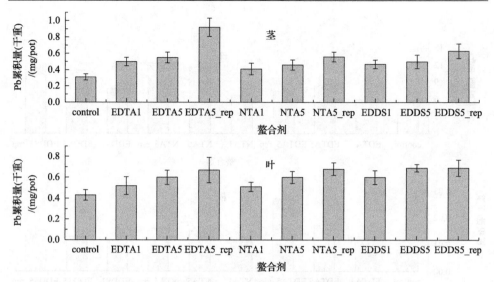

图 3-29　不同螯合剂处理对玉米体内重金属积累量的影响

著，吸收的重金属大部分被转运到地上部，并且茎中重金属的积累量和叶中相当。对于 Gu 和 Zn 的积累量，NTA 和 EDDS 处理效果相当，都大于 EDTA 处理，而对于 Cd 和 Pb，EDTA 处理玉米的积累量要大于 NTA 和 EDDS。这也说明，虽然 EDTA 处理玉米体内重金属 Cu、Zn 的浓度要高于 NTA 和 EDDS 处理，但由于 EDTA 处理植株的生物量显著下降，其重金属积累量反而比 NTA 和 EDDS 要低。

　　螯合剂不同浓度和不同添加方式对重金属积累量也有显著影响。其浓度越大，玉米体内重金属积累量越高，5mmol/kg EDTA 处理玉米根、茎、叶内重金属 Cu 积累量比 1mmol/kg 处理分别提高了 1.18 倍、1.33 倍和 1.32 倍。分批次添加螯合剂也显著提高了重金属的积累量，EDDS 分批次处理比一次性处理玉米根、茎、叶中 Cu 的积累量分别增加了 18%、21% 和 11%。

　　进一步用提取效率和转运效率来考察植物提取和转运重金属的效率，从图 3-30 可以看出，在螯合剂诱导强化下，玉米的提取效率均有显著增加，并以分批次添加螯合剂处理提高最为明显。与对照比较，螯合剂处理下 Cu、Zn、Cd 和 Pb 的提取效率从 0.29、0.61、1.24、0.17，分别提高到 0.51～1.20、0.98～2.02、1.76～2.82 和 0.21～0.37。以 Cu 为例，分批次添加 EDTA、NTA 和 EDDS 处理，其提取效率分别比对照提高 2.8 倍、3.7 倍和 4.1 倍。

　　从转运效率看(图 3-31)，有与其转运系数类似的结果，即螯合剂处理下 Cu、Zn 的转运效率有显著提高，而 Cd 和 Pb 则不明显甚至有所下降。其中 1.0 mmol/kg 的 NTA 和 EDDS 处理对 Cu 的转运效率的提高最为明显，从对照处理的 2.71 分别提高到 4.55 和 4.81，增幅分别达 68% 和 77%，而相应浓度的 EDTA 处理，增幅仅为 15%。

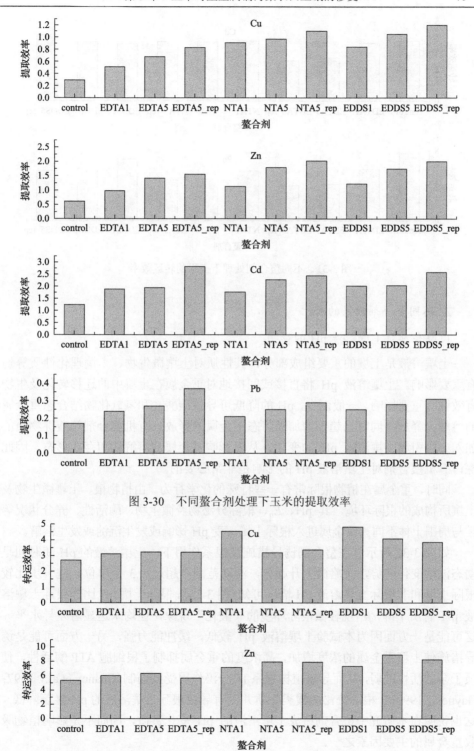

图 3-30 不同螯合剂处理下玉米的提取效率

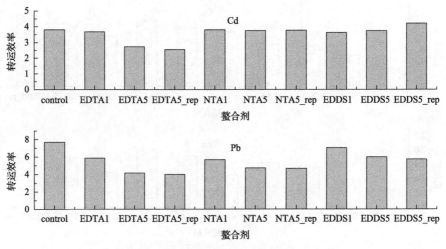

图 3-31　不同螯合剂处理下玉米的转运效率

2. 不同螯合剂效果的对比

1) 螯合剂对土壤溶液 pH 的影响

土壤溶液是土壤的重要组成部分，其性质对土壤微生物、土壤理化性质等均有重要影响。土壤溶液 pH 将直接或间接地对重金属在土壤中的迁移转化及生物有效性有重要影响。一般而言，pH 的降低可导致碳酸盐和氢氧化物结合态重金属的溶解、释放，同时也趋于增加吸附态重金属的释放。有机螯合剂等酸性物质的加入必将引起土壤溶液 pH 的变化，从而影响重金属的溶解度和存在形态，因此探讨有机螯合剂对土壤溶液 pH 的影响是非常必要的。

同时，重金属在植物根际常有一些特殊的化学行为。由植物根、土壤微生物及土壤所构成的根际环境，其 pH、E_h、根际分泌物及微生物、酶活性、养分状况等常与周围土体不同。重金属进入根际土壤，受 pH 影响或发生沉淀或发生溶解。

如图 3-32 所示，在螯合剂诱导措施及根系作用下，土壤溶液的 pH 随时间呈动态波动变化趋势，有略微上升趋势，波动范围不超过 0.3 个单位。进一步比较根际土壤和非根际土壤溶液 pH 情况可知(图 3-33)，根际土壤 pH 比非根际土壤溶液 pH 有所下降，出现轻微根际环境的"酸化"现象，但均未达显著差异水平。这可能是一方面因为本试验土壤溶液 pH 较低，缓冲能力强，另一方面可能是诱导措施使土壤重金属的浓度增加，高浓度的重金属抑制了根细胞 ATP 酶活性，使质子泵的活性减弱，从而导致植株根系 H^+ 分泌作用受到遏制(Chaney et al.，1997；Haynes，1990)，根际分泌的酸类物质并没有导致根际土壤溶液的 pH 显著降低。这也说明在本研究中螯合剂造成土壤溶液的 pH 变化甚微，因而不是影响植物吸收重金属的主要因素之一。

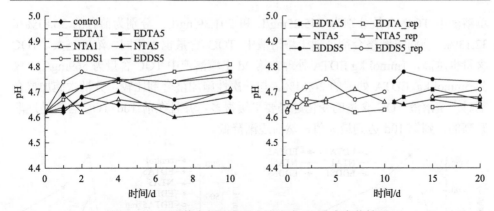

图 3-32　不同螯合剂处理下土壤溶液 pH 动态变化情况

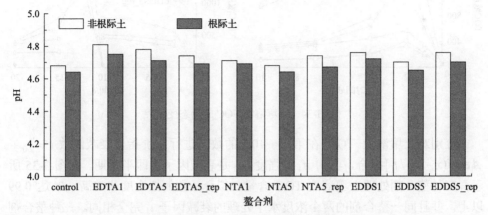

图 3-33　不同螯合剂处理下非根际与根际土壤溶液 pH 变化情况

2) 螯合剂对土壤溶液 TOC 的影响

土壤溶液中的总有机碳(TOC)是指土壤中能溶于水相的有机组分。它是土壤中的活性有机碳,作为重要的配位体和吸附载体,能通过吸附、络合、共沉淀等一系列反应与土壤特别是土壤溶液中的微量金属和有机污染物发生作用,从而影响后者的迁移活性、最终归宿和生态毒性(Frimmel and Christman,1988)。因此,有必要研究螯合剂处理下土壤中 TOC 的动态变化情况,为研究土壤中重金属的迁移转化提供依据。

从图 3-34 可以看出,螯合剂施加后土壤溶液中的 TOC 含量急剧增加,在第 2d 达到最大值,随后逐渐降低。EDTA 处理土壤溶液中 TOC 增加得最多,并且其降解速率比 NTA 和 EDDS 处理要慢,5mmol/kg EDTA 处理土壤溶液中 TOC 在添加后第 2d 达 2138mg/L,而相应浓度的 NTA 和 EDDS 处理同一天土壤溶液中 TOC 分别为 1202mg/L 和 1490mg/L,分别为前者的 56.22%和 69.69%;第 10d 时,EDTA 处理土壤溶液中 TOC 含量为 937.99mg/L,而此时相应浓度 NTA 和 EDDS 处理土壤溶液中 TOC 含量分别为 345.25mg/L 和 301.39mg/L，分别为前者的 36.81%和 32.13%。不同浓度螯合剂处理土壤溶液中 TOC 含量也不相同，浓度越大，TOC 含量也越高，1mmol/kg EDTA 处理在第 2d 土壤溶液中 TOC 含量为 569mg/L，仅为 5mmol/kg EDTA 处理的 26.61%。与一次性施加螯合剂比较，分批次施加螯合剂时土壤溶液 TOC 含量的变化趋势要平缓得多，并且在前 10d TOC 含量是逐渐升高的，到第 10d 达到最大值，然后逐渐降低。

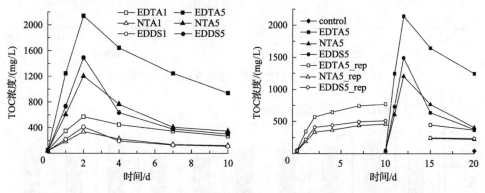

图 3-34　土壤溶液 TOC 的动态变化

分别对土壤溶液 TOC 在第 2～10d 的数据进行一阶指数衰减函数 $y = y_0 + A_1 \exp[(x - x_0)/t_1]$ 拟合，其中 A_1 是强度；t_1 是衰减因子，即半衰期。如图 3-35 所示，三种螯合剂处理土壤溶液 TOC 含量与拟合函数的拟合度非常高，R^2 达 0.99 以上，并且同一螯合剂的两个浓度水平处理的衰减因子 t_1 完全相同。三种螯合剂处理的衰减因子大小顺序是 EDTA (5.73) ＞NTA (2.98) ＞EDDS (1.58)，因而间接反映出三者的可降解性能大小是 EDDS＞NTA＞EDTA。

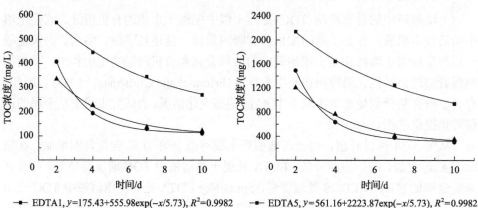

- EDTA1, $y = 175.43 + 555.98\exp(-x/5.73)$, $R^2 = 0.9982$
- NTA1, $y = 100.75 + 462.98\exp(-x/2.98)$, $R^2 = 0.9958$
- EDDS1, $y = 112.16 + 1046.9\exp(-x/1.58)$, $R^2 = 0.9993$
- EDTA5, $y = 561.16 + 2223.87\exp(-x/5.73)$, $R^2 = 0.9982$
- NTA5, $y = 262.41 + 1851.95\exp(-x/2.98)$, $R^2 = 0.9958$
- EDDS5, $y = 308.07 + 4187.61\exp(-x/1.58)$, $R^2 = 0.9993$

图 3-35　土壤溶液 TOC 的一阶指数拟合曲线

3) 螯合剂对土壤溶液中重金属的影响

本试验采用土壤溶液取样器动态监测植物根际土壤溶液中重金属含量及重金属含量与 TOC 含量的关系。图 3-36 数据表明，土壤溶液中重金属含量的动态变化与 TOC 含量变化有相似的规律，即螯合剂施加后，土壤溶液中重金属含量开始急剧升高，在第 2d 达到最大值，然后逐渐降低。数据还表明，EDTA、NTA 与 EDDS 活化 Cu、Zn、Pb、Cd 的能力是有差异的。三种螯合剂活化 Cu、Zn 的能力相当，其活化能力大小顺序为 EDTA≈EDDS＞NTA；对于 Pb 和 Cd，三种螯合剂存在着明显的差异，EDTA 活化 Cd、Pb 能力明显强于 EDDS 和 NTA。这些结果和三种螯合剂与 Cu、Zn、Cd、Pb 的金属螯合物的稳定常数基本一致。EDDS 与 Cu、Zn、Pb、Cd 的螯合物的稳定常数分别为 18.36、13.49、12.7 和 10.8，NTA 的金属螯合物的稳定常数分别为 12.94、10.66、11.34 和 9.78，而 EDTA 与 Cu、Zn、Pb、Cd 的螯合物的稳定常数分别为 18.78、16.44、17.88 和 16.36。由此可见，螯合剂与重金属形成的螯合物越稳定，螯合剂活化相应重金属的能力也就越强。EDDS、EDTA 活化重金属 Cu、Zn、Pb、Cd 的差异和玉米对 Cu、Zn、Pb、Cd 的吸收和积累的差异也有较好的吻合。

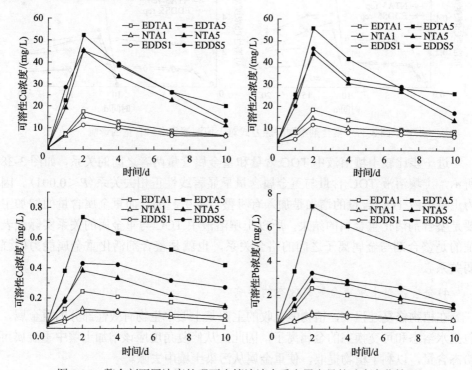

图 3-36　螯合剂不同浓度处理下土壤溶液中重金属含量的动态变化情况

与一次性施加螯合剂比较，分批次施加螯合剂土壤溶液中重金属含量的动态变化平缓得多，其变化趋势与土壤溶液TOC变化趋势也很类似（图3-37）。因此，土壤溶液中重金属含量急剧升高对植物的毒性效应会得到大大缓解，从而更有利于植物的生长和发育，也有利于植物对重金属的吸收和积累。前面章节玉米体内重金属含量和积累量数据印证了这一结果。

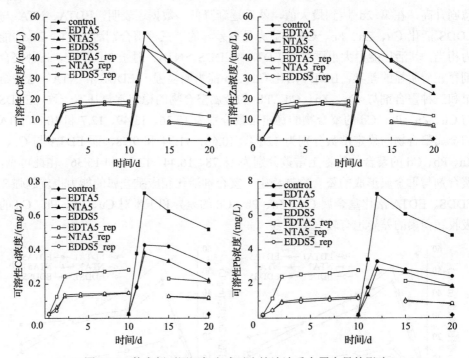

图3-37　螯合剂不同添加方式对土壤溶液重金属含量的影响

进一步比较土壤溶液中TOC含量和重金属含量两者之间的关系，如图3-38所示，土壤溶液TOC含量与重金属含量呈显著线性正相关关系（$P<0.001$）。因为土壤溶液TOC含量的增加是加入有机螯合剂引起的，而重金属含量的增加主要是螯合剂活化重金属的结果，所以土壤溶液中TOC与重金属的关系实际上表征的是螯合剂与金属离子之间的络合关系，也就是螯合剂活化重金属能力的强弱关系。

4）螯合剂对土壤重金属有效态的影响

在植物修复过程中，植物能吸收的主要是土壤中生物有效性部分的重金属，包括水溶态和可交换态的金属离子，因此，从修复角度应该增加土壤中重金属可给态含量，以利于植物提取，使重金属从污染土壤中去除。

许多研究发现 1mol/L NH_4NO_3 提取的土壤重金属与植物吸收有很好的相关性，可以作为植物吸收有效性的指标。因此，本试验采用1mol/L NH_4NO_3 提取态

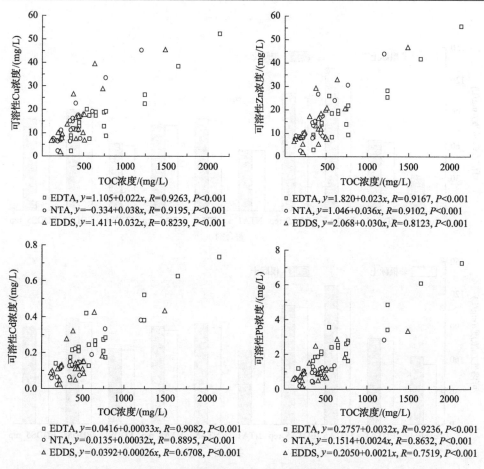

□ EDTA, $y=1.105+0.022x$, $R=0.9263$, $P<0.001$
○ NTA, $y=-0.334+0.038x$, $R=0.9195$, $P<0.001$
△ EDDS, $y=1.411+0.032x$, $R=0.8239$, $P<0.001$

□ EDTA, $y=1.820+0.023x$, $R=0.9167$, $P<0.001$
○ NTA, $y=1.046+0.036x$, $R=0.9102$, $P<0.001$
△ EDDS, $y=2.068+0.030x$, $R=0.8123$, $P<0.001$

□ EDTA, $y=0.0416+0.00033x$, $R=0.9082$, $P<0.001$
○ NTA, $y=0.0135+0.00032x$, $R=0.8895$, $P<0.001$
△ EDDS, $y=0.0392+0.00026x$, $R=0.6708$, $P<0.001$

□ EDTA, $y=0.2757+0.0032x$, $R=0.9236$, $P<0.001$
○ NTA, $y=0.1514+0.0024x$, $R=0.8632$, $P<0.001$
△ EDDS, $y=0.2050+0.0021x$, $R=0.7519$, $P<0.001$

图 3-38　土壤溶液中 TOC 与重金属的关系

重金属含量作为土壤中生物有效态重金属含量，研究施加螯合剂对土壤中重金属有效态的影响。由图 3-39 可以看出，三种螯合剂均能增加土壤中有效态重金属含量，但影响程度各不相同，5mmol/kg EDTA 处理与对照相比显著提高了土壤重金属有效态的含量，Cu、Zn、Pb、Cd 有效态含量分别提高了 3.99 倍、2.18 倍、2.76 倍和 1.87 倍。而 NTA 和 EDDS 处理增加重金属有效态含量的程度没有 EDTA 处理显著，原因可能有两个，一是 NTA 和 EDDS 活化重金属的能力不及 EDTA，另一个原因是从螯合剂加入土壤中到收获植物这 10d 时间里，由于 NTA 和 EDDS 在土壤中快速降解，被其活化的重金属离子一部分又重新被土壤固相吸附。三个分批次添加的处理土壤中重金属生物有效态含量比相应浓度螯合剂一次性加入处理要低，其原因可能也在于此。另外，土壤溶液取样器抽取的土壤溶液中重金属含量也有类似的规律，这些都从侧面证明 NTA 和 EDDS 在土壤中的降解性要比 EDTA 快，是低残留的、环境风险较小的螯合剂。

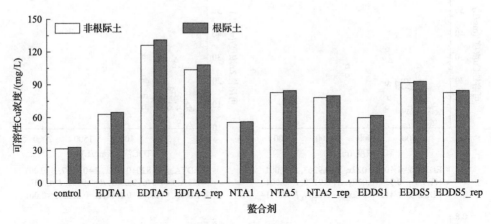

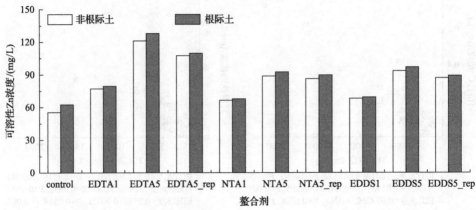

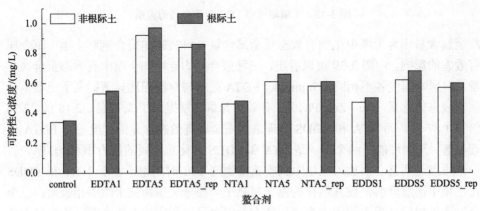

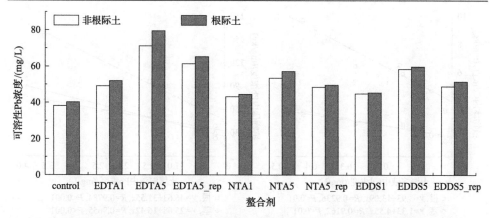

图 3-39　不同螯合剂处理下根际与非根际土壤中重金属有效态含量

试验结果还显示，根际土壤中重金属有效态含量比非根际要略高，大约高出 4%～5%，这可能与根际土壤的 pH 略低于非根际土壤有关，同时与根际微生物活性较强也有关。

植物从土壤中吸收重金属的量往往与土壤中重金属总量相关性不明显，通常是用某一试剂提取量来表示植物吸收有效性。比较本试验玉米体内各部位重金属含量与土壤溶液重金属和土壤有效态重金属含量之间的关系，结果表明玉米根、茎和叶中重金属含量与土壤溶液重金属及土壤有效态重金属含量都呈显著线性正相关(图 3-40 和图 3-41)。从玉米不同部位重金属含量与土壤中重金属含量的相关性看，以茎部的相关性最高，相关系数达 0.9 以上，其次是根部，相对较低的是叶部；从元素看，以 Zn 和 Pb 的相关性最为显著，Cu 和 Cd 的相关性稍低；玉米体内重金属含量与土壤溶液中重金属含量的相关性要高于其与土壤有效态重金属含量的相关性。

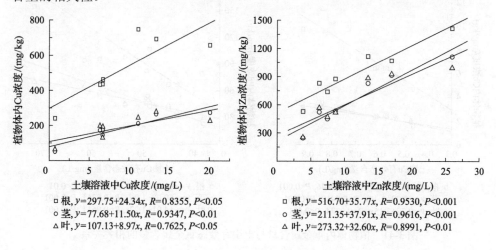

□ 根，$y=297.75+24.34x$，$R=0.8355$，$P<0.05$
○ 茎，$y=77.68+11.50x$，$R=0.9347$，$P<0.01$
△ 叶，$y=107.13+8.97x$，$R=0.7625$，$P<0.05$

□ 根，$y=516.70+35.77x$，$R=0.9530$，$P<0.001$
○ 茎，$y=211.35+37.91x$，$R=0.9616$，$P<0.001$
△ 叶，$y=273.32+32.60x$，$R=0.8991$，$P<0.01$

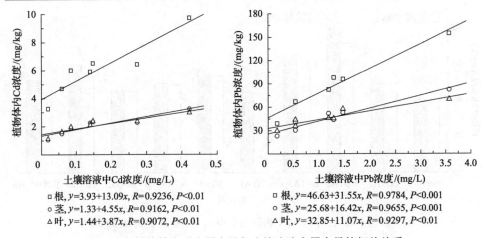

□ 根, $y=3.93+13.09x$, $R=0.9236$, $P<0.01$
○ 茎, $y=1.33+4.55x$, $R=0.9162$, $P<0.01$
△ 叶, $y=1.44+3.87x$, $R=0.9072$, $P<0.01$

□ 根, $y=46.63+31.55x$, $R=0.9784$, $P<0.001$
○ 茎, $y=25.68+16.42x$, $R=0.9655$, $P<0.001$
△ 叶, $y=32.85+11.07x$, $R=0.9297$, $P<0.01$

图 3-40　植物体内重金属含量与土壤溶液金属含量的相关关系

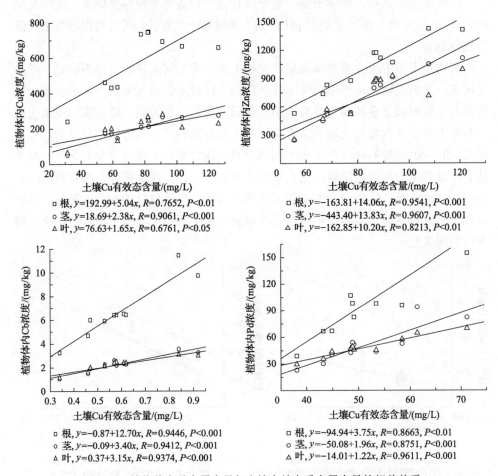

□ 根, $y=192.99+5.04x$, $R=0.7652$, $P<0.01$
○ 茎, $y=18.69+2.38x$, $R=0.9061$, $P<0.001$
△ 叶, $y=76.63+1.65x$, $R=0.6761$, $P<0.05$

□ 根, $y=-163.81+14.06x$, $R=0.9541$, $P<0.001$
○ 茎, $y=-443.40+13.83x$, $R=0.9607$, $P<0.001$
△ 叶, $y=-162.85+10.20x$, $R=0.8213$, $P<0.01$

□ 根, $y=-0.87+12.70x$, $R=0.9446$, $P<0.001$
○ 茎, $y=-0.09+3.40x$, $R=0.9412$, $P<0.001$
△ 叶, $y=0.37+3.15x$, $R=0.9374$, $P<0.001$

□ 根, $y=-94.94+3.75x$, $R=0.8663$, $P<0.01$
○ 茎, $y=-50.08+1.96x$, $R=0.8751$, $P<0.001$
△ 叶, $y=-14.01+1.22x$, $R=0.9611$, $P<0.001$

图 3-41　植物体内重金属含量与土壤有效态重金属含量的相关关系

土壤溶液中重金属含量与植物体内重金属含量存在显著正相关性，表明在一定程度上可以通过土壤溶液中重金属含量来预测植物对重金属的吸收情况。

3.4.2　植物激素耦合螯合剂强化玉米吸收重金属

螯合剂诱导植物提取技术商业化应用的主要障碍之一就是高浓度重金属离子及一些螯合剂或金属螯合物的毒害效应往往会引起植物生长和发育的压力，使植物根系生长受到抑制、植物细胞膜功能及叶绿素的合成受到干扰，导致植物生理生化过程紊乱，生长发育受阻，生物量减少，甚至造成细胞膜结构破坏，导致植物死亡，严重影响植物的生物量，从而导致植物提取效率不理想(Demidchik et al., 2001)。因此在通过螯合剂促进植物对重金属吸收和积累的同时，如何保证不降低或者少降低植物地上部的生物量，也是螯合剂强化植物提取能否取得成功的另一个关键。

有关螯合剂诱导强化植物吸收、转运重金属的机理及其解毒机制目前仍不清楚，但已有的研究表明，重金属可能是与螯合剂形成金属螯合物被根系吸收并通过植物的蒸腾作用向地上部运输。因此能够增强蒸腾作用或使气孔开放的因素可能有利于促进土壤中重金属的吸收及从根部向地上部转运(Gadd，2001；Mitch et al.，2001)。此外，高浓度的重金属离子对植物的胁迫作用及螯合剂或金属螯合物的植物毒害效应会影响到植物的生长发育，导致生物量的显著降低。植物激素如吲哚-3-乙酸(indole-3-acetic acid，IAA)等是植物体内合成的微量有机物质，对植物的生长发育具有明显调节作用，也能增强植物蒸腾作用或气孔导度。植物激素对根系的促进作用可能缓解重金属及螯合剂或金属螯合物对植物的胁迫作用，而植物叶片激素水平的增加可能促进植物对重金属的吸收并从根部向地上部转运，提高植物提取效率。

因此，本书研究在添加螯合剂诱导植物提取重金属的同时通过喷施植物激素IAA 和赤霉素(gibberellin，GA)来缓解重金属及螯合剂或金属螯合物的胁迫作用，达到促进植物生长发育和提高植物提取效率的目的，并探讨植物激素协同螯合剂强化植物提取重金属的作用机制。

试验植株采用玉米品种 *Zea mays* cv. CT38；螯合剂及有机酸选用 EDTA、NTA、EDDS；植物激素选用 IAA、GA。所用试剂均为分析纯试剂。

供试土壤采自广东大宝山污水灌溉稻田，土壤质地为红壤土，pH(土水质量比为 1∶2.5) 为 4.62，土壤阳离子交换量为 11.17cmol/kg，有机质含量为 23.85g/kg，重金属 Cu、Zn、Cd 和 Pb 含量分别为 561mg/kg、1135mg/kg、2.45mg/kg 和 429mg/kg，有效态重金属含量(NH_4NO_3 提取) 分别为 31.53mg/kg、55.45mg/kg、0.34mg/kg 和 38.12mg/kg。

于 2004 年 10 月 1 日～2004 年 11 月 30 日进行温室盆栽试验。试验用容器为白色塑料花盆(A260)，土样风干后过 2mm 筛，施基肥为每千克土(风干重)加 N 200mg、P_2O_5 100mg、K_2O 100mg，施入形态分别为 $CO(NH_2)_2$、KH_2PO_4、K_2SO_4，充分混合，温室内平衡一周。

螯合剂 EDTA、NTA 和 EDDS 处理量均为 5mmol/kg 土，植物激素 IAA 和 GA 处理量设 5mg/kg 土和 10mg/kg 土 2 个水平，采用完全设计，共计 15 个处理，如表 3-12 所示。玉米种子在苗圃发芽出苗长出 4～5 片真叶后，取生长一致的幼苗移栽到供试污染土壤中，每盆 1 株，每个处理重复 3 次。生长过程中用自来水浇灌每天 2 次，早晚各 1 次，保持土壤持水量为最大持水量的 60%。并于移栽后 20d 追肥 1 次，分别为每千克土(风干重)加 N 50mg、P_2O_5 30mg、K_2O 30mg。植株生长 50d 后进行不同处理，并分 2 次添加植物激素，植物激素用乙醇溶解后配成溶液，每次添加量的一半直接均匀淋溶在土壤表面，另一半均匀喷施在玉米叶面上。再过 10d 收获，用剪刀沿植株基部切取，分为根、茎和叶三部分。测量植株高度及根系长度。茎和叶用自来水、去离子水各洗涤 2～3 次，根先用超声波清洗器清洗、20mmol/L EDTA 溶液交换 15min 去除根部吸附离子，再用去离子水漂洗和洗涤 2～3 次，吸干表面水分。

表 3-12　螯合剂和植物激素交互作用的试验设计

试验编号	处理简称	螯合剂用量/(mmol/kg 土)	植物激素用量/(mg/kg 土)
0	control	0	0
1	EDTA	5	0
2	NTA	5	0
3	EDDS	5	0
4	IAA	0	10
5	GA	0	10
6	EDTA&IAA	5	10
7	NTA&IAA	5	10
8	EDDS&IAA	5	10
9	EDTA&GA	5	10
10	NTA&GA	5	10
11	EDDS&GA	5	10

根、茎和叶先在 65℃下烘干并称重，植物粉碎机粉碎至 40 目，然后采用 HNO_3/H_2O_2 混合消化，电感耦合等离子体质谱仪(ICP-MS，Aligent7500A 型)测定其 Cu、Zn、Pb 和 Cd 含量。

参照 Brown 等(1994)的方法计算植物的重金属积累量，用以评价植物修复潜力(phytoremediation potential)，组织的重金属积累量=该组织中重金属含量×该组织(器官)生物量，分别计算各处理的根部和地上部吸收重金属的量。数据用 SAS

软件进行统计检验分析，5%水平下最小显著差异（least significant difference, LSD）多重比较检验各处理平均值之间的差异显著性。

1. 植物激素与螯合剂处理对植物生长的影响

植物激素是植物体内合成的对植物生长发育有显著作用的微量有机物质，它们在植物体内部分器官合成后转移到其他植物器官，能促进细胞分裂和伸长及新器官的分化和形成。如图 3-42 所示，与空白对照处理比较，植物激素的添加能增加玉米根系长度和植株高度，但 IAA 和 GA 分别对玉米根系长度和植株高度的影响程度有所不同，IAA 对根系伸长效果要比 GA 显著，当 IAA 添加量为 10mg/kg 时，玉米根系伸长量从 21.5cm 增加到 26.2cm，增加幅度达 21.9%，而 GA 添加量为 10mg/kg 时，玉米根系伸长增加幅度仅为 9.3%；GA 对植株高度的促进作用要比 IAA 明显得多，当 GA 添加量为 10mg/kg 时，玉米植株高度从 145cm 增加到 192cm，增加幅度为 32.4%，而 IAA 添加量为 10mg/kg 时，玉米植株高度增加幅度仅为 2.1%。

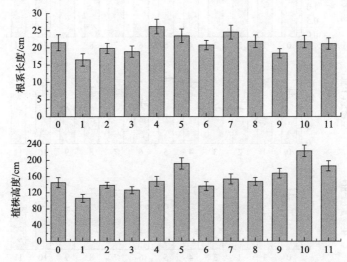

图 3-42　螯合剂和植物激素处理对根系长度和植株高度的影响

0 为 control；1 为 EDTA；2 为 NTA；3 为 EDDS；4 为 IAA；5 为 GA；6 为 EDTA&IAA；
7 为 NTA&IAA；8 为 EDDS&IAA；9 为 EDTA&GA；10 为 NTA&GA；11 为 EDDS&GA

在施加螯合剂情况下，添加植物激素也能促进植物根系伸长和植株长高，并且 IAA 对根系伸长作用明显，GA 对植株高度增长作用明显。在施加 EDTA、IAA 情况下，当 IAA 添加量为 10mg/kg 时，玉米根系长度从 16.5cm 增加到 20.8cm，增加量达 26.1%，植株高度从 106cm 增加到 136cm，增加量为 28.3%；当 GA 添加量为 10mg/kg 时，玉米根系长度增加到 18.4cm，增加量为 11.5%，植株高度增加到 168cm，增加量为 58.5%。在 NTA 处理中，施加 IAA 10mg/kg 时，玉米根系长度和植株高度分别增加 24.2%和 11.6%，而施加 GA，则相应的增加量分别为 10.1%和 61.6%。在 EDDS 处理中，施加 IAA 10mg/kg 时，玉米根系长度和植株高度分别增加 15.9%和 17.5%，而施加 GA，则相应的增加量分别为 12.2%和 47.6%。IAA 和 GA 的这种差异主要是由其性质决定的，IAA 主要能诱导不定根的伸长，而 GA 主要促进茎的伸长和叶的扩展。

植物激素对玉米生物量的影响如图 3-43 所示。与空白对照处理比较，IAA 或 GA 的添加均增加了玉米总生物量，IAA 对生物量的增加比 GA 明显。对根、茎和叶的影响中，GA 仅增加玉米茎的生物量，根和叶的生物量则有所减少。当 IAA 和 GA 添加量均为 10mg/kg 时，玉米总生物量从 30.20g/pot 分别增加到 35.62g/pot 和 32.93g/pot，增加幅度分别为 17.9%和 9.0%。与单独施用螯合剂比较，植物激素的添加使玉米的总生物量也有所增加，且 IAA 增加效果比 GA 明显。以 NTA

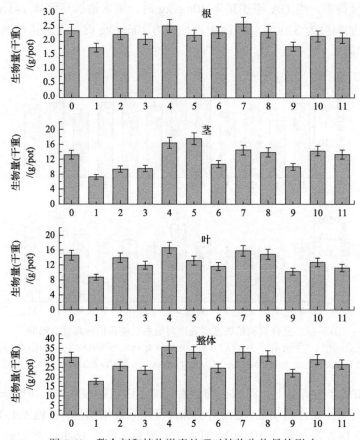

图 3-43　螯合剂和植物激素处理对植物生物量的影响

0 为 control；1 为 EDTA；2 为 NTA；3 为 EDDS；4 为 IAA；5 为 GA；6 为 EDTA&IAA；
7 为 NTA&IAA；8 为 EDDS&IAA；9 为 EDTA&GA；10 为 NTA&GA；11 为 EDDS&GA

处理为例，当 IAA 添加量为 10mg/kg 时，玉米总生物量从 25.60g/pot 增加到 32.95g/pot，增加量达 28.7%。GA 虽然能增加玉米总生物量，但仅增加玉米茎的生物量，根和叶的生物量反而有所减少，当 GA 添加量为 10mg/kg 时，玉米茎的生物量增加 51.8%，根和叶的生物量则分别减少 3.1%和 8.7%。

2. 植物激素耦合螯合剂对玉米吸收重金属的影响

1) 植物激素与螯合剂处理对植物体内重金属含量的影响

如图 3-44 所示，与空白对照处理比较，单一添加植物激素处理对玉米体内各组织重金属含量的分布没有显著影响。与单独施加螯合剂比较，大多数同时施加螯合剂和植物激素处理玉米体内重金属含量略有降低，但没有达显著水平，原因可能是施加植物激素促进了植物生长，增加了生物量，从而导致的稀释效应。另

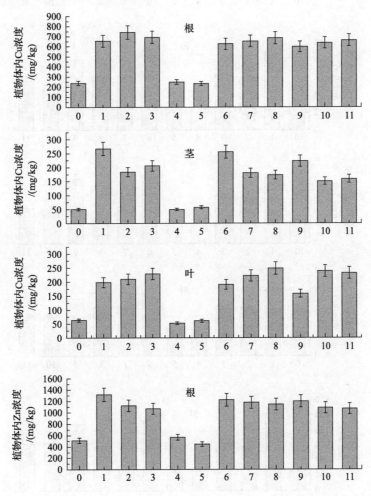

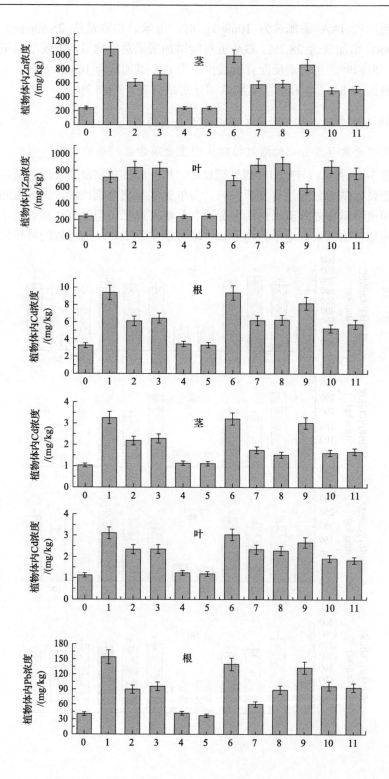

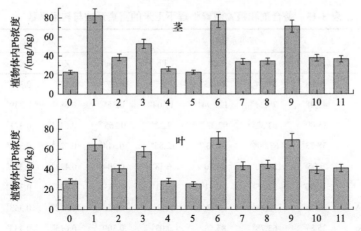

图 3-44　螯合剂和植物激素处理下植物体内重金属含量

0 为 control；1 为 EDTA；2 为 NTA；3 为 EDDS；4 为 IAA；5 为 GA；6 为 EDTA&IAA；
7 为 NTA&IAA；8 为 EDDS&IAA；9 为 EDTA&GA；10 为 NTA&GA；11 为 EDDS&GA

外,分别施加 IAA 和 GA 处理玉米体内各组织重金属含量差异也没有达显著水平。这可以说明,植物激素对玉米吸收和转运重金属没有显著影响,促进植物吸收和转运重金属的主要是螯合剂的作用。

另外,还可以看出,大多数 EDTA 处理或 EDTA 与植物激素处理的植物体内重金属含量最高,而大多数 NTA 处理或 NTA 与植物激素处理、EDDS 处理或 EDDS 与植物激素处理植物体内重金属含量相当。这表明,植物激素并不影响螯合剂对植物吸收重金属的促进作用,仅对植物的生长发育和生物量有影响。

从富集系数也可以看出(表 3-13),与空白对照比较,施加植物激素对富集系数没有显著影响,以 Cu 为例,空白对照处理的富集系数为 10.08,单一施加 IAA 和 GA 的富集系数分别为 9.05 和 10.50。与单一施加螯合剂处理对比,大多数同时施加螯合剂和植物激素处理的富集系数有所降低,但没有达到显著水平。例如,在 EDTA 处理中,单一施加螯合剂处理的富集系数为 41.48,同时施加螯合剂和植物激素处理的富集系数分别为 39.75 和 33.96。玉米体内 Zn、Cd 和 Pb 的富集系数也有类似的结果。

从转运系数看,与空白对照比较,单独施加植物激素对转运系数也没有显著影响。同时施加植物激素和螯合剂,与单一施加螯合剂处理比较,除 NTA&GA 和 EDDS&GA 处理外,其他处理都没有显著差异,但与空白对照比较,部分处理有显著差异。这一结果表明植物激素对植物转运重金属的能力没有影响。

表 3-13　螯合剂和植物激素处理下玉米的富集系数与转运系数

处理	富集系数				转运系数			
	Cu	Zn	Cd	Pb	Cu	Zn	Cd	Pb
control	10.08[c]	21.54[c]	44.05[c]	5.97[c]	0.237[b]	0.478[b]	0.330[a]	0.633[a]
EDTA	41.48[a]	79.24[a]	129.94[a]	17.04[a]	0.355[a]	0.683[a]	0.339[a]	0.475[ab]
NTA	35.09[b]	63.52[b]	92.32[ab]	9.22[b]	0.265[ab]	0.642[a]	0.371[a]	0.440[ab]
EDDS	38.73[a]	67.90[ab]	94.73[ab]	12.85[ab]	0.314[a]	0.721[a]	0.361[a]	0.575[a]
IAA	9.05[c]	21.20[c]	48.20[c]	6.38[c]	0.204[b]	0.424[b]	0.342[a]	0.656[a]
GA	10.50[c]	21.55[c]	46.91[c]	5.61[c]	0.253[ab]	0.548[b]	0.346[a]	0.652[a]
EDTA&IAA	39.75[a]	73.48[a]	127.25[a]	17.21[a]	0.356[a]	0.682[a]	0.333[a]	0.528[ab]
NTA&IAA	35.87[b]	63.78[b]	83.58[b]	9.03[b]	0.309[a]	0.615[a]	0.333[a]	0.648[a]
EDDS&IAA	37.56[ab]	65.00[b]	77.75[b]	9.26[b]	0.308[a]	0.645[a]	0.306[a]	0.446[ab]
EDTA&GA	33.96[b]	64.15[b]	115.87[a]	16.35[a]	0.319[a]	0.608[a]	0.348[a]	0.528[ab]
NTA&GA	34.73[b]	59.16[b]	72.09[b]	8.98[b]	0.306[a]	0.618[a]	0.336[a]	0.399[b]
EDDS&GA	34.84[b]	56.56[b]	71.34[b]	9.07[b]	0.295[a]	0.601[a]	0.305[a]	0.417[b]

注：富集系数=地上部(茎和叶)重金属含量/土壤重金属总量×100；转运系数=地上部(茎和叶)重金属含量/根系重金属含量。运用 Duncan 多重比较法，同列数据具有相同字母的数据间无显著差异($P>0.05$)。

2) 植物激素与螯合剂处理对植物体内重金属积累量的影响

如图 3-45 所示，单一添加 IAA 处理的玉米茎和叶中 Cd 与 Pb 积累量与空白对照处理有显著差异，而根部重金属积累量没有显著差异；单一添加 GA 处理玉米各部位重金属积累量与空白对照处理大多有显著差异，其中根和叶中重金属积累量减少，而茎中重金属积累量增加，原因可能是 GA 处理玉米茎生物量增加，而根和叶生物量减少。同时施加植物激素与螯合剂处理玉米体内重金属积累量与空白处理大多有显著差异，以茎中重金属积累量差异最为显著(表 3-14)。同时添加螯合剂与 IAA 处理与单一添加螯合剂处理也有显著差异，而同时添加螯合剂与 GA 处理则较单一添加螯合剂处理基本上呈现根和叶中积累量减少，茎中积累量有所增加(表 3-15)。以元素 Cu 为例，EDTA&IAA 处理玉米根、茎、叶 Cu 积累量增加到 1.38mg/pot、2.66mg/pot 和 2.00mg/pot，分别比空白处理增加 143%、297%和 120%，分别比 EDTA 处理增加 18%、37%和 16%；而 EDTA&GA 处理相应部位积累量增加到 1.11mg/pot、2.41mg/pot 和 1.71mg/pot，增加幅度没有 EDTA&IAA 处理大。其他元素相应处理也有类似结果。这表明植物激素与螯合剂处理能显著增加植物对重金属的吸收和积累，可能是植物激素增加了植物的生物量，并推测 IAA 比 GA 效果要好。

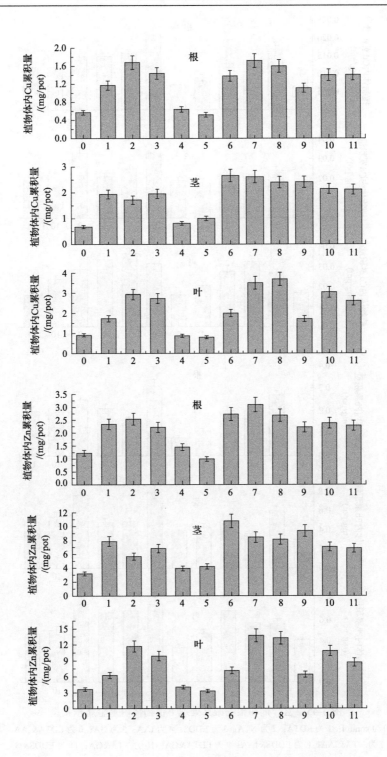

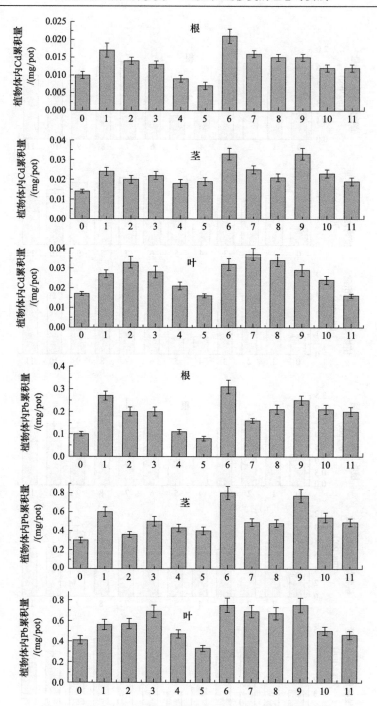

图 3-45　螯合剂和植物激素处理下植物体内重金属积累量

0 为 control；1 为 EDTA；2 为 NTA；3 为 EDDS；4 为 IAA；5 为 GA；6 为 EDTA&IAA；
7 为 NTA&IAA；8 为 EDDS&IAA；9 为 EDTA&GA；10 为 NTA&GA；11 为 EDDS&GA

表 3-14　植物激素或植物激素与螯合剂处理玉米体内重金属积累量与空白处理的比率

处理	比率											
	Cu			Zn			Cd			Pb		
	根	茎	叶	根	茎	叶	根	茎	叶	根	茎	叶
IAA	1.12	1.22	0.95	1.19	1.23	1.11	0.90	1.37	1.24	1.10	1.43	1.14
GA	0.91	1.50	0.88	0.81	1.32	0.91	0.75	1.43	0.95	0.85	1.32	0.81
EDTA&IAA	2.43	3.98	2.19	2.23	3.38	1.97	2.10	2.46	1.93	3.20	2.64	1.81
NTA&IAA	3.01	3.92	3.84	2.53	2.64	3.79	1.65	1.86	2.25	1.63	1.64	1.66
EDDS&IAA	2.81	3.59	4.05	2.19	2.55	3.65	1.48	1.56	2.06	2.15	1.59	1.61
EDTA&GA	1.94	3.60	1.87	1.81	2.94	1.76	1.53	2.40	1.74	2.54	2.54	1.81
NTA&GA	2.45	3.22	3.33	1.94	2.21	2.99	1.17	1.70	1.48	2.19	1.79	1.21
EDDS&GA	2.48	3.17	2.85	1.86	2.15	2.39	1.20	1.43	0.95	2.06	1.62	1.12

注：比率=植物激素或植物激素与螯合剂处理植物组织(根、茎、叶)重金属积累量/空白处理相应部位重金属积累量；表中数据为平均值。

表 3-15　植物激素与螯合剂处理玉米体内重金属积累量与相应单一螯合剂处理的比率

处理	比率											
	Cu			Zn			Cd			Pb		
	根	茎	叶	根	茎	叶	根	茎	叶	根	茎	叶
EDTA&IAA	1.19	1.37	1.16	1.17	1.37	1.14	1.24	1.41	1.18	1.13	1.34	1.34
NTA&IAA	1.02	1.52	1.20	1.22	1.48	1.18	1.17	1.23	1.14	0.77	1.37	1.21
EDDS&IAA	1.11	1.22	1.35	1.21	1.19	1.34	1.09	0.97	1.21	1.05	0.95	0.97
EDTA&GA	0.95	1.24	0.99	0.95	1.19	1.02	0.90	1.37	1.06	0.90	1.29	1.34
NTA&GA	0.83	1.25	1.04	0.94	1.24	0.93	0.83	1.12	0.75	1.04	1.49	0.88
EDDS&GA	0.98	1.08	0.95	1.03	1.00	0.88	0.89	0.89	0.56	1.00	0.97	0.67

注：比率=植物激素与螯合剂处理植物组织(根、茎、叶)重金属积累量/相应螯合剂处理相应部位重金属积累量；表中数据为平均值。

　　另外，与 EDDS&IAA 处理相比，EDTA&IAA 或 NTA&IAA 处理后玉米茎中积累量比相应单一螯合剂处理增加的幅度要高，而除 Pb 外叶中积累量增加幅度则是后者要高。如以 Zn 为例，EDTA&IAA 和 NTA&IAA 处理玉米茎中 Zn 积累量分别较相应单一螯合剂处理增加 37%和 48%，而 EDDS&IAA 处理茎中 Zn 积累量增加 19%；而叶中 Zn 积累量分别比对应单一螯合剂增加 14%、18%和 34%。这表明植物激素与不同螯合剂组合处理对玉米不同部位的效果并不一致。

　　从植物的提取效率看(表 3-16)，与空白对照比较，除 Pb 外单独施加植物激素对提取效率没有显著影响。以 Cu 为例，空白处理的提取效率为 0.28，单一施加 IAA 和 GA 的提取效率分别为 0.30 和 0.32。与单一施加螯合剂处理对比，同时施加螯合剂和植物激素处理的提取效率有所增加，部分处理差异达显著水平($P<0.05$)。如

EDTA 处理中，单一施加螯合剂处理的提取效率为 0.65，同时施加螯合剂和植物激素 IAA 或 GA 处理的提取效率分别为 0.83 和 0.73。其他处理也有类似结果。

表 3-16　螯合剂和植物激素处理下玉米的提取效率与转运效率

处理	提取效率				转运效率			
	Cu	Zn	Cd	Pb	Cu	Zn	Cd	Pb
control	0.28^c	0.60^c	1.23^c	0.09^c	2.78^b	5.56^b	3.06^b	7.41^{ab}
EDTA	0.65^b	1.24^b	2.07^{ab}	0.20^{ab}	3.15^{ab}	6.02^{ab}	3.04^b	4.21^c
NTA	0.83^{ab}	1.53^{ab}	2.17^{ab}	0.13^b	2.78^b	6.84^a	3.86^{ab}	4.56^c
EDDS	0.84^{ab}	1.47^{ab}	2.04^{ab}	0.16^{ab}	3.26^{ab}	7.52^a	3.74^{ab}	5.99^b
IAA	0.30^c	0.70^c	1.59^{bc}	0.13^b	2.63^b	5.48^b	4.42^a	8.47^a
GA	0.32^c	0.66^c	1.43^c	0.11^{bc}	3.49^a	7.56^a	4.76^a	8.96^a
EDTA&IAA	0.83^{ab}	1.58^a	2.66^a	0.26^a	3.37^a	6.55^b	3.15^b	5.00^{bc}
NTA&IAA	1.09^a	1.95^a	2.55^a	0.15^b	3.57^a	7.15^a	3.86^{ab}	7.51^a
EDDS&IAA	1.09^a	1.88^a	2.25^a	0.16^{ab}	3.81^a	7.98^a	3.78^{ab}	5.51^{bc}
EDTA&GA	0.73^b	1.39^{ab}	2.50^a	0.24^a	3.72^a	7.10^a	4.07^a	6.17^b
NTA&GA	0.93^a	1.57^{ab}	1.94^a	0.18^{ab}	3.72^a	7.51^a	4.12^a	4.92^c
EDDS&GA	0.84^{ab}	1.36^{ab}	1.43^c	0.16^{ab}	3.34^a	6.81^a	2.97^b	4.78^c

注：提取效率＝地上部(茎和叶)重金属积累量/土壤重金属总量；转运效率＝地上部(茎和叶)重金属积累量/根重金属积累量。运用 Duncan 多重比较法，同列数据具有相同字母的数据间无显著差异($P>0.05$)。

从转运效率看，与空白对照比较，大多数单独施加植物激素的转运效率有所提高，部分处理差异达显著水平($P<0.05$)。同时施加植物激素和螯合剂，与单一施加螯合剂处理比较，也有类似的结果，即大多数转运效率有所提高且部分处理差异达显著水平($P<0.05$)。这一结果表明植物激素对植物转运重金属的能力的影响比较复杂，与植物激素、螯合剂都有关。

在高浓度重金属离子及螯合剂或金属螯合物的胁迫作用下植物表现为光合作用和蒸腾作用受到抑制；体内产生大量的活性氧自由基(O_2^- 等)；膜脂过氧化，细胞内含物外渗，代谢失调；抗氧化酶(SOD、POD、CAT)和其他相关酶(GR、APX、GPX)活性及抗氧化剂(GSH、ASA)含量发生变化，进而影响到植物的生长发育，导致生物量的显著降低(田生科等，2005；周希琴和莫灿坤，2003；孔祥生等，1999)。另有研究表明，重金属胁迫还能诱导植物体内脱落酸(ABA)含量增加，使植物的蒸腾能力下降，或刺激吲哚乙酸氧化酶活性，加速吲哚乙酸的分解，使生长素含量急剧下降，影响植物的生长发育和元素吸收(Chaoui et al.，2004；王焕校，1990)。植物激素是植物体内合成的调控植物生长发育的微量有机物质，应用中多为人工合成的、与天然植物激素有着类似生理效应的植物生长调节剂，对植物的生长发育和生理生化有着重要影响。同时，植物激素也能增加植物的蒸腾作用或气孔导度，有助于植物根系对重金属的吸收及重金属从根系向地上部转移(范晓荣和沈其荣，2003；Kirkham，2000)。另有一些研究表明，植物激素还能对植物的重金属胁迫有缓解作用,促进植物对重金属的吸收(李兆君等,2004;杨世勇等,2004)。郭栋生和袁小英(1999)发现向玉米幼苗喷施植物激素类除草剂 2,4-D 时,低剂量除草剂使植物体内 Ni、Cd 含量分别较不施除草剂时增加 22.2%和 26.1%;高剂量则分别增加 68.3%和 57.1%。其可能机理是植物激素引起植物代谢发生某些方面的变化,使植物 Ni、Cd 含量上升(郭栋生和袁小英,1999)。周红卫等(2003)向 Hg 污染的水花生[*Alternanthera philoxeroides*(Mart.)Griseb.]外施细胞分裂素类物质 6-苄氨基嘌呤(6-BA),结果发现不同浓度的 6-BA 对重金属毒害均有缓解作用,并认为可能与调节活性氧代谢及蛋白质的表达有关(周红卫等,2003)。López 等(2005)在水培条件下研究了 EDTA 与 IAA 协同作用对紫花苜蓿(*Medicago sativa*)吸收 Pb 的影响,结果表明,100μmol/L IAA/0.2mmol/L EDTA 处理显著增加紫花苜蓿叶片 Pb 的含量,分别比 Pb 单独处理和 Pb/EDTA 处理增加 2800%和 600%(López et al.,2005),并认为其可能机制是 IAA 与其受体生长素结合蛋白(ABP)的结合可以调节质膜上的 H^+-ATPase 活性,引起质膜离子通道的开放或激活细胞质膜离子转运蛋白所致(Krystyna et al.,2003;Peralta-Videa et al.,2002;Tode and Lüthen,2001)。

　　本书研究也表明,植物激素能促进植物根系伸长、增加植株高度、促进植物的生长发育、增加总生物量,同时也能缓解重金属及螯合剂或金属螯合物对植物的胁迫作用,协同螯合剂促进植物对重金属的吸收、转运和积累,增加植物提取效率。

3.5　重金属镉胁迫下玉米生理生化变化

　　Cd 是植物非必需元素,Cd 污染土壤后很难降解、去除。植物能够吸收 Cd,导致农产品产生残毒,通过土壤-作物系统进入食物链,危害生物健康。Cd 进入植物体并积累到一定程度后会破坏生物细胞膜的结构与功能造成植株氧化胁迫、叶绿素和糖及蛋白质合成受阻、养分失调,抑制光合及呼吸过程,降低酶的活性,以及引起其他一系列生理代谢紊乱,最终导致生长量和产量的下降。

3.5.1　Cd 胁迫对玉米光合特性的影响

　　基于盆栽试验,以玉米为研究对象,揭示在不同浓度 Cd 胁迫下,玉米在生长发育时期的一些主要光合特性的动态变化规律,从光合作用角度揭示 Cd 对植物生长抑制的机理,为研究重金属对植物伤害的机理和作物监测提供参考。

1. Cd 胁迫对叶片光合色素含量的影响

　　叶绿素是植物光合作用过程中吸收光能的物质,与植被的光能利用有直接关系。叶绿素含量是植物营养胁迫、光合作用能力和植物发育阶段相关光合器官生理状况的重要指标。不同浓度的 Cd 胁迫对玉米叶片叶绿素的影响不同,随着胁迫浓度的增加，叶绿素的含量呈下降趋势，表明随着 Cd 在玉米植株内的积累，其对玉米的伤害逐渐显现。由表 3-17 可知，叶绿素 a、叶绿素 b、总叶绿素含量随 Cd 浓度升高而降低，在 Cd 浓度为 100mg/kg 达到显著水平，Cd（1mg/kg、5mg/kg、15mg/kg、50mg/kg、100mg/kg）处理使叶绿素 a 含量分别比对照下降了 29.75%、38.47%、39.34%、40.77%、65.32%；叶绿素 b 含量下降了 30.29%、36.99%、37.44%、38.05%、54.95%；总叶绿素含量则随着 Cd 浓度增加而减少，1mg/kg、5mg/kg、15mg/kg、50mg/kg、100mg/kg 处理下，分别比对照降低 29.86%、38.07%、38.84%、40.09% 和 62.57%。叶绿素 a/b 变化趋势在 Cd 浓度超过 10mg/kg 时与叶绿素 a、叶绿素 b、总叶绿素含量变化趋势相同，随 Cd 浓度的升高而降低，在 100mg/kg 时与对照相比下降了 23.10%。以上结果表明，玉米苗对外界胁迫有一定适应能力，但随 Cd 胁迫浓度增加，Cd 在植株体内逐步积累，叶绿素水平不断降低，最终影响植物光合作用的正常进行。本试验所用的 Cd 化合物属于盐类物质，当植株受到逆境胁迫时，叶绿体在叶肉细胞中的排列紊乱，结构受到破坏，或者是重金属 Cd 抑制原叶绿素酸酯还原酶（protochlophyllide reductase）和影响氨基-*g*-酮戊酸（aminolaevulini acid）的合成，从而使叶绿素含量降低，导致其光合能力下降。

表 3-17　Cd 处理对玉米叶片的色素含量（鲜重）的影响

Cd 浓度 /(mg/kg)	叶绿素 a 含量 /(mg/g)	叶绿素 b 含量 /(mg/g)	总叶绿素含量 /(mg/g)	叶绿素 a/b
CK(0.32)	1.825±0.113[a]	0.657±0.015[a]	2.482	2.77
1	1.282±0.085[b](70.25)	0.458±0.021[b](69.71)	1.741(70.15)	2.79
5	1.123±0.107[b](61.53)	0.414±0.035[b](63.01)	1.537(61.93)	2.71
15	1.107±0.115[b](60.66)	0.411±0.051[b](62.56)	1.518(61.16)	2.69
50	1.081±0.071[b](59.23)	0.407±0.042[b](61.95)	1.487(59.91)	2.65
100	0.633±0.118[c](34.68)	0.296±0.031[c](45.05)	0.929(37.43)	2.13

注：表中数据为平均值±标准差（$n=3$）；括号中的数字为处理占对照的百分比；同一列中的不同字母表示有显著性差异（$P<0.05$）。CK(0.32)表示对照土壤中 Cd 含量的背景值。

1）Cd 胁迫对玉米叶片气体交换参数的影响

（1）光合速率（Pn）。

光合作用的 Pn-PAR 光响应拟合曲线表明（图 3-46），玉米叶片净光合速率在光照从 0～2000μmol/(m²·s) 的增加过程中，随着光强的增加而增加，但光照强度超过一定强度后，增加趋于平缓，并出现降低的趋势，在 Cd 胁迫条件下这种趋势更加明显。Cd 胁迫在较低浓度（1mg/kg、5mg/kg）时光合速率大于对照，较高浓度（15mg/kg、50mg/kg、100mg/kg）光合速率低于对照，Pn-PAR 光响应拟合曲线中在光照强度 50～400μmol/(m²·s) 时光合速率近乎直线上升，光照强度大于 1000μmol/(m²·s) 后光合速率变化比较平缓（图 3-46 和图 3-47）。Cd 胁迫在较低浓度时光合速率升高，较高浓度(大于 15mg/kg)光合速率下降，且这种抑制程度随光辐射的增加而增大。高浓度 Cd 胁迫对玉米植株光合速率产生一定的抑制作用，低浓度 Cd 胁迫对玉米植株光合速率产生一定的刺激作用。

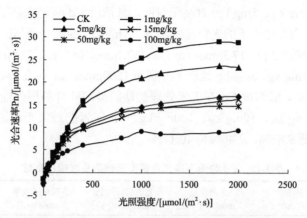

图 3-46　Cd 胁迫下玉米叶片 Pn-PAR 光响应曲线

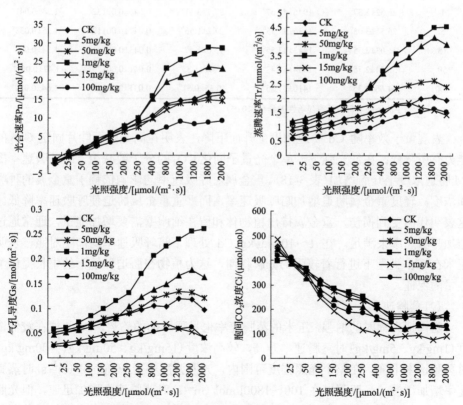

图 3-47　不同光照强度下 Cd 胁迫对玉米叶片光合速率 Pn、蒸腾速率 Tr、
气孔导度 Gs、胞间 CO_2 浓度 Ci 的影响

光补偿点与光饱和点分别反映植物对弱光和强光的适应能力，表观量子效率则体现植物对光的利用能力。如表 3-18 所示，从光补偿点与光饱和点变化总的趋势来看，Cd 胁迫处理提高了叶片的光补偿点，降低了光饱和点，但光饱和点在 Cd 胁迫浓度（1mg/kg、5mg/kg）时高于对照，低浓度 Cd 胁迫提高了玉米的光饱和点，同时提高玉米在强光下的光合速率，CK、1mg/kg、5mg/kg 镉处理下光饱和时的光合速率在理论值上可达 17.3μmol/(m²·s)、37.7μmol/(m²·s)、27.2μmol/(m²·s)，光饱和点在 CK、1mg/kg、5mg/kg 处理下分别为 1500μmol/(m²·s)、1945μmol/(m²·s)、1630μmol/(m²·s)，低浓度 Cd 在玉米处理初期能提高叶片利用光能的能力。当 Cd 胁迫浓度为 15mg/kg、50mg/kg、100mg/kg 时，玉米的最大光合速率明显降低，分别比对照降低 9.83%、7.46%和 40.17%。

表 3-18　Cd 胁迫下净光合速率光响应曲线模拟参数

Cd 浓度 /(mg/kg)	光补偿点 /[μmol/(m²·s)]	光饱和点 /[μmol/(m²·s)]	光饱和时的 Pn /[μmol/(m²·s)]	表观量子效率 /(μmol/mol)	暗呼吸速率 /[μmol/(m²·s)]
CK(0.32)	12.12±1.45[c]	1500±52.51[b]	17.3±1.25[c]	0.039±0.00103[b]	−0.48±0.037[c]
1	26.52±2.37[b]	1945±45.67[a]	37.7±3.41[a]	0.046±0.00132[a]	−1.24±0.041[b]
5	26.51±3.05[b]	1630±37.35[b]	27.2±1.56[b]	0.047±0.00112[a]	−1.25±0.033[b]
15	31.03±2.55[b]	1443±43.55[c]	15.6±1.47[c]	0.043±0.00141[b]	−1.34±0.063[b]
50	36.44±2.75[b]	1394±57.42[c]	16.01±1.35[c]	0.041±0.00125[b]	−1.47±0.051[ab]
100	51.66±4.35[a]	1410±51.25[c]	10.35±0.51[d]	0.031±0.00117[c]	−1.64±0.032[a]

注：同一列中的不同字母表示有显著性差异（$P<0.05$）。

表观量子效率随 Cd 胁迫浓度上升而下降，表明在高光强下叶片固定 CO_2 的能力有所降低；在低光强下，单个光量子同化 CO_2 的分子数减少，暗呼吸速率随 Cd 胁迫浓度上升而增加（表 3-18）。重金属对呼吸速率的影响依赖于重金属的种类和浓度。轻度重金属胁迫增加暗呼吸速率，而严重重金属胁迫使呼吸速率降低。这表明代谢受到损伤。重金属排出植物体和留在细胞壁需要增加能量，通常通过增加呼吸速率来满足。在 1~100mg/kg Cd 处理下暗呼吸速率均高于对照，表明玉米在 Cd 处理下进行着较强的分解代谢，这为植物在胁迫环境下的生长提供了能量的保证。

(2) 蒸腾速率。

随模拟光辐射的增强，玉米的蒸腾速率也呈现增加的趋势，Cd 胁迫在较低浓度（1mg/kg、5mg/kg）时蒸腾速率升高，较高浓度（15mg/kg、50mg/kg、100mg/kg）时蒸腾速率下降。在整个光照强度范围内，光照强度小于 100μmol/(m²·s) 时蒸腾速率增加缓慢，光照强度在 100~1800μmol/(m²·s) 时蒸腾速率增加迅速，但光照强度大于 1800μmol/(m²·s) 时，蒸腾速率略有下降，说明光照强度增加对其蒸腾速率有所抑制（图 3-47）。Cd 胁迫改变了玉米的叶片蒸腾速率，呈现低促高抑的规律。

(3) 气孔导度。

气孔是植物叶片与大气进行气体交换和丧失水分的主要通道，其闭合程度直接影响光合作用和蒸腾作用。从图 3-47 看出，随着光照强度的增加，玉米叶片的气孔导度上升；在较低光照强度 $0 \sim 250 \mu mol/(m^2 \cdot s)$ 时，气孔导度增加较平缓；$250 \sim 1800 \mu mol/(m^2 \cdot s)$ 时，随光照强度增加，气孔导度显著增加；在光照强度大于 $1800 \mu mol/(m^2 \cdot s)$ 时，气孔导度有所下降，表明高光照强度抑制了气孔的开张。与对照相比，Cd 胁迫在较低浓度时气孔导度升高，较高浓度(15mg/kg、50mg/kg、100mg/kg)时气孔导度下降，可能是由于 Cd 通过影响光合机构或暗反应酶活性影响光合作用，而且净光合速率随 Cd 浓度的增加而下降加剧，表明 Cd 对玉米光合作用的影响具有浓度效应。

(4) 胞间 CO_2 浓度。

玉米的胞间 CO_2 浓度随光照强度的增加而减小，在光照强度 $0 \sim 400 \mu mol/(m^2 \cdot s)$ 时，急剧下降，随后保持在一种相对平缓的状态(图 3-47)。胞间 CO_2 浓度大小是外界大气 CO_2 通过气孔进入细胞和内部光合器官同化作用的结果。Cd 胁迫导致胞间 CO_2 浓度较对照下降更为迅速。产生该结果的原因可能是随着 Cd 处理浓度的升高，细胞抗氧化酶活性发生变化，导致酶结构变化，活性丧失，最终使光合速率逐步下降，从而光合作用同化 CO_2 量减少；也可能是随着 Cd 处理浓度的升高，蒸腾速率逐步降低，胞间 CO_2 向外扩散能力减弱；或者是随着 Cd 处理浓度的升高，气孔关闭程度加强，胞间 CO_2 向外排出的阻力增加。

2) 机理讨论

高浓度 Cd 胁迫下玉米叶片叶绿素含量下降，可能是由于 Cd 与相关酶作用抑制叶绿素前体的合成，也可能是在 Cd 胁迫下活性氧在细胞中增加，使更多的 $\cdot O_2^-$ 和 H_2O_2 等扩散到叶绿体内，从而参与了对叶绿素的降解(Liang and Arthur, 1992)，或直接破坏叶绿体微结构，降低叶绿素的含量(郭书奎和赵可夫，2001)。高浓度 Cd 胁迫下叶绿素 a/b 的比值也发生了变化，在 Cd 浓度为 100mg/kg 时叶绿素 a/b 的比值显著减小。叶绿素 a/b 的比值代表着类囊体的垛叠程度，类囊体的垛叠程度越小，光抑制越强。高浓度 Cd 胁迫下叶绿素 a/b 的比值降低，意味着类囊体的垛叠程度减小，光抑制增强，光系统 II (PS II)光化学效率降低，从而降低了光合速率。低浓度 Cd 处理下叶片的叶绿素含量下降得少，叶绿素 a/b 的比值降低少，所以光合速率下降的幅度较小；相反，高浓度 Cd 处理下降幅度较大。叶绿素含量的降低也使光合速率下降。光合速率的降低也可能是因为 Cd 能破坏光合器官，特别是光捕获器 II 及光系统 II 和光系统 I，对光系统 II 电子传递有抑制作用；Cd 还能引起光系统 II 捕光叶绿素蛋白质复合物部分解聚，这种物质在光能吸收、传递及激发能在两个光系统间的分配和调节方面起着重要作用，这种复合物的减少必然影响光系统的正常功能。

光是植物进行光合作用的能量来源，在一定范围内提高光强可以增加植物叶片对光能的吸收从而增大光合速率。但是随着光强的增加，当植物吸收的光能超过光合作用所能利用的能量时，就会出现过剩光能，造成光合反应中心的光抑制甚至光氧化，损伤光合机构(齐华等，2009)。高浓度 Cd 处理下由于光合速率的下降，导致细胞间 CO_2 利用效率降低，虽然叶片的气孔导度减小，但变化幅度较小，最终造成细胞内 CO_2 的积累，使细胞内 CO_2 浓度上升。原因可能是 Cd 影响了保卫细胞中的 K^+、Ca^{2+} 等离子和脱落酸，从而影响了气孔的开张(Das et al.，1997)，高浓度 Cd 胁迫(15mg/kg、50mg/kg、100mg/kg)导致玉米叶片光合速率、气孔导度和蒸腾速率下降，光补偿点提高，光饱和点及表观量子效率降低，暗呼吸速率升高；低浓度 Cd 胁迫(1mg/kg、5mg/kg)则提高光补偿点、光饱和点及表观量子效率，降低暗呼吸速率。在同一光照强度下随 Cd 胁迫浓度增加，玉米叶片各光合参数从总的趋势看光合速率和气孔导度减小，而胞间 CO_2 浓度却增加，表明叶肉消耗 CO_2 的能力降低。在 Cd 胁迫条件下，玉米净光合速率随着胁迫浓度的增加而下降可能主要由非气孔限制所致。

3.5.2　Cd 胁迫对玉米叶片同工酶的影响

同工酶是广泛存在于生物的同一种属或同一个体的不同组织，甚至同一组织、同一细胞中的一类蛋白质。在生物进化过程中，同工酶是为了适应细胞代谢而形成的，其功能在生理方面表现为对代谢的调节作用，同工酶分析是认识基因存在和表达的工具。同工酶的合成和活性始终受到体内遗传基因的控制和调节，外界环境的影响常引起基因的变异而导致酶结构及其活性的改变。这种改变反映在同工酶谱上，表现出不同数量及不同迁移率的谱带。通过同工酶的分析可以初步了解各种植物对不良环境的适应及基因的变异情况。植物对营养元素胁迫的反应与过氧化物酶(POD)、过氧化氢酶(CAT)等同工酶的变化关系已有很多报道，本书研究考察不同 Cd 浓度胁迫下玉米幼苗抗氧化酶同工酶谱的差异，旨在探讨重金属 Cd 胁迫对 POD、CAT、超氧化物歧化酶(SOD)、酯酶(EST)同工酶存在与表达的影响，为早期诊断农作物生产中重金属毒害效应以防止重金属毒害的发生和为重金属污染的环境监测提供理论依据。

1. Cd 胁迫对玉米叶片 POD 同工酶的影响

Cd 胁迫对玉米叶片 POD 同工酶的影响如图 3-48 所示，该图为 CK 和 1mg/kg、5mg/kg、15mg/kg、50mg/kg、100mg/kg Cd 胁迫下玉米叶片 POD 同工酶电泳图。玉米叶片中表达 11 条 POD 同工酶带，相对迁移率(R_f 值)见表 3-19。其中 R_f 值为 0.37、0.49、0.54、0.77 的酶带为弱带，染色较浅。Cd 胁迫显著诱导 R_f 值为 0.20、

0.23、0.28、0.32 的 POD 同工酶的表达，50mg/kg、100mg/kg Cd 胁迫下抑制 Rf 值为 0.49、0.77 POD 同工酶的表达。POD 是清除 H_2O_2 的酶，与 SOD 等酶协同防御活性氧或其他过氧化物自由基对细胞膜系统的伤害、抗逆境胁迫和防止器官细胞衰老。POD 反映植物生长发育及内在代谢情况，同时也是植物抗性好坏的标志物之一。在 Cd 浓度处理下，POD 起了积极的应激作用，随 Cd 浓度增加，特别是 50mg/kg、100mg/kg 处理下，诱导了 R_f 值为 0.28、0.32、0.37、0.54 新 POD 酶带出现，但同时也使 R_f 值为 0.49、0.77 酶带消失了。

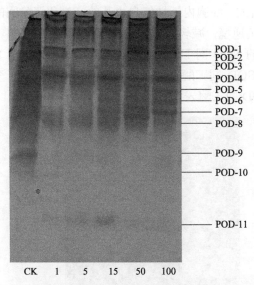

图 3-48　不同镉浓度对玉米 POD 同工酶的影响（单位：mg/kg）

表 3-19　不同浓度 Cd 处理下 POD 同工酶带的 R_f 值

同工酶带	R_f值					
	CK	1mg/kg	5mg/kg	15mg/kg	50mg/kg	100mg/kg
POD-1	0.12	0.12	0.12	0.12	0.12	0.12
POD-2	0.15	0.15	0.15	0.15	0.15	0.15
POD-3	0.18	0.18		0.18	0.18	0.18
POD-4	0.2	0.2	0.2	0.2	0.2	0.2
POD-5	0.23	0.23	0.23	0.23	0.23	0.23
POD-6					0.28	0.28
POD-7					0.32	0.32
POD-8					0.37	0.37
POD-9	0.49	0.49	0.49			
POD-10					0.54	0.54
POD-11	0.77	0.77	0.77	0.77		

2. Cd 胁迫对玉米叶片 SOD 同工酶的影响

Cd 胁迫对玉米叶片 SOD 同工酶的影响如图 3-49 所示,该图为 CK 和 1mg/kg、5mg/kg、15mg/kg、50mg/kg、100mg/kg Cd 胁迫下玉米叶片 SOD 同工酶电泳图。正常情况下玉米幼苗叶片中,对照与处理主要表达 4 条 SOD 同工酶带,R_f 值分别为 0.19、0.22、0.29、0.77,Cd 胁迫对 R_f 值为 0.19、0.22、0.29 的 SOD 同工酶的影响不明显,但 Cd 胁迫明显诱导 R_f 值为 0.77 的 SOD 同工酶的表达,这表明随着 Cd 胁迫浓度的增大,细胞内活性氧自由基的产生和清除间的平衡可能被打破,诱导酶的表达量抵抗逆境,减轻对玉米植株细胞的伤害。在整个处理过程中,Cd 胁迫并没有诱导新的 SOD 同工酶的表达,对照与 Cd 处理下 SOD 同工酶带有 4 条,但 Cd 处理下 SOD 同工酶表达量随 Cd 浓度不同发生了变化,100mg/kg Cd 处理的玉米叶片 SOD 同工酶表达量多于对照。

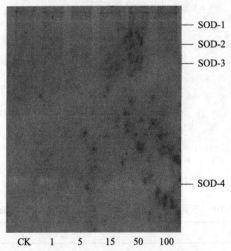

图 3-49　不同 Cd 浓度对玉米 SOD 同工酶的影响(单位：mg/kg)

3. Cd 胁迫对玉米叶片 EST 同工酶的影响

Cd 胁迫对玉米叶片 EST 同工酶的影响如图 3-50 所示,该图为 CK 和 1mg/kg、5mg/kg、15mg/kg、50mg/kg、100mg/kg Cd 胁迫下玉米叶片 EST 同工酶电泳图。正常情况下玉米幼苗叶片中,对照主要表现为 6 条 EST 同工酶带,R_f 值分别为 0.19、0.22、0.31、0.42、0.47、0.61。Cd 胁迫显著诱导 R_f 值为 0.61 的 EST 同工酶的表达,对其他 EST 同工酶的影响不太大。本试验结果反映出,Cd 胁迫显著诱导 R_f 值为 0.61 的 EST 同工酶的表达,这与酯酶同工酶和植物抵御逆境有一定的相关性的报道是一致的。

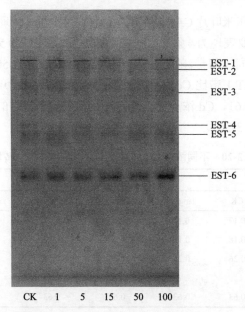

图 3-50　不同 Cd 浓度对玉米 EST 同工酶的影响(单位：mg/kg)

4. Cd 胁迫对玉米叶片 CAT 同工酶的影响

CAT 能够清除细胞内过多的 H_2O_2，以使细胞内 H_2O_2 维持在一个正常水平，从而保护细胞膜结构。图 3-51 所示为 CK 和 1mg/kg、5mg/kg、15mg/kg、50mg/kg、

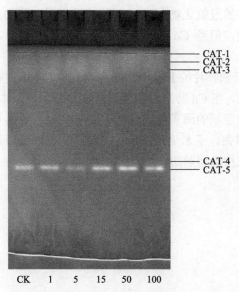

图 3-51　不同 Cd 浓度对玉米 CAT 同工酶的影响(单位：mg/kg)

100mg/kg Cd 胁迫下玉米叶片 CAT 同工酶电泳图。对照组与处理组 Cd 浓度 1mg/kg、5mg/kg、15mg/kg 主要表现为 4 条 CAT 同工酶带，当 Cd 浓度为 50mg/kg 和 100mg/kg 时表现为 5 条 CAT 同工酶带。随 Cd 浓度升高，当 Cd 浓度为 50mg/kg 和 100mg/kg 时，CAT 同工酶 CAT-1 带比 Cd 浓度较低时出现较早，且出现第 4 条新的同工酶带 CAT-4，R_f 值为 0.61，Cd 浓度为 50mg/kg 和 100mg/kg 时的 CAT-5 同工酶带亮度增加（图 3-51，表 3-20）。

表 3-20　　不同浓度 Cd 处理下 CAT 同工酶带的 R_f 值

同工酶带	R_f 值					
	CK	1mg/kg	5mg/kg	15mg/kg	50mg/kg	100mg/kg
CAT-1	0.17	0.17	0.17	0.17	0.16	0.16
CAT-2	0.18	0.18	0.18	0.18	0.18	0.18
CAT-3	0.26	0.26	0.26	0.26	0.24	0.24
CAT-4					0.61	0.61
CAT-5	0.63	0.63	0.63	0.63	0.63	0.63

同工酶作为植物体内最活跃的酶系之一，其合成始终受到体内遗传基因的控制和调节，同工酶的表达是遗传因子与环境因子共同作用的结果，不良环境的影响常引起基因的变异而导致酶结构的改变，这种改变反映在同工酶的酶谱上，出现了不同数量及不同迁移率的谱带。通过同工酶的分析可以初步了解各种植物对不良环境的适应及基因的变异情况。Cd 进入植物体后，植物细胞通过一系列生理生化反应产生了有害的过氧化物，当 Cd 胁迫发生后，植物会采取各种措施提高抗性以适应不良环境，但当 Cd 胁迫超过植物忍受的极限时，其防御措施也就相应减弱，乃至死亡。

Cd 胁迫初期，玉米叶片的 POD、EST、CAT 同工酶表达在谱带数及表达量上都发生了明显的变化，在 Cd 胁迫下起关键性抗逆作用。具体表现为随着 Cd 浓度的升高，玉米叶片出现新的酶条带，POD、EST、CAT 表达量发生相应变化，防御 Cd 毒害的能力增强，玉米受到胁迫后酶结构发生改变以适应不良环境，从而调节细胞代谢，以抵抗逆境胁迫。

第 4 章　玉米对石油污染农田土壤的修复

作为社会发展的主要能源，石油受到全世界的普遍关注。石油的大量开采和使用给世界带来严重污染，危害生态环境。受原油开采、运输、加工等过程的影响，土壤也受到石油的严重污染，其中的有毒物质如多环芳烃等还可被植物吸收进入食物链，威胁人类健康。因此，开展石油污染土壤修复迫在眉睫。在各种土壤修复技术中，植物修复因价格低廉、环境友好等显著特点而备受学者青睐。

植物修复是利用绿色植物对土壤污染物进行吸收、降解等处理，去除土壤污染物的一种环境友好型修复方式。近年来，石油污染土壤的植物修复得到不断开展，Li 等(2011)利用玉米、向日葵和紫花苜蓿进行石油污染的实地修复，取得明显的效果。对于耕地日益紧缺的地区，利用作物进行污染土壤修复不仅可以去除污染物，还可以进行生产，是一项一举两得的良好措施。但是，其中有毒物质的迁移值得特别关注。由于有机污染物的生物可降解性，进行土壤的植物修复时可利用植物对土壤微生物的刺激作用来强化修复效果，同时有毒物质的迁移进入可食部位需要得到有效抑制，以保证生产的安全。因此，利用玉米进行石油污染土壤的修复，需要特别关注地上部的多环芳烃含量，并充分认识其在植物体内的分布状况，把握其迁移规律，才可采取相应措施控制其危害，以确保可食部位的安全性。

4.1　土壤石油污染生态效应

生长在有机污染土壤中的植物，常常受到营养缺乏和污染物毒性的双重胁迫，引起植物体内亚细胞代谢活动产生的活性氧如超氧自由基$\cdot O_2^-$、H_2O_2 和羟自由基($\cdot OH$)增多，过多的活性氧(reactive oxygen species, ROS)对细胞的正常生理功能具有干扰作用，植物为维持正常的生理功能，常常产生一些复杂的抗氧化系统来缓解和修复过度氧化带来的伤害。这些抗氧化系统包括 SOD、CAT 等。在植物修复过程中，对植物的这些抗氧化系统进行测定，有助于理解植物的生长状态，有利于修复管理。

有机污染物在植物修复过程中的去除，主要是因为植物通过分泌根系物对土壤微生物进行刺激，增强根际微生物对污染物的降解作用。在污染物降解过程中，土壤中一些来自生物体分泌的具有催化功能的生物酶常常发生变化，对这些土壤酶类的测定可以了解污染物在土壤中发生降解的情况。因此，试验过程需要对一些土壤石油烃降解相关的土壤酶活性进行测定。

4.1.1　研究方法与材料

1. 试验材料

试验所用土壤采自广州大学城废弃菜地,玉米品种超甜 38 种子购自广东省农业科学院作物研究所,试验所用原油为石化厂未提炼原油。其他材料为实验室常规使用材料。

2. 试验设计

将原油加入土壤中进行充分搅拌、混匀,配制成一系列含有不同浓度原油的污染土壤,分别为 0mg/kg、1500mg/kg、3000mg/kg、5000mg/kg 和 10000mg/kg,每个处理含三个平行样,放入花盆中进行陈化,淋水时将水倒入花盆托中,使水分通过土壤渗透上行。将污染土壤放置 4 个月后,在利用玉米种植修复前对土壤中石油烃含量进行测定,各处理土壤石油烃含量分别为 0mg/kg、973mg/kg、2147mg/kg、3047mg/kg、6373mg/kg,分别设为 T0、T1、T2、T3 和 T4,同时设置无植物空白处理,分别为 C1、C2、C3 和 C4。玉米种子经消毒、催芽后,将萌发良好的玉米种子放入含有无污染土壤的小纸杯中,深度约 2cm。待玉米长出三片叶子后,选取生长较为一致的一株苗移栽到盛有石油污染土壤的花盆中。将花盆放置到试验楼楼顶,不定时将水淋至花盆底托保证土壤水分供应,并进行人工捉虫以防虫害。在大雨来临前使用雨伞保护玉米苗,以防止玉米苗夭折。玉米苗移栽时间为 2011 年 10 月 15 日,修复时间为 60d。试验结束后进行土壤、植物等的各参数的测定,了解玉米种植对石油污染土壤的修复效果及石油烃的积累情况。

3. 石油烃的测定

土壤石油烃的含量测定使用重量法进行。石油组分的分析方法参照文献(Peng et al.,2009)进行,具体如下:称取 20g 石油污染土壤,加入二氯甲烷超声萃取,将萃取液过滤到烧杯中,经挥发后称量得到土壤石油质量。用正己烷重新溶解石油后过含氧化铝和硅胶(质量比为 1∶1)的层析柱,洗脱液收集到烧杯中,此部分含有石油饱和烃成分;然后用正己烷和二氯甲烷(体积比为 1∶1)继续洗脱层析柱,得到石油芳烃成分;再用甲醇洗脱,得到极性物质和沥青质成分。经挥发溶剂后称量得到各成分含量。

植物组织中石油烃依据 Tao 等(2009)的方法使用气相色谱-质谱联用仪(GC-MS)进行测定。取 0.200g 样品(经洗净冷冻干燥后置于−20℃冰箱中保存)置于玻璃离心管中，加入 20mL 二氯甲烷超声萃取，分三次进行，合并萃取液经旋转挥发近干后加入 2mL 正己烷重新溶解，过硅胶柱，以二氯甲烷和正己烷(体积比为 1:1)洗脱，洗脱液经旋转蒸发近干后加入 1mL 正己烷定容，转移至色谱瓶待测。GC-MS 测定条件：采用 Thermo-DSQ II 气相色谱-质谱联用仪，石英毛细管柱(30m×0.32mm×0.25μm)，进样口温度 250℃，传输线温度 280℃，离子源温度 260℃；气体为高纯氦气，进样量为 1μL，不分流进样；柱温开始为 60℃，以每分钟 10℃的速率升到 180℃，保留 5min，最后以每分钟 5℃的速度升至 290℃，保持 10min。进行多环芳烃测定采用离子扫描，扫描质量为相应分子量。多环芳烃测定回收率为 41.2%~93.8%。

4. 土壤酶活和酚类测定

(1)土壤脱氢酶活性的测定采用氯化三苯基四氮唑(TTC)还原法(Chander et al., 1991)。将 20g 土壤与 0.2g 碳酸钙仔细混合，取 6g 混合物置于钳口瓶中，加入 1mL 3% TTC 水溶液和 2.5mL 蒸馏水。将反应混合物仔细混合，并在 37℃下培养 24h。用甲醇提取生成的三苯基甲臜(TPF)，通过置有脱脂棉的漏斗滤入 100mL 三角瓶/锥形瓶中，用甲醇洗涤土壤直到获得无色滤液，之后用甲醇稀释滤液至 100mL。用分光光度计于波长 485nm 处测定，根据用已知浓度 TPF 的甲醇溶液绘制的标准曲线，得到土壤脱氢酶的活性，以每小时每克干土中 TPF 的微克数表示，即 μg TPF/g 干土。

(2)土壤多酚氧化酶测定(Sinsabaugh, 2009)。取 1g 土样置于 50mL 三角瓶中，然后注入 10mL 1%邻苯三酚溶液，将瓶中内含物摇荡后放在 30℃恒温箱中培养 2h，取出后加 4mL pH 4.5 柠檬酸-磷酸缓冲液，再加 35mL 乙醚，用力摇荡数次，萃取 30min，最后对含溶解紫色没食子素的乙醚相进行比色。为了消除土壤中原有的醚溶性有机物质引起的误差及校正紫色没食子素的纯度，需要设置无基质的土壤和无土壤的基质作对照。多酚氧化酶活性以每克土壤中紫色没食子素的毫克数表示，即 mg 紫色没食子素/g 干土。

(3)土壤酚类测定(Cheema et al., 2010)。取 5g 土样置于 50mL 离心管中，加入 25mL 蒸馏水在摇床中振荡萃取 4h，然后在 3000r/min 下离心 10min，取上清液 20mL 转移到试管中，加入 3mL 10% Na_2CO_3 溶液，再加入 1mL 福林酚试剂，充分混匀后在室温下静置 1h。使用分光光度计在 750nm 下测定，土壤中的水溶性酚类表示为 μg 香草酸/g 干土。

5. 植物抗氧化物质测定

(1)根系活力测定采用 TTC 还原法(李明军和刘萍，2007)。取 2g 鲜重(FW)

洗净根系浸没于盛有等量 0.4% TTC 和 67mmol/L 且 pH 为 7.0 的混合液的烧杯中，于 37℃下暗处保温 3h，然后加入 2 滴浓硫酸终止试验。将根取出吸干水分放入研钵中，加入 5mL 乙酸乙酯和少量石英砂研磨，以提取 TPF。将提取液转移至 10mL 容量瓶，洗涤残渣定容，用分光光度计于 485nm 处测定。根系活力以 mg TPF/(g FW·h) 表示。

(2) 丙二醛 (MDA) 测定 (李明军和刘萍，2007)。取 0.3g 叶片放入研钵中，加入石英砂和蒸馏水 2mL 研磨成匀浆，转移到离心管中，再加 3mL 蒸馏水洗涤研钵，合并提取液。试管中加入 5mL 0.5%硫代巴比妥酸溶液，充分摇匀后水浴煮沸 10min，取出放入冷水冷却。离心后，测定上清液体积后，用分光光度计于 532nm 和 600nm 处测定吸光度 (OD) 并根据式 (4-1) 计算 MDA 含量。

$$MDA(mmol / g) = \frac{\Delta OD \times V}{155 \times W}$$ (4-1)

式中，ΔOD 为 532nm 处和 600nm 处的 OD 差值；V 为提取液体积，mL；155 为吸光系数；W 为鲜重，g。

(3) SOD 测定 (Desborough and Spychalla，1990)。取 0.5g 新鲜叶片于预冷的研钵中，加入适量石英砂并加入 5mL 的酶提取液，在冰浴上研磨成浆后转入离心管，在超速离心机上以 15000r/min 离心 15min，上层清液即为酶粗提液。以上的酶粗提液用于各抗氧化酶活性的测定。

酶提取液的配制方法为：50mmol/L、pH 为 7.8 的磷酸缓冲液 (PBS)、5mmol/L 的抗坏血酸 (ASA)、5mmol/L 的二硫苏糖醇 (DTT)、5mmol/L 的 EDTA-Na$_2$、2% 的聚乙烯聚吡咯烷酮 (PVP-40) 混合。

测定 SOD 时，取 10mL 透明试管，加入下列各溶液：2mL 39mmol/L 的甲硫氨基酸溶液，2mL 0.225mmol/L 的氯化硝基四氮唑溶液，1mL 0.6mmol/L 的 EDTA-Na$_2$ 液，1mL 0.012mmol/L 的核黄素及酶粗提液 0.05mL，2 支对照管以 0.05mL 酶提取液代替，混匀后将 1 支对照管置于暗处，其他各管在 4000 lx 日光下反应 30min，至反应结束后，以不照光的对照管作空白，在 560nm 处分别测定其他各管的吸光度。SOD 总活性以每克鲜重酶单位表示，即 U/(g/min)，以抑制氮蓝四唑光化还原 50%为一个 SOD 活性单位 (U)。

(4) POD 测定 (李明军和刘萍，2007)。在玻璃比色皿中加入 0.1mL 酶粗提液 (空白仅加 0.1mL 的酶提取液)，3mL 愈创木酚混合液 (0.2483g 愈创木酚，用 1mL 的乙醇溶解后，再用 50mmol/L、pH 为 7.0 的磷酸缓冲液定容至 100mL)，再加入 20μL 的 H$_2$O$_2$，迅速在 470nm 波长下，每 10s 扫描一次，扫描时间为 3min。以每分钟内吸光度变化为 1 个过氧化物酶活性单位 (U)。

(5)CAT 测定（Türkan et al.，2005）。在石英比色皿中加入 40μL 酶粗提液（空白仅加 40μL 的酶提取液），3mL 15mmol/L H_2O_2 后迅速在 240nm 处，每 10s 扫描一次，共扫描 3min。以每分钟内 240nm 吸光度减少 0.1 的酶量为 1 个酶活单位（U）。

(6)抗坏血酸过氧化物酶（APX）测定（李明军和刘萍，2007）。在石英比色皿中加入 0.1mL 酶粗提液[空白加 0.1mL 的酶提取液、3mL APX 反应液（0.1mmol/L EDTA-Na_2 和 0.3mmol/L ASA 混合液）]，加入 20μL 9mmol/L H_2O_2 后迅速在 290nm 处，每 5s 扫描一次，总共扫描 1min，以每克鲜重每分钟在 470nm 处吸光度的变化值表示。

6. 植物生物量测定

修复结束后，使用卷尺和游标卡尺测量玉米高度和茎粗，将玉米根部和地上部分开，根系从土壤中取出时，小心去除土壤颗粒，尽量获取须根。样品经自来水洗净擦干，再进行冷冻干燥，称量即可获得玉米生物量。

7. 数据统计分析

试验数据采用 Microsoft Excel 2007 处理，相关分析及多重比较使用软件 SPSS 17.0 进行处理。数据一般表示为平均值±标准差。图表中数据标注有不同字母则说明经单因素方差分析 Duncan 检验后各处理之间存在显著性差异（$P < 0.05$）。

4.1.2 土壤石油烃含量及组成的变化

1. 土壤石油烃含量变化

种植玉米对石油污染土壤中石油烃的降解有着明显的促进作用。如表 4-1 所

表 4-1 玉米修复前后土壤石油烃含量变化

土壤处理	石油烃含量/(mg/kg)		石油烃降解率/%
	种植前	种植后	
T1	973±12	465±26	52.21
C1	973±12	640±42	34.22
T2	2147±323	583±53	72.85
C2	2147±323	1476±85	31.25
T3	3047±170	1070±50	64.88
C3	3047±170	2170±88	28.78
T4	6373±200	2449±20	61.57
C4	6373±200	4725±93	25.86

示，在各土壤污染处理中，种植玉米的处理石油烃降解效果都比相应的空白处理效果好，说明玉米种植明显促进土壤石油烃的降解。随着石油烃浓度增大，空白处理的石油烃自然降解率变低，2 个月的修复期土壤石油烃降解率为 25.86%～34.22%，平均降解率为 30.03%，而在种植植物的处理中，降解率达到 52.21%～72.85%，降解率最高的出现在处理 T2 中。因此，在土壤石油污染中低浓度范围内，利用种植玉米进行污染土壤的修复可以取得较好的效果。

利用植物对石油污染土壤进行修复，已得到较为广泛的研究。Agamuthu 等(2010)种植能源植物麻风树(*Jatropha curcas*)并添加香蕉皮、酿酒废弃料和蘑菇废弃料对含废弃润滑油 2.5%和 1%的污染土壤进行 180d 的修复，没有添加有机料的植物修复处理土壤石油去除率分别达到 56.6%和 67.3%，添加酿酒废弃料的植物修复降解率分别达到 89.6%和 96.6%，取得良好修复效果。

由于有机污染物能够被土壤微生物降解，植物修复对土壤有机污染物的修复主要通过根际作用来进行。植物与根际微生物的协同作用可促进有机污染物的降解，但对植物如何发挥作用并激发根际生物降解的机理目前了解较少。一般认为，根际对有机污染物降解的影响主要如下：①通过根际微生物数量及活性的改变影响有机污染物的降解；②植物根系分泌物影响有机污染物的降解与生物有效性，根系分泌物自身也可以通过对有机污染物的络合、降解及根系释放酶的直接作用来催化降解有机污染物。根际微生物对有机污染物的降解主要有两种方式：一是微生物将污染物作为唯一的碳源和能源进行生长的代谢降解，通过分泌单加氧酶(细菌)和双加氧酶(真菌)的方式对污染物进行氧化分解；二是在有其他碳源和能源的情况下，微生物酶活性增强，降解效率提高，根系分泌物及脱落物在微生物降解污染物时可作为共代谢的基质而促进污染物的降解。

2. 土壤石油烃组成变化

石油是由多种成分混合的复杂物质，石油烃类化合物主要包括饱和烃、芳烃、沥青质和胶质等。石油进入土壤环境后，受物理、化学和生物作用的影响，其组分结构、物理化学性质、生物可利用性和环境毒性等会发生不同的变化。因此，对于植物修复前后土壤石油组分的比较，有助于了解植物修复对土壤石油烃的影响情况。由图 4-1 可知，修复前的石油烃中，饱和烃含量达到 60%，而芳烃和沥青质与极性物质各约占 20%。修复后的土壤中，饱和烃所占比例下降到 36%，而芳烃和沥青质与极性物质比例则上升，并且芳烃的含量为 38%，明显多于沥青质与极性物质的 26%，石油中的芳烃类物质成为土壤环境中微生物难以降解的化合物。有研究表明，经过环境代谢产生的加合多环芳烃或取代多环芳烃比正常多环芳烃毒性更强(Cunningham et al.，1996)。因此，需要加强对石油中芳烃类物质的修复。

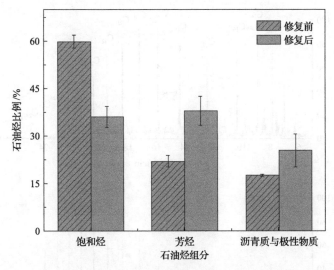

图 4-1　修复前后石油烃组分对比

3. 土壤修复后烷烃变化

烃类化合物是石油产品的主要成分，按照其骨架结构的不同分为饱和链烃(烷烃)、不饱和链烃(烯烃和炔烃)、脂环烃和芳烃，其中烷烃占石油产品主要成分的50%以上。因此，在石油污染物中，烷烃是最常见的污染物。在自然环境中，短链烷烃易挥发，中链烷烃可以被微生物降解，而不易挥发、低溶解性的长链烷烃则属于很难被生物降解的污染物，对环境的危害较持久(Margesin et al.，2013)。为了解正构烷烃在修复前后发生的变化，使用 GC-MS 对经萃取净化的土壤样品进行全扫描测试，对总离子流图使用正构烷烃电离产生的分子量为 85 的共同碎片离子进行出峰物质选择，得到正构烷烃的总离子流图(图 4-2)。

如图 4-2 所示，修复前，可看到土壤中的正构烷烃主要是 $C_{13}\sim C_{29}$，小于 C_{22} 的正构烷烃明显多于更长碳链的正构烷烃，奇数碳和偶数碳的正构烷烃相对含量差异不大。从图中还可以看到含有的支链烷烃植烷位于 C_{18} 后面出峰，并且 C_{18} 的相对含量明显多于植烷。修复后，正构烷烃中相对含量最多的是 C_{23}，而且碳链较长的正构烷烃相对含量变多，说明在修复过程中碳链较短的正构烷烃 $C_{13}\sim C_{22}$ 更容易发生降解。同时，还可以看到在降解的较短碳链烷烃中，偶数碳的含量明显低于奇数碳的含量，说明在土壤中奇数碳较偶数碳更易于发生降解。另外，C_{18} 含量与植烷几乎没有差别，说明在土壤中 C_{18} 降解较多，支链烷烃植烷较难降解。对比不同处理间 C_{18} 与植烷的比值，可以看到随着浓度增大，比值不断减小，说明植烷更难以发生降解(图 4-3)。

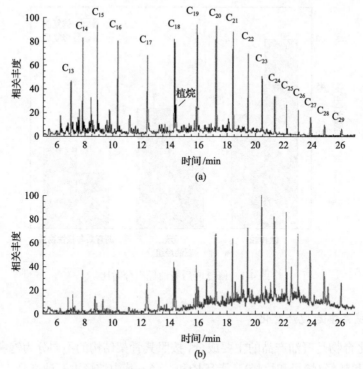

图 4-2　修复前 (a) 后 (b) 土壤正构烷烃的比较

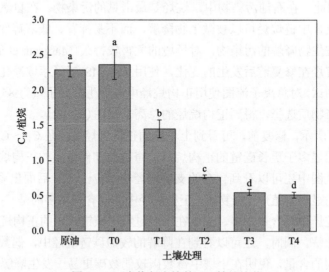

图 4-3　玉米修复土壤的 C_{18}/植烷比值

　　在有氧条件下，微生物降解长链烷烃的途径一般包括末端氧化和次末端氧化两种羟基化途径，其主要过程是：首先利用烷烃加氧酶，将直链烷烃与氧结合使其氧化为相应的醇，醇经过脱氢酶氧化变为醛，醛氧化变为脂肪酸，脂肪酸通过

β-氧化降解为乙酰辅酶 A；随后，进入三羧酸循环，分解成 CO_2 和 H_2O 并释放出能量，或进入其他生化过程。直链烷烃中含偶数碳的烷烃分子结构更为对称，因而比奇数碳的烷烃更为稳定，较难被微生物降解，因此修复后土壤中偶数碳烷烃相对含量较高。另外，烷烃的支链结构比直链结构更为稳定，在土壤中比直链烷烃难以被微生物降解。这也不难在土壤修复后的烷烃分析中看到植烷的含量相对更高。一般认为，不同烃类的微生物可降解性顺序为：小于 C_{10} 的直链烷烃＞C_{10}～C_{24} 或更长的直链烷烃＞小于 C_{10} 的支链烷烃＞C_{10}～C_{24} 或更长的支链烷烃＞单环芳烃＞多环芳烃＞杂环芳烃。

4.1.3　土壤酶活性变化

1. 土壤脱氢酶活性的变化

土壤酶是存在于土壤中的生物催化剂，可有效地促进土壤中有机污染物的净化。土壤酶作为土壤的组成部分，其活性的大小可以较敏感地反映土壤中生化反应的方向、强度及土壤性质的状况，作为土壤生化指标具有重要意义。土壤脱氢酶是土壤主要的酶类之一，其活性是土壤微生物活性和功能多样性的重要体现。土壤脱氢酶活性容易受土壤外源性物质的影响。脱氢酶受石油污染影响的结果如图 4-4 所示，土壤脱氢酶活性随着石油烃污染浓度的增大而增强，玉米修复污染土壤中的脱氢酶活性都明显高于空白无污染土壤，说明植物、微生物与污染物的相互作用提高了土壤脱氢酶的活性。Lian 等（2013）使用陆地棉（*Gossypium hirsutum*）对石油污染土壤的修复研究表明，土壤中各种酶的活性在植物处理土壤中都明显高于无植物土壤，说明植物对土壤酶活性具有显著的提高作用。而在本书研究中，

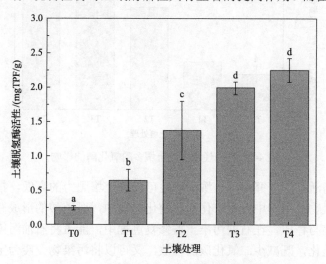

图 4-4　石油烃浓度对土壤脱氢酶的影响

植物根系的脱氢酶含量在土壤各处理间没有发生明显变化，可能由于石油污染程度较轻（＜1%），石油的毒性没有对玉米及土壤微生物产生明显作用，脱氢酶含量受土壤微生物降解石油烃的影响，因此会随着污染浓度的增加而显著增多。

2. 土壤多酚氧化酶活性的变化

多酚氧化酶（polyphenol oxidase，PPO）主要来源于土壤微生物、植物根系分泌物及动植物残体的分解物，可将土壤中的酚类物质氧化为醌，然后形成类腐殖质的大分子化合物。土壤中多酚氧化酶活性强弱，直接影响到土壤中酚的含量变化。而在石油烃的降解代谢过程中，会产生一定量的酚类物质，土壤中的多酚氧化酶活性可以用来表征部分石油烃的生物降解情况。如图 4-5 所示，玉米修复的石油污染土壤中，多酚氧化酶活性如脱氢酶一样，均高于空白无污染土壤，并且在较高污染处理中，酶活性显著升高。污染土壤中的多酚氧化酶活性较高，可能是由于随着石油烃污染物的降解，产生的酚类物质不断刺激微生物和植物产生更多的多酚氧化酶，以氧化污染物降解过程产生的酚类物质。Tang 等（2010）认为，土壤多酚氧化酶来源于土壤微生物和植物，但本试验来源于植物根系分泌的水溶性酚类在各处理间并没有显著变化，说明多酚氧化酶活性的增加来源于土壤微生物的作用。

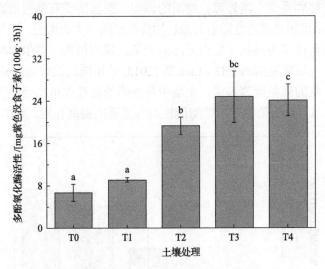

图 4-5　石油烃浓度对土壤多酚氧化酶的影响

在土壤酶活性的研究中，土壤酶活性可反映土壤肥力的高低，指示土壤肥力的变化。有机物在土壤中发生矿化和腐殖化过程中，腐殖酸的形成有利于土壤营养物质的存储与释放，在石油污染土壤修复过程中，能否将石油污染物在分解过程中进行腐殖化，既减少二氧化碳的释放，又可以将污染物变废为宝，是一个令人感兴趣的思路，特别是对于含有苯环的芳烃，转化为多元酚类后，可与氨基酸类含氮化合物结合形成腐殖质的单体分子，进一步合成大分子腐殖质物质。

3. 土壤水溶性酚类变化

土壤水溶性酚类(water-soluble phenolics，WSP)为植物应对环境生物与非生物胁迫因素而分泌的防卫代谢产物。在本书研究中，如图 4-6 所示，土壤的 WSP 在各处理间没有显著性差异，可能由于土壤石油烃浓度相对较低，没能有效刺激玉米根系分泌更多的酚类物质。与其他处理相比，在 T2 处理中 WPS 的含量较低，可能是在该处理中，玉米生长较好，应对胁迫产生的酚类物质较少。Cheema 等(2010)认为，土壤中增加的水溶性多酚来源于根系分泌或者根系死亡腐烂分解。Soleimani 等(2010)则认为，土壤的 WPS 有两个来源：多环芳烃的降解和植物根系的分泌。由于本书研究结果中土壤多酶氧化酶的活性随着土壤污染浓度增大而增强，多环芳烃降解、植物根系分泌、土壤酚类含量和多酶氧化酶活性之间的关系还需要进一步深入研究。

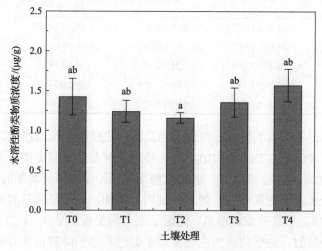

图 4-6　石油污染土壤对水溶性酚类的影响

酚类物质作为含苯环化合物，与多环芳烃具有相似结构，可能作为共代谢底物有助于微生物对多环芳烃的降解。研究表明，高分子量多环芳烃的生物降解一般均以共代谢方式开始(Heitkamp and Cerniglia，1989)，共代谢作用可以提高微生物降解多环芳烃的效率，改变微生物碳源与能源的底物结构，增大微生物对碳源和能源的选择范围，从而达到难降解的多环芳烃最终被微生物利用并从土壤中去除的目的。酚类物质在土壤中来源较广，其含量受各种因素影响较大，利用酚类物质与难降解污染物之间结构的相似性，促进微生物对污染物的利用需要进一步开展研究。

4.1.4　玉米对土壤石油污染的抗逆反应

1. 玉米生物量变化

生物量代表着植物一定时期内在特定环境中进行光合作用和营养吸收积累的物质的量,可以反映出植物对环境的适应能力。在本研究中,生长于石油污染土壤中的玉米在不同处理间的生长情况如表 4-2 所示。在各处理中,T2 的株高、茎粗和生物量都明显高于其他处理,说明适度的石油污染可以促进玉米的生长。较高的污染处理 T4 与空白处理 T0 间没有显著差别,说明在本试验石油污染范围内,石油污染土壤没有对玉米生长造成严重影响,玉米在低于 1%土壤石油污染范围内具有较好的生长能力。

表 4-2　各处理玉米的株高、茎粗和干重

处理编号	株高/cm	茎粗/cm	生物量(千重)/g	
			地上部	根部
T0	33.33 ± 1.53^{ab}	1.05 ± 0.08^{a}	4.40 ± 0.70^{ab}	1.02 ± 0.41^{a}
T1	34.67 ± 1.53^{bc}	1.06 ± 0.06^{a}	4.03 ± 0.90^{ab}	1.06 ± 0.23^{a}
T2	36.33 ± 1.16^{c}	1.25 ± 0.12^{b}	5.44 ± 1.13^{b}	1.16 ± 0.26^{a}
T3	32.00 ± 1.73^{ab}	0.98 ± 0.05^{a}	3.80 ± 0.73^{a}	1.11 ± 0.30^{a}
T4	31.33 ± 1.53^{a}	0.95 ± 0.02^{a}	3.27 ± 0.30^{a}	1.11 ± 0.14^{a}

土壤中存在各类微生物,有些微生物具有促进植物生长的作用,称为植物生长促进根际菌(PGPR)。Tara 等(2014)将污染物降解菌和 PGPR 接种于结冰草根系进行含 1%柴油的污染土壤修复,取得植物增长和污染物降解增加的效果。因此,本次试验中玉米的生物量在 T2 处理得到明显增加,可能是适量的石油污染刺激土壤里的 PGPR,导致其数量增多,促进了玉米的生长。另外,在 T2 处理中石油降解率也是最高的,说明较高的生物量对于促进石油的降解也具有明显的作用。因此,生物量的增加在植物修复污染土壤中具有重要的意义。在植物修复污染土壤过程中,可通过采取有效的农艺措施如施肥保水等方式促进植物的增长,从而达到提高污染物降解率的目的。

2. 根系脱氢酶变化

植物根系是活跃的吸收器官和合成器官,根的生长情况和活力直接影响到地上部的生长、营养状况及产量水平。根系活力泛指根系的吸收能力、合成能力、氧化能力和还原能力等,是较客观地反映根系生命活动的生理指标。还原氯化三苯基四氮唑(TTC)能力是测定与呼吸有关的琥珀酸脱氢酶活性的指标,所以还原TTC 能力与呼吸作用的强弱有着较大的相关性。各土壤处理间的根系脱氢酶含量没有显著性的变化,说明玉米根系在本试验条件下的石油污染浓度范围内具有较好的适应性,污染没有引起根系能力如呼吸作用的改变,这一结果与植物根系的生物量相一致。

玉米根系具有较强的石油污染适应能力,在中低污染条件下没有发生较大的根系活力变化,是其可用于石油污染土壤修复的前提基础,因为强大的根系可有效刺激土壤微生物的数量和活性,有效提高微生物对石油污染物的降解效率,达到较快修复污染土壤的目的。Merkl 等(2005)认为,植物修复机理中,根系的作用居于中心地位,应关注根系在污染土壤中受到的影响。Linger 等(2005)的研究结果显示,重金属镉耐受植物大麻(*Cannabis sativa* L.)在叶和茎的镉含量为50~100mg/kg 时,根系活力受到明显影响。但本书研究中,在中低浓度的石油污染条件下,玉米根系的脱氢酶活性没有受到明显的抑制(图 4-7),将有助于玉米根系进行正常的生理活动,保证植物的水分和矿质营养吸收,维持地上部的正常生长,使石油污染土壤的修复取得较好的效果。由于根系与污染土壤直接接触,根系的结构、功能都应该得到充分了解,才能使植物在污染土壤的修复中取得效果。

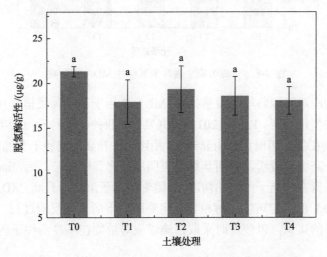

图 4-7　石油污染土壤对玉米根系脱氢酶活性的影响

3. 叶片丙二醛含量变化

植物组织在逆境中受到伤害,会伴随细胞内膜结构的破坏,如活性氧的过多产生可诱使膜脂中的不饱和脂肪酸发生过氧化,使蛋白质分子发生链式聚合,从而使细胞膜变性。MDA 为膜脂氧化的最终分解产物,它从膜上释放出来后,与蛋白质、核酸起反应对其进行修饰,还可使纤维素分子之间的桥键松弛,或抑制蛋白质的合成。因此,MDA 的积累程度可作为膜和细胞伤害的重要指标。对生长于石油污染土壤的植物叶片进行 MDA 含量的测定,有助于了解植物在污染胁迫下

叶片细胞膜受到的伤害。如图 4-8 所示，随着土壤石油烃浓度的不断增大，MDA
有逐渐升高的趋势，但只有在石油烃含量最高的处理 T4，MDA 含量才显著高于
空白，而在较低浓度下，MDA 含量与空白没有显著性的差异，说明在此污染浓度
下，玉米叶片细胞膜脂质受到较小的破坏，并没有影响到叶片的生理功能，这与
玉米生物量的结果保持一致。

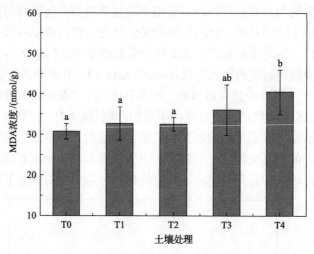

图 4-8   石油污染土壤对玉米叶片 MDA 的影响

作为植物应对环境胁迫的敏感指标，MDA 常用于不同种类植物对各类生物和
非生物胁迫的生化响应。Ke 等(2011)研究发现，四种红树对石油污染的生化响应
中，MDA 含量在叶子和根系都明显升高，并且这种升高是依赖于石油污染浓度的，
其中老鼠簕升高幅度较缓，说明其细胞膜脂质氧化程度最轻。而 Jiang 等(2013)
把两种竹子暴露在铜离子污染的情况下，随着铜离子浓度的升高，MDA 含量增加。
因此，对 MDA 的测定可以了解植物在污染胁迫下的生化反应过程，对植物的生
理活性有较好的认识，以便及时采取措施以应对植物在不良条件下的反应。

4. 叶片抗氧化酶活性变化

ROS 作为正常状态下信号调节分子和细胞活动副产物，在植物受到环境中的
生物或者非生物胁迫时，产生增多，而抗氧化酶则可以消除过量的 ROS 以避免细
胞受到伤害。因此，对抗氧化酶活性的测定可以了解到植物受到的胁迫及对胁迫
的协调能力。本书研究主要对生长于不同程度石油污染土壤的玉米叶片中的
SOD、CAT、POD 及 APX 进行测定，结果如图 4-9 所示。随着污染程度的增大，
抗氧化酶有增高的趋势，说明在玉米修复石油污染土壤过程中存在逆境胁迫引起
抗氧化酶的应激增加，石油污染程度越大，胁迫程度越高。值得注意的是，在
T2 处理中，各种酶的活性均较低，可能是由于玉米在这个处理中的生物量较高

（表 4-2），可缓解胁迫而产生较少的 ROS，导致抗氧化酶活性相对较低。随土壤石油浓度增大，4 种抗氧化酶活性没有呈现规律性地上升，可能是由于植物的抗氧化反应机制较为复杂（Hong et al.，2009）。

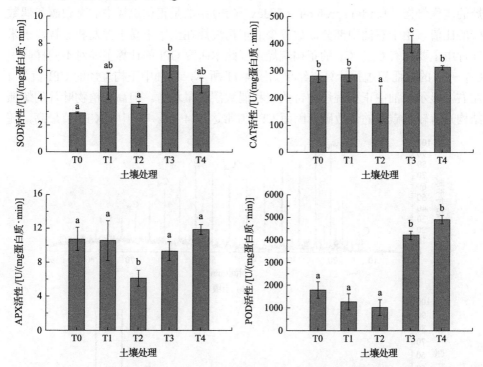

图 4-9　石油污染土壤对玉米叶片抗氧化酶活性的影响

抗氧化酶在清除植物因环境胁迫而产生的过多 ROS 过程中，SOD 首先将超氧阴离子自由基催化转变成 H_2O_2，接着通过 CAT 和 POD 的协同催化作用最终形成 H_2O，有效清除了过多形成的 ROS，而 APX 可将抗坏血酸盐氧化形成单脱氢抗坏血酸，具有缓冲 ROS 的作用（Luo et al.，2012；Ller et al.，2007）。逆境促进了这些抗氧化酶对 ROS 的作用，有效减少其过多形成对核酸、蛋白质、糖类和脂肪酸等生物大分子的破坏而引起的生理功能紊乱。植物抗氧化酶活性在污染环境下的变化得到较广泛的研究，是理解植物在逆境胁迫条件下产生反应的敏感指标，对理解植物的生理生化状态具有重要意义。

4.1.5　玉米叶片积累石油烃分析

1. 正构烷烃变化

石油中的各类化合物中，正构烷烃含量较多，是石油烃的主要成分。在利用玉米进行石油污染土壤修复过程中，这些正构烷烃是否会迁移进入植物地上部分，是一个令人感兴趣的问题。为此，本书研究对生长于石油污染土壤中的植物叶片的正构烷烃进行测定，通过比较发现，在污染土壤中生长的玉米叶片含有部分正构烷烃，与在无污染土壤中的差别较大，可能来源于石油成分(图 4-10)。正构烷烃的碳优势指数(carbon preference index，CPI)指的是正构烷烃中的奇数碳和偶数碳的比值。由于石油中部分碳数较少的正构烷烃在土壤中易于挥发和分解，玉米叶片中主要含有 C_{14}～C_{31} 的正构烷烃，因此本研究 CPI 的计算主要对不同样品中 C_{14}～C_{31} 的峰面积进行计算。结果如图 4-11 所示，原油中正构烷烃的 CPI 值为 1 左右，显示石油中正构烷烃的奇数碳和偶数碳含量均衡。但高等植物叶片的蜡质结构富含较长碳链的奇数碳，因而 CPI 值常达到 4～5。T0 中的 CPI 值最高，随

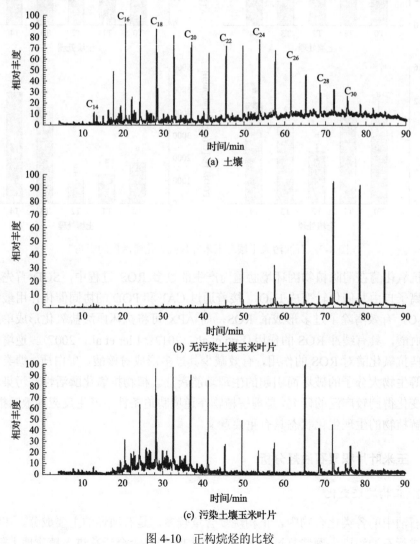

图 4-10　正构烷烃的比较

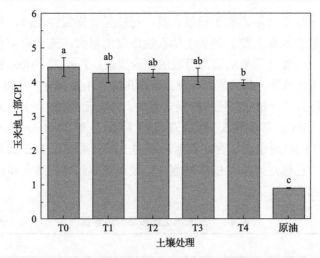

图 4-11　石油污染土壤对玉米叶片正构烷烃 CPI 的影响

着土壤石油浓度增大，CPI 值逐渐减小，T4 的 CPI 值甚至明显小于 T0 的 CPI 值，表明叶片正构烷烃中偶数碳含量逐渐增多。这些增多的偶数碳是否来源于土壤中石油组分的迁移需要更加充分的证据来证明，因为正构烷烃的疏水性及长链烷烃的难挥发性都使它们的向上迁移变得困难。

正构烷烃的 CPI 值可用于测定土壤中来源于植物叶片蜡质结构分解引起的正构烷烃变化，反映出对土壤微生物分解作用影响较大的地理地质和环境气候变化（Luo et al.，2012），或者应用于河流底泥中因石油污染和生物来源不同所引起的正构烷烃变化，反映出河流受到的石油污染情况（Kanzari et al.，2014）。另外，正构烷烃在不同植物间的分布差异还可以研究古气候学、古生态学和生化分类学（Bush and Mcinerney，2013），但用于了解植物体吸收污染物情况的较少。矿石燃料的大量使用带来对生物能源的巨大需求，玉米可用于能源生产的前景日益广阔，开展玉米的植物修复研究将有助于污染土壤修复和能源生产的双重结合。

2. 多环芳烃积累量

利用作物玉米进行石油污染土壤的修复，石油中的毒性物质多环芳烃在玉米中的积累备受关注，因为这涉及这些污染物是否会迁移进入食物链，威胁人类健康。本研究对玉米修复石油污染土壤后玉米积累多环芳烃的情况进行了测定，由于石油中主要含有小分子量的多环芳烃，因而主要对萘、苊、芴、菲、蒽、荧蒽和芘等多环芳烃进行测定，结果如表 4-3 和表 4-4 所示。在多种污染物中，玉米根和地上部积累的菲都明显高于其他污染物，含量为 2.30～4.92μg/g，其他污染在玉米中的积累浓度均较低，含量低于 1μg/g，这可能是由于石油中菲含量相对其他污染物较多。对玉米地上部和根部积累的污染物进行比较可知，地上部 2～3

环多环芳烃的平均值含量稍高于根部含量，可能是其挥发性较高，从土壤中挥发进入空气再扩散进入地上部。随着土壤石油浓度的增大，玉米根部积累的污染物没有明显增多，可能是玉米从根部吸收的途径受阻。Zuo 等(2006)将玉米根和地上部分别暴露于含有萘、苊、苊烯、芴、菲等几种多环芳烃的空气和水溶液中，结果表明叶片多环芳烃含量与空气浓度呈正相关，水溶液中的多环芳烃对叶片中的含量没有影响。Wild 等(2005)利用双光子激发显微术(two-photon excitation microscopy，TPEM)对生长于含蒽和菲溶液的玉米根系进行 56d 的观察，发现蒽和菲可从溶液中迁移进入根系皮质细胞，但没有观察到它们进一步纵向迁移超越根系进入茎叶部分。

表 4-3　玉米地上部多环芳烃含量　　　　　　　（单位：μg/g）

组别	萘	苊	芴	菲	蒽	荧蒽	芘
T0	0.93(0.13)	0.15(0.01)	0.28(0.02)	4.92(2.43)	0.08(0.04)	0.25(0.01)	0.31(0.07)
T1	0.65(0.09)	0.15(0.04)	0.25(0.06)	4.29(1.18)	0.08(0.04)	0.20(0.06)	0.26(0.07)
T2	0.61(0.10)	0.16(0.05)	0.24(0.06)	3.21(0.53)	0.06(0.01)	0.25(0.02)	0.14(0.02)
T3	0.76(0.26)	0.09(0.01)	0.26(0.02)	3.33(0.78)	0.05(0.01)	0.26(0.01)	0.17(0.09)
T4	0.41(0.30)	0.08(0.00)	0.18(0.03)	3.76(2.05)	0.08(0.04)	0.23(0.02)	0.23(0.10)
平均值	0.67	0.13	0.24	3.90	0.07	0.24	0.22

注：括号内数值为标准差。

表 4-4　玉米根部多环芳烃含量　　　　　　　（单位：μg/g）

组别	萘	苊	芴	菲	蒽	荧蒽	芘
T0	0.22(0.12)	0.10(0.07)	0.26(0.17)	3.21(1.84)	0.04(0.01)	0.28(0.14)	0.16(0.10)
T1	0.24(0.17)	0.11(0.04)	0.28(0.07)	3.70(2.62)	0.05(0.04)	0.36(0.06)	0.24(0.10)
T2	0.58(0.26)	0.12(0.03)	0.20(0.02)	2.30(0.35)	0.03(0.01)	0.30(0.03)	0.15(0.08)
T3	0.52(0.07)	0.04(0.04)	0.14(0.04)	2.41(0.46)	0.03(0.01)	0.37(0.07)	0.22(0.02)
T4	0.33(0.27)	0.11(0.08)	0.25(0.11)	4.14(1.14)	0.04(0.03)	0.29(0.03)	0.25(0.10)
平均值	0.38	0.10	0.23	3.15	0.04	0.32	0.20

注：括号内数值为标准差。

另外，通过比较可发现，无污染土壤中生长的玉米地上部积累的污染物较多，这可能是因为生长于无污染土壤中的玉米叶片大小、气孔长度和密度大于其他在污染土壤上生长的玉米。植物从空气中吸收污染物存在三个过程：通过扩散等，污染物在空气和叶片间达到平衡；有限气态沉积；干或湿颗粒物结合沉积(McLachlan，2011)。吸附在植物表面的污染物要进入植物体内需扩散通过表皮和气孔，气孔大小将成为限制性因素，特别是对于分子量较大的多环芳烃。污染物被植物根系吸收，通过蒸腾流转移到地上部的过程中，气孔对蒸腾速率的影响也很重要，因此，气孔在植物对多环芳烃等有机污染物的两个吸收途径中都可能产生明显影响。

作物对多环芳烃的积累得到学者关注，Kacálková 和 Tlustoš(2011)对玉米、向日葵等作物在污染土壤中生长的调查表明，这些作物总多环芳烃含量在 0.096～1.34mg/kg，菲在向日葵地上部积累量较多，而芘在玉米根部积累量较多。作物地上部对多环芳烃的吸收积累量较少，需要进一步研究的是这些积累污染物的风险评估。多环芳烃在食品加工过程中也会产生，特别是煎、炸、烤等经过高温处理的过程。可通过对这些食品加工过程多环芳烃产生量的考量，准确评价土壤修复过程中一些植物的多环芳烃积累量。

综上，为了解玉米超甜 38 对石油污染土壤的降解效果，根据玉米对石油污染土壤的适应情况，将玉米种植于 0mg/kg、973mg/kg、2147mg/kg、3047mg/kg、6373mg/kg 等系列较低石油污染浓度的土壤中，经过 60d 的盆栽修复试验，通过对土壤石油烃含量及组分变化、酶活变化，以及玉米抗氧化应对机制、积累石油烃情况的测定，研究取得以下认识。

(1)土壤石油烃变化。经过两个月的玉米修复，土壤总石油烃降解率达到52.21%～72.84%，明显高于无植物种植的 25.85%～34.22%；修复前后，石油组分中饱和烃含量从 60%降低到 36%，而芳烃、沥青质及极性物质含量增加，正构烷烃中碳链在 C_{13}～C_{22} 的更加容易降解，其中的奇数碳比偶数碳易降解；随石油污染浓度增大，C_{18}/植烷的值不断变小，直链烷烃正十八烷比支链烷烃植烷更容易发生降解。

(2)土壤酶活和酚类变化。利用玉米进行植物修复后，土壤中的脱氢酶和多酚氧化酶的活性随着石油污染程度的增大不断增强，这可能是土壤微生物对石油烃的降解导致的；而在土壤各处理间，由石油污染刺激玉米根系释放进入土壤水溶性酚类的含量没有发生明显变化。

(3)土壤修复后玉米生长发生的变化。在 2147mg/kg 的石油污染浓度下，玉米株高、茎粗和干重明显高于其他处理，说明低浓度对生长有刺激作用，而更高的污染浓度也没有对玉米的生长产生明显抑制。随着石油污染浓度增大，玉米叶片 MDA 含量不断增多，但抗氧化酶(包括 SOD、CAT、POD 和 APX)的增加较缓。

(4)玉米对石油烃的积累。玉米地上部正构烷烃的 CPI 值随土壤石油浓度的增大有变小趋势；玉米积累的多环芳烃中菲含量较高，含量在 2.30～4.92μg/g，萘、苊、芴、蒽、荧蒽和芘的含量均小于 1μg/g；地上部 2～3 环的多环芳烃含量稍高于根部，并且空白处理的含量高于污染土壤处理的含量，可能是因为这些污染物主要通过叶片从空气中吸收并受到气孔的影响。

4.2　玉米对石油烃菲芘的去除机制

作为一类持久性有机污染物(persistent organic pollutants，POPs)，多环芳烃具有致癌、致畸和致突变的作用而成为人们关注的对象。生物质及化石燃料的不完全燃烧使这类污染物形成并释放到环境中，随空气流动或污水排放由污染源逐步扩散。由于具有较强的疏水性，其通过大气干、湿沉降而在土壤中沉积。多环芳烃在环境迁移过程中，容易被植物吸收积累而进入食物链，威胁着人类健康。研究显示，食用含多环芳烃的污染谷物和蔬菜，成为人们吸收多环芳烃的主要来源(Desrois et al.，1999)。Nie等(2014)对太原市的24种日常食物多环芳烃的情况进行调查，发现食物中蔬菜、面粉和水果的多环芳烃含量较高，占总量的75.95%，多环芳烃的人均吸收每天达到60.75ng(苯并芘当量)。此外，植物的吸收与储存也是多环芳烃等POPs全球循环的潜在重要一环(Collins et al.，2006)。因此，对于植物吸收多环芳烃过程的研究显得十分重要，有助于了解特定植物对多环芳烃的吸收方式并采取相应措施对污染物的迁移进行控制，达到避开环境风险的目的。

植物吸收有机污染物多环芳烃存在几个重要的过程：①从空气中经过气态或颗粒物沉积，吸附到叶片表面，并从气孔或者表皮细胞渗透进入叶片组织进而转移到其他部位。在这个过程中，2～3环多环芳烃可以气态形式存在，4环多环芳烃可以气态和颗粒物结合的形式存在，而大于4环的多环芳烃只能以颗粒物结合形成存在。对于从叶片进入植物体内的多环芳烃能否迁移进入根系，还是一个悬而未决的问题。②从土壤溶液中经根系吸收进入根部，经木质部的蒸腾流向上迁移进入地上部分。在这个过程中，作为外源有机物的多环芳烃在根系的吸收是否存在主动运输，能否从根系迁移进入地上部，以及能否通过叶片挥发进入大气需要深入研究。③多环芳烃在土壤中以吸附态形式存在，被解吸进入土壤溶液和空气，与根系相互接触并被根系吸收。在这个过程中，土壤矿物组分、有机质成分以及根系之间对污染物的分配关系需要进一步阐明，以控制植物对有机污染物的吸收。另外，植物对有机污染物的吸收存在品种间的差异，需要对不同品种进行研究，才能正确获知植物与污染物之间的关系。

本节针对玉米在石油污染土壤修复过程中存在吸收有毒污染物多环芳烃的问题，通过在水溶液中培养的方法，设计不同方式让玉米接触污染物，了解玉米从根系和叶片吸收多环芳烃的情况，并对玉米吐水中污染物含量情况进行测定，试图理解玉米通过蒸腾作用对污染物多环芳烃的吸收情况，为玉米在石油烃污染土壤修复过程中避开可食部位吸收过多有毒物质提供理论基础。

4.2.1　研究方法与材料

1. 试验材料

菲和芘购自 Sigma 公司，其他试剂为实验室常用试剂。玉米超甜 38 种子购自广东省农业科学院作物研究所，玉米种子经消毒、温箱催芽后放入铺有纱布的塑料筐中，待叶子长出后置于光下生长，直到玉米苗长出 4 片叶子后用于试验。在培养玉米苗过程中，使用液体营养液为玉米提供营养，液体营养液各成分如下：NH_4NO_3 1650mg/L；KNO_3 1900mg/L；$CaCl_2 \cdot 2H_2O$ 2000mg/L；$MgSO_4 \cdot 7H_2O$ 1200mg/L；KH_2PO_4 170mg/L；H_3BO_3 6.2mg/L；$MnSO_4 \cdot 4H_2O$ 22.3mg/L；$ZnSO_4 \cdot 7H_2O$ 10.6mg/L；$CuSO_4 \cdot 5H_2O$ 0.025mg/L；$CoCl_2 \cdot 6H_2O$ 0.025mg/L；$EDTA-Na_2$ 37.3mg/L；$FeSO_4 \cdot 7H_2O$ 25mg/L。将各营养液成分配制成高浓度储备液，使用时进行稀释。

2. 水溶液中菲和芘对玉米蒸腾速率的影响

玉米苗的蒸腾速率采用重量法进行测定，取小烧杯装 20mL 蒸馏水后把玉米苗放入烧杯中，在分析天平上称量，室内保持温度和光线的稳定以减少环境因素对蒸腾速率的影响，通过烧杯在 1h 内的质量变化，计算玉米苗的蒸腾速率。在污染处理中，将含有菲和芘的正己烷 0.5mL 放入烧杯，待正己烷挥发近干后放入蒸馏水，配制成含 1mg/L 菲和芘的水溶液。以水溶液中含有污染物的玉米苗蒸腾速率相对于空白处理玉米苗蒸腾速率的百分数表示，了解玉米根系接触污染物后蒸腾速率受到的影响。

3. 玉米从水溶液与空气吸收菲和芘的比较

为了解玉米苗在根系接触多环芳烃和叶片通过空气接触多环芳烃后污染物的吸收情况，将玉米苗培养在烧杯中，烧杯中水溶液为 50mL，烧杯水溶液中加入菲和芘的甲醇储备液溶液(甲醇在水中的含量为 0.5%)，并使水溶液中菲和芘的含量为 1mg/L。将小烧杯放入大烧杯中，大烧杯上部使用保鲜膜进行密封，使从水溶液中挥发出来的污染物保留在空气中并与空白处理的玉米叶片进行充分接触，以了解玉米苗叶片从空气中吸收菲和芘的情况，同时在大烧杯中放置树脂以吸收空气中的多环芳烃，试验进行一周，试验设计装置示意图如图 4-12 所示。试验结束后将玉米苗用蒸馏水清洗干净并冷冻干燥，再进行菲和芘含量的测定，了解玉米苗各处理中污染物的吸收情况。

4. 玉米对水溶液不同菲芘含量的吸收

将玉米苗培养在含不同菲和芘含量的水溶液中(分别为 0mg/L、0.1mg/L 和

1mg/L），在清晨用微量进样器吸取玉米叶缘的吐水，装入含衬管的色谱瓶中，将色谱瓶盖拧紧置于冰箱中，连续收集几天使吐水量接近200μL后用于液相测定。玉米培养一周后对植物进行蒸馏水洗净、冷冻干燥后测定。

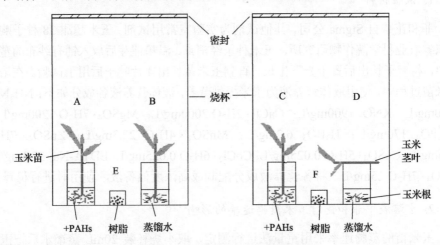

图4-12　玉米水培吸收菲和芘示意图

A和C是将玉米苗培养在浓度为1mg/L的菲和芘溶液中；B培养在蒸馏水中；D则是将玉米根系和地上部分开，将根系放在水中，而将地上部放在小烧杯上；E和F含树脂XAD-8，用于吸收空气中的菲和芘

5. 植物吐水中菲和芘含量的测定

植物吐水中菲和芘的测定采用高效液相色谱法(HPLC)。由于吐水中菲和芘含量较低，因而测定采用荧光检测器，菲和芘测定的发射波长和激发波长分别为244nm和360nm以及237nm和385nm。

6. 玉米中菲和芘含量的测定

植物组织中菲和芘的测定采用GC-MS测定。

7. 数据统计分析

数据分析参见4.1.1进行。

4.2.2 水溶液菲和芘污染对玉米苗叶片蒸腾速率的影响

蒸腾作用是植物体内的水分以气体状态通过植物体的表面(主要是叶片)从体内散失到体外的现象，既受植物本身的调节和控制，同时也受到外界环境因素的影响。由于污染物从根系吸收转移到地上部过程中，与木质部的蒸腾流存在密切关系，因而蒸腾作用也会影响到污染物的吸收。因此，本试验通过玉米幼苗与水溶液中菲和芘污染物的接触，了解玉米幼苗蒸腾速率受到的影响，为理解污染物在植物体内的迁移提供认识依据。试验结果显示(图 4-13)，玉米幼苗生长在含有菲和芘污染物的水溶液中，其蒸腾速率会减缓。这可能是污染物的存在对玉米幼苗产生了逆境胁迫，植物通过根系激素分泌的调节，产生的脱落酸增多，引起气孔关闭，导致蒸腾速率的降低；或者污染物对根系的结构产生破坏作用，导致其生理功能失调，影响到水分的吸收代谢。

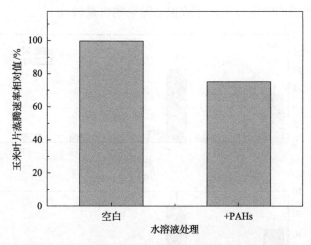

图 4-13　水溶液多环芳烃污染对玉米蒸腾速率的影响

Wittig 等(2003)的研究也显示，将黑杨(*Populus nigra* L.)暴露在多环芳烃污染沙土及水溶液中，其蒸腾作用均明显低于空白处理。由于多环芳烃被吸收进入根系后可随蒸腾作用进入地上部，根系暴露于多环芳烃环境将导致蒸腾作用减弱，从而减少对外来物质的吸收，这也是植物应对外来胁迫启动自身防御功能作用的结果。但由于多环芳烃具有较强的疏水性，随蒸腾流的迁移需要进一步研究。

4.2.3　玉米从空气与根系吸收菲和芘的比较

通过试验装置，使玉米根系和地上部分别接触有机污染物菲和芘，了解玉米不同器官对污染物的吸收情况，结果如图 4-14 所示。菲和芘的挥发性存在明显差异，因此放在烧杯中的树脂通过空气吸收到的菲和芘浓度分别为 2.4µg/g 和 0.38µg/g，菲通过挥发进入空气的浓度远大于芘。在 D 处理中，置于水中的根系没有检测到菲和芘，而与根系分开的从空气中吸收的地上部检测到菲和芘，但差异不明显，分别为 0.41µg/g 和 0.43µg/g。叶片的蜡质等疏水性物质对菲和芘具有一定的吸附作用，由于与根系分开的叶片气孔关闭，使菲和芘不能通过扩散作用进入叶片中，扩散平衡后叶片吸附的污染物就没有增加。但在 B 处理中，叶片中的菲和芘含量分别达到 1.4µg/g 和 2.4µg/g，远高于 D 处理叶片中的含量，说明在活体叶片中，除了吸附作用，叶片开放的气孔还可以使污染物从空气扩散进入叶片体内，并转移到根系，使 B 处理根系中测到的菲和芘含量分别为 0.54μg/g 和 0.56μg/g，明显小于叶片中的含量。对于根系与水溶液中污染物接触的 A 和 C 处理而言，叶片中的菲和芘含量比 B 处理更高，A 和 C 叶片中菲和芘的平均含量分别是 B 处理的 2.8 倍和 2.1 倍，说明叶片中的菲和芘有一部分从根系中转移而来。而 A 和 C 处理中玉米根系污染物的含量最高，这是因为根系置于水中，对疏水性的菲和芘具有较强的吸附作用，导致根系污染物含量较高。

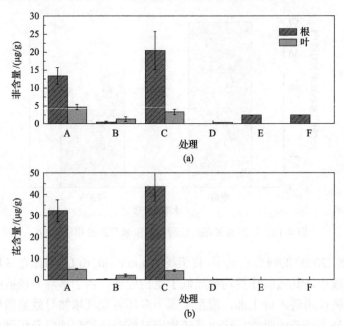

图 4-14　不同处理对玉米吸收菲(a)和芘(b)的影响

A 和 C 为培养在浓度为 1mg/L 的菲和芘溶液中的玉米苗；B 为培养在蒸馏水中的玉米苗；
D 则是将玉米根系和地上部分开，将根系放在水中，而将地上部放在小烧杯上；E 和 F 含树脂 XAD-8

Lin 等(2007)将玉米根部、表皮、叶片和茎分别暴露于含有多环芳烃的水溶液和空气中得到了相似的结论，认为多环芳烃可以分别从空气和土壤环境直接进入玉米中。而污染物一旦进入植物组织中，就可以进行从根系到叶片的迁移或者从叶片到根系的迁移，这取决于化学过程(Korte et al.，2000)。对于常见作物玉米来说，多环芳烃污染土壤对粮食生产存在严重威胁，了解玉米根系在土壤中吸收污染物并转移到地上部的过程尤为重要。只有深入了解这个过程，才能采取有效措施应对，使玉米可食部位籽粒中的含量减少，达到安全可食的目的。土壤中的污染物要进入植物，首先要从土壤中解吸进入溶液中，污染物在土壤溶液中的浓度与土壤组分特别是有机质成分存在密切关系。

溶液中的污染物进入根系存在两个过程：①溶液污染物扩散进入根系组织液达到平衡；②根系细胞膜或细胞壁脂类物质对污染物的吸附。除了被动的扩散作用，植物是否存在如吸收营养物质一样的主动吸收外源污染物的机制？如果仅依靠扩散作用，在达到饱和后，对于水溶性和疏水性均较强的有机污染物如多环芳烃很难在根系及地上部积累到较高的浓度。因此，对植物根系吸收有机污染物并向上迁移的机制需要更加深入地了解。

4.2.4　玉米对水溶液不同菲芘浓度的吸收

1. 吐水中菲和芘含量比较

植物吐水是由于气温、湿度的影响，蒸腾作用减弱，根系吸收的水分从植物叶缘的水孔溢出的现象，在夜间或者清晨尤其明显。由于吐水来自根系吸收的水分，在根系接触污染物的情况下，需要了解污染物在蒸腾流中的含量，但植物体内的蒸腾流难以采样并测定。因此，对吐水中的污染物含量进行测定，可了解生长在不同菲和芘浓度水溶液中的玉米根系吸收菲和芘的情况。试验结果如图 4-15所示，在空白处理中，生长在无污染水溶液中的玉米吐水中没有检测到菲和芘；而在 0.1mg/L 的水溶液处理中，玉米的吐水中检测到菲，但没有检测到芘；随着水溶液中污染物浓度提高到 1mg/L，吐水中菲的含量增加，并检测到芘的存在，芘含量达到225ng/mL。由于芘在水中的溶解度较低，只有 0.13mg/L，可能是吐水中含有增溶物质，提高了有机物在水中的溶解度，使有机物在植物体内易于迁移。

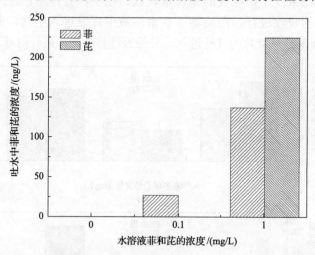

图 4-15　水溶液菲和芘浓度对玉米吐水中菲和芘浓度的影响

看似清亮透明的植物吐水，可能含有各种物质，如糖类、蛋白质、酶、脂类、氨基酸、激素、抗生素等物质，在提高植物抗病能力、忍耐毒性物质、增加光合速率和促进生产力等方面具有重要作用（Singh S and Singh T N，2013）。这些植物体内的代谢产物可能与外来的毒性物质如重金属和有机物等结合，转运到植物体各部分存储或者进行代谢，使外来物质在植物体内进行分配积累。最近，一些与元素如 Zn、Cd、Ni、B、As、Se 等结合的转运蛋白在植物分泌液中得到鉴定，这些物质不仅有助于测定这些元素，还可抑制或促进排出这些元素(Schmidt et al.，2009；Ghosh and Singh，2005)。例如，Sutton 等(2007)从植物分泌物中鉴定出大麦的耐受 B 毒性的基因 *Bot1*。但类似的关于有机污染物的研究较少。因此，利用植物吐水中检测到的污染物，可进一步了解污染物可能结合的物质，并在植物体内发生转运，有助于了解污染物在植物体内的迁移过程。植物吐水中含有的物质包括脂肪酸、单萜、香紫苏醇和挥发油等，这些物质在植物体液中的作用和意义目前还不清楚(Sparrow et al.，2007)。这些物质与疏水性有机物存在较强的互溶性，可能对植物体内有机物的转移具有重要作用。作为植物木质部和韧皮部汁液的植物吐水，主要的生理功能在于获取、保留和转移生命活动所必需的水、营养物质、激素、维生素、酶类、蛋白等，并与环境因素相互作用，对植物的生长、发育和生产有重要作用，与污染物的相互关系还需要进一步研究。

2. 玉米组织中菲和芘含量的比较

在含有不同浓度污染物的水溶液中，玉米吸收的菲和芘如图 4-16 所示。玉米吸收菲的结果表明，在空白处理和较高浓度菲的水溶液中，玉米吸收的菲含量较高，而在较低浓度下，吸收的菲含量较低。在空白处理中，玉米对菲的吸收主要通过叶片的吸收进行，污染物菲从水溶液中挥发进入空气，通过气态沉积(gaseous deposition)从叶片的气孔进入，并经过迁移从叶片进行向基运输(basipetal

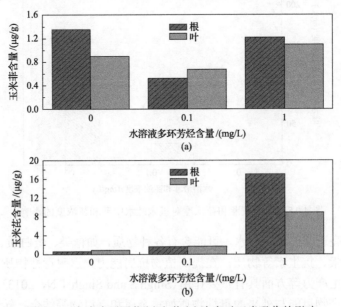

图 4-16　水溶液不同菲(a)和芘(b)浓度对玉米吸收的影响

translocation)，到达根系积累。在低浓度(0.1mg/L)，根系吸收积累的菲较少，迁移进入地上部的也较少，而且因污染物的作用，叶片气孔开放减弱使蒸腾作用受到影响，从叶片吸收的菲变少。在较高浓度，菲的根系吸收增多，并且可以从根系经向顶运输(acropetal translocation)而进入地上部，可积累较多。空白处理中，芘的含量很低，说明从空气通过叶片吸收积累的较少。在较低浓度，芘的积累进一步增多，而在较高浓度，由于超过了芘在水中的溶解度，没有溶解的芘会吸附到根系中，玉米根系芘的含量增大，并进一步通过向顶运输到达地上部，使地上部含量增多。

　　由此可知，菲倾向于通过叶片进行吸收，可向基运输进入根系，而芘则是主要通过根系的吸收并转移到地上部。两种污染物进入玉米方式的差异，可能是由理化性质差异引起的。Lin D 等(2006)认为，培养在含多环芳烃水溶液中的茶树，随多环芳烃的辛醇-水分配系数 K_{ow} 的增大，根系含量系数(根系含量与溶液含量的比值)呈指数增加。这是由于在水溶液中，根系对污染物的吸收仅取决于污染物的疏水性和根系的脂类物质。在土壤条件下，多环芳烃随着分子量增大，疏水性增强，在土壤中的吸附作用会更加强烈，解吸进入土壤溶液中的量将会变得更少，并且 $\lg K_{ow}$ 增大，从根系吸收进入玉米将会更加困难。

3. 水溶液中菲和芘含量与玉米积累量的相关分析

　　为了解玉米根系和叶片积累的菲和芘与培养水溶液中污染物含量之间的关系，对水溶液含量和玉米积累量进行了相关分析，结果如图 4-17 和图 4-18 所示。菲在玉米根系和叶片中积累与其在水溶液中的浓度相关性较差，R^2 仅分别为 0.37 和 0.03；但芘则不同，芘在玉米根系和叶片中积累与其在水溶液中的浓度相关性

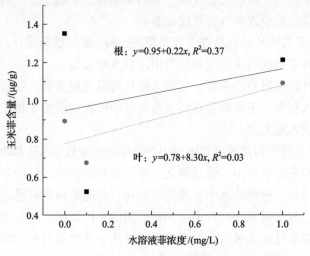

图 4-17　菲在玉米根和叶积累与溶液含量相关性分析

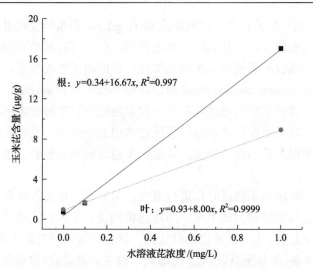

图 4-18 芘在玉米根和叶积累与溶液含量相关性分析

较好，R^2 分别为 0.997 和 0.9999，存在很高的正相关性。这说明芘主要通过根系吸收，而菲则不是。

综上，理解植物对有机污染物的吸收过程，关注污染物在植物体积累的环境风险性，对利用植物进行有机污染土壤的修复具有重要意义。通过设计试验装置，使玉米暴露在含有菲和芘的水和空气中，测定玉米根系和叶片的污染物含量，分析玉米对菲和芘的吸收途径，为进行玉米修复污染土壤的风险性提供依据。研究取得以下认识。

(1)水溶液菲和芘的污染对玉米幼苗蒸腾速率的影响。将玉米幼苗放到含有菲和芘的水溶液中，与空白相比，发现玉米幼苗蒸腾速率减小，说明根系接触污染物可造成水分吸收减少或者气孔开放减弱。

(2)玉米根系与叶片分别暴露于菲和芘的比较。通过试验设计，使玉米根系和叶片暴露于含有菲和芘的水溶液和空气中，研究结果显示，在密闭容器中，与根系分开的玉米叶片可吸附少量菲，而玉米叶片可通过根吸收菲和芘，污染物可向下并迁移进入根系；玉米根系在污染水溶液中吸收较多的菲和芘，并将污染物向顶运输使其进入地上部。

(3)玉米在不同菲和芘浓度水溶液中对污染物的吸收。将玉米幼苗培养在含有不同浓度的菲和芘水溶液中，通过测定玉米吐水和组织中污染物含量，并进行相关分析。结果显示，植物吐水中检测到菲和芘，说明菲和芘可通过蒸腾流从根系迁移到地上部；玉米根系和叶片中菲和芘的测定分析表明，菲主要被玉米叶片吸收，而芘则主要通过根系吸收，菲在根系和叶片中的含量与水溶液含量的相关分析中，R^2 仅为 0.37 和 0.03，而芘的分析中，R^2 达到 0.997 和 0.9999。

4.3　表面活性剂强化玉米修复菲芘污染土壤

多环芳烃广泛存在于空气、水、土壤等环境中，其来源分为自然产生和人为污染，如森林火灾、火山爆发、汽车尾气、居民薪材燃烧、石油的精炼和工业燃烧使用等都会产生多环芳烃，并且由于疏水性较强，其主要沉积在土壤中（Gan et al.，2009）。多环芳烃由于具有"三致"作用，威胁着人类健康而成为一类优先控制污染物。因此，需要开展研究工作去除土壤中的多环芳烃，减少其危害。

土壤淋洗、溶剂萃取等多种技术已运用到多环芳烃污染土壤的处理中，但这些快速处理的方法存在费用高、二次污染严重、淋洗液难以处理等缺点，使微生物修复和植物修复等环境友好型技术受到学者的青睐。植物和微生物的修复技术价格低廉，但往往耗时过长，效率较低。造成其效率较低的原因是多环芳烃吸附于土壤中，造成生物可利用性较低，限制了微生物的利用。因而，利用表面活性剂等化学物质结合生物修复技术有望使多环芳烃从土壤解吸并被微生物利用，提高其从土壤中去除的效率。表面活性剂是一类含有亲水性基团和疏水性基团的化合物，常用于土壤有机污染物的修复。由于表面活性剂的潜在毒性，在应用于土壤修复中取得效果的同时，需要了解其对土壤植物和微生物的影响。

植物修复是利用绿色植物对污染物进行原位去除的技术。目前，一些植物被应用于多环芳烃污染土壤的修复中，如黑麦草、白三叶、芹菜和玉米等（Liang et al.，2011；Xu et al.，2006）。但由于多环芳烃等有机污染物可通过根部吸收进入植物体内并转移到其他部位，可能富集于食物链顶端而对人类健康造成威胁。研究显示，人群的多环芳烃暴露风险主要来自生产于污染土壤的食物（Cocco et al.，2007）。例如，Gao 和 Zhu（2004）的研究结果表明，种植在菲芘污染土壤的 12 种蔬菜，根部和地上部积累的多环芳烃随着污染土壤浓度的增大而增加，污染物从根部进入地上部是地上部积累多环芳烃的主要方式。研究还显示，低浓度非离子型表面活性剂吐温 80 可促进红花苜蓿（*Trifolium pretense* L.）从水中吸收菲和芘，而在高浓度下则抑制吸收（Gao and Zhu，2004）。而 Lu 和 Zhu（2009）认为，阳离子表面活性剂可抑制蔬菜从土壤中吸收多环芳烃。生物修复过程中是否可能提高多环芳烃的生物可利用性而没有提高其环境风险性？这是 Ortega-Calvo 等（2013）提出的问题。表面活性剂对植物吸收污染物的影响需要进一步研究。

因此，本节使用不同来源表面活性剂结合玉米种植对菲和芘污染土壤进行修复，了解表面活性剂对土壤微生物和植物的影响、对菲和芘从土壤中去除的效果及对玉米积累菲和芘的影响，为表面活性剂的合理使用提供依据。

4.3.1　研究方法与材料

1. 试验材料

菲、芘和曲拉通 100 购自 Sigma 公司，鼠李糖脂和皂素购自湖州紫金生物科技有限公司。玉米种子购自广东省农业科学院作物研究所。除用于高效液相色谱仪的甲醇为色谱纯外，其他试剂为分析纯。

土壤采自广州大学城废弃菜地，经风干过筛备用。配制污染土壤时，取总用土量的 10%加入用丙酮溶解的菲和芘溶液，在通风厨充分混匀，待丙酮挥发后，将污染土壤与其他土壤混合，老化一周后将污染土壤作为试验用土。

2. 表面活性剂对土壤菲和芘的解吸及土壤微生物的影响

使用蒸馏水将表面活性剂配制成 100mg/L、1000mg/L 和 10000mg/L 3 个不同浓度的溶液。取 2.00g 污染土壤置于玻璃离心管中，加入 20mL 表面活性剂溶液，以水和甲醇作为试验空白，每个处理 3 个平行。虽然表面活性剂对污染土壤的淋洗试验常常在摇床中进行以获得更快的解吸平衡，但为了模拟表面活性剂在种植有植物情况下的作用方式，本试验在常温下静置，3d 后待解吸平衡进行取样测定。取样时，先将离心管进行离心，再利用注射器和有机系微孔滤膜(0.22μm)将溶液取出放入色谱瓶待测。微生物数量的测定则是在试验进行两周后进行，使土壤微生物与表面活性剂充分相互作用。

3. 表面活性剂对土壤菲和芘的去除及玉米生长的影响

将 2kg 污染土壤置于花盆中，花盆底托淋上水，待水通过上行渗透作用使花盆里的污染土壤全部淋湿，在土里放入三颗发芽良好的玉米种子。玉米种植时进行土壤取样，对菲和芘含量进行测定。试验设置 3 个表面活性剂的处理，并用蒸馏水进行空白处理，每个处理 3 个平行，试验设计如表 4-5 所示。半个月后，玉米苗长出，每盆留一株生长比较一致的玉米苗继续生长，并将花盆置于实验室楼顶，保证充足阳光。每半个月将 1%的表面活性剂淋到花盆底托中，对玉米株高

表 4-5　试验设计表

组别	土壤菲含量/(mg/kg)	土壤芘含量/(mg/kg)	植物品种	表面活性剂	表面活性剂来源
I	4.10	37.38	玉米超甜 38	曲拉通 100	化学合成
II	4.10	37.38	玉米超甜 38	鼠李糖脂	微生物发酵
III	4.10	37.38	玉米超甜 38	皂素	植物萃取
IV	4.10	37.38	玉米超甜 38	蒸馏水	—

注：—表示未添加。

进行测定，添加表面活性剂前用取样器取土样，冷冻干燥后放–18℃冰箱待测。试验从 2013 年 3 月 25 日到 2013 年 6 月 25 日，共进行三个月，直到玉米籽粒成熟才对玉米进行收割测定。

4. 玉米生物量及微生物量测定

玉米在生长过程中每半个月使用卷尺测定其高度，了解其生长过程的变化。生物量的测定则在修复结束后进行，将玉米根和地上部分开，把根系从土里小心刨出，与地上部一起用自来水洗净，在烘箱中置于 50℃下烘干再进行称量。

从土壤中进入表面活性剂溶液中的微生物数量采用平板计数法进行测定。在进行表面活性剂对土壤菲和芘解吸试验的同时，了解表面活性剂对土壤中微生物的影响，从表面活性剂溶液中取出 1mL 加入离心管，再加入 9mL 灭菌蒸馏水进行稀释，得到 10^{-2} 稀释液；从稀释液中取出 0.5mL，加 4.5mL 蒸馏水稀释，配制得到一系列稀释溶液。将 10^{-7} 倍、10^{-9} 倍稀释液进行平板涂抹，将平板置于培养箱中，3d 后使用菌落计数器进行菌落计数，计算土壤中的微生物数量。

5. 土壤和溶液中菲和芘的测定

土壤和溶液中的菲和芘采用高效液相色谱法测定。进行土壤菲和芘的含量测定时，称取土壤样品 2.000g 置于带盖玻璃离心管中，加入二氯甲烷萃取液 20mL，然后将其放在超声水浴振荡器中连续振荡 1h 后离心，在振荡过程中加冰以保持超声水浴箱中的温度不超过 40℃，离心后取 2mL 萃取液过硅胶柱，用正己烷和二氯甲烷(体积比为 1∶1)进行洗脱，洗脱液转移到鸡心瓶中，经过旋转蒸发仪挥发近干，加入 2mL 甲醇定容后用玻璃滴管转移到色谱瓶待测。使用高效液相色谱仪(美国，Agilent 1200 系列)进行测定，使用 DAD 检测器，流动相为甲醇和水，检测波长菲 254nm、芘 237nm。土壤中菲和芘的回收率分别为 76%和 88%($n=4$，n 为平行实验次数)。

溶液中的菲和芘取样后进行测定。菲和芘在土壤中的解吸率依照式(4-2)计算：

$$解吸率 = \frac{C_s}{C_m} \times 100\%$$

(4-2)

式中，C_s 为污染物在表面活性剂溶液中的浓度；C_m 为在甲醇中的浓度。

6. 玉米样品中菲和芘的测定

玉米样品中菲和芘的测定采用 GC-MS 进行。

7. 玉米器官中脂质的测定

玉米组织中脂质的测定采用丙酮萃取重量法进行(Tao et al.，2006)。

8. 数据统计分析

数据分析参见 4.1.1 进行。

4.3.2　表面活性剂对玉米生物量的影响

污染土壤修复过程中应用了多种表面活性剂,表面活性剂可来源于化学合成、微生物分泌及植物组织的萃取,这些表面活性剂的使用有效提高了污染土壤的修复效率。但由于表面活性剂的毒性,在使用时增加了人们对环境风险的忧虑。因此,在土壤修复使用时应该考虑表面活性剂对土壤中生物的影响。

在利用玉米修复多环芳烃污染土壤的过程中,表面活性剂对玉米生长的影响结果如图 4-19 所示。玉米在三个月的生长周期中,前两个月为营养生长,在前一个月生长缓慢,但在营养生长的后半个月进入拔节期,玉米高度迅速增加,之后进入抽穗期,进而在一个月内完成籽粒的成熟,因此生长周期的最后一个月吸收合成的营养物质主要集中到果穗的生长上,此时的生物量积累甚至高于前期的营养生长积累。在土壤中添加 1% 的表面活性剂与空白相比,玉米生长并没有明显差别。在玉米高度上,添加鼠李糖脂的处理稍高于其他处理。在生物量的比较中,添加鼠李糖脂的处理高于空白 38%,而添加曲拉通 100 的处理则小于空白 12%,添加皂素的与空白几乎一致。显然,在多环芳烃污染土壤玉米修复过程中,几种

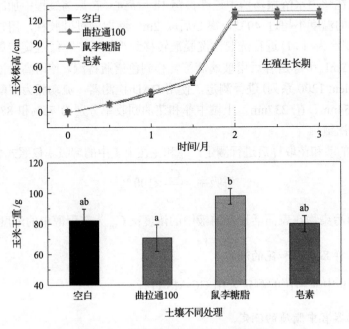

图 4-19　表面活性剂对玉米生长的影响

表面活性剂的使用浓度对玉米的生长有着不同的影响。微生物发酵产生的鼠李糖脂添加到土壤后，对玉米生长有着较好的促进作用，而人工合成的表面活性剂曲拉通 100 则对玉米生长有适当的抑制作用，说明生物表面活性剂鼠李糖脂具有较好的土壤适用性。

鼠李糖脂由各类微生物经过发酵产生，包括假单胞菌、伯克氏菌等，被广泛应用于有机物和重金属污染土壤的生物修复之中。鼠李糖脂对玉米在修复污染土壤过程中的促进作用可能来源于鼠李糖脂在土壤中的分解过程，促进土壤中植物生长和微生物的繁殖，有利于玉米生长，或者在土壤中创造良好的水肥气热条件，有助于玉米吸收利用土壤中的营养成分。Xiao 等(2012)的研究认为，根系接种产表面活性剂的微生物有助于植物生物量的提高。而曲拉通 100 对玉米生长的抑制作用，与 Gregorio 等(2006)的研究认为曲拉通 100 具有生物毒性的结果一致。这可能是曲拉通 100 对植物根系细胞膜具有直接的毒害作用，破坏根系细胞膜结构或者由于曲拉通 100 对吸附土壤的菲和芘具有较好的解吸作用，解吸出来的污染物对根系造成毒害作用。尽管植物来源的皂素没有表现出更好的对玉米生长的促进作用，但由于其来源于植物提取，利用太阳能驱动光合作用形成，更为节能环保和环境友好，因而植物来源的生物表面活性剂在污染土壤中的应用更值得深入研究。

表面活性剂不仅广泛应用于药物、化妆品、石油和食品等工业，近年来还应用到农业中来，为促进作物的生长做出贡献。特别是生物表面活性剂，来源于可持续产品、低毒甚至无毒并且可生物降解、展现良好的表面活性、具有高度特异性、在极端条件下拥有良好的效果，与合成表面活性剂相比更易于通过再生产而进行重新利用(Xu et al., 2006)。生物表面活性剂通过提高污染土壤的修复效果而提高土壤质量、通过抗植物病菌促进植物生长、促进根际微生物和植物的相互作用及作为农药添加剂等方式应用于农业生产(Sachdev and Cameotra, 2013)。

4.3.3　表面活性剂对土壤微生物量的影响

土壤微生物包括土壤中的细菌、真菌和放线菌等，它们在土壤中进行氧化、硝化、氨化和固氮等过程，对土壤有机物进行分解和养分的转化，在物质循环过程中起着很重要的生态作用。表面活性剂在污染土壤中的大量使用对土壤微生物的影响值得关注。利用不同浓度表面活性剂进行解吸土壤污染物的同时，应了解其对土壤微生物数量的影响。如图 4-20 所示，各表面活性剂在不同浓度时微生物的数量都明显高于空白土壤，而且随着污染浓度增大有不断增多的趋势。这可能是由于表面活性剂对土壤微生物而言，毒性较低，即使在浓度为 10000mg/L 时也没有破坏细菌的细胞结构，导致其死亡。这也可能是随着表面活性剂浓度的增大，对土壤中有机物的解吸增强，释放到溶液中的有机物有助于微生物的繁殖，使微生物数量增多。

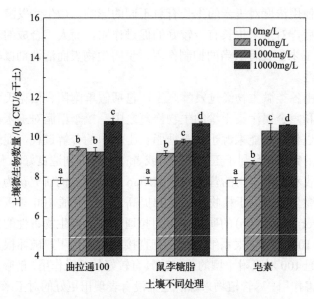

图 4-20　表面活性剂对土壤微生物的影响

　　表面活性剂在土壤修复过程中的使用对土壤微生物的影响也得到其他研究者的重视。Lladó 等（2013）在木溜油污染土壤的修复试验中，非离子表面活性剂聚氧乙烯月桂醚（Brij 30）的添加会抑制高分子量多环芳烃降解菌的活性。由于本节研究仅仅采用了平板计数的传统方法了解微生物的数量变化，对于微生物群落结构的了解还需要通过现代分子生物学的方法如磷脂脂肪酸（phospholipid fatty acid，PLFA）技术来进行研究，以期更好效果。充分了解土壤中微生物群落在表面活性剂影响下发生的变化，有助于利用微生物的作用将污染物从土壤中去除。

4.3.4　表面活性剂对土壤中菲和芘的解吸作用

　　植物对多环芳烃污染土壤的修复往往受限于多环芳烃的疏水性及其在土壤中的吸附，使其生物可利用性降低。为了解不同浓度表面活性剂对土壤多环芳烃的解吸效果，试验设置了三个不同浓度的表面活性剂。结果如图 4-21 所示，在100mg/L 和 1000mg/L 的浓度时，三种表面活性剂表现出的解吸率不明显；在达到10000mg/L 时，三种表面活性剂对土壤菲和芘的解吸均有明显的效果。对菲和芘的解吸率，曲拉通 100 为 65% 和 89%，鼠李糖脂为 10% 和 9%，皂素为 29% 和 28%，这可以明显说明曲拉通 100 对解吸土壤中菲和芘的效果明显好于鼠李糖脂和皂素。因此，在植物修复结合表面活性剂的使用试验中，较高的表面活性剂浓度才能显示出较好的效果，这是由于植物固定于土壤中，施用表面活性剂时无法像土壤淋洗试验一样对土壤进行扰动。

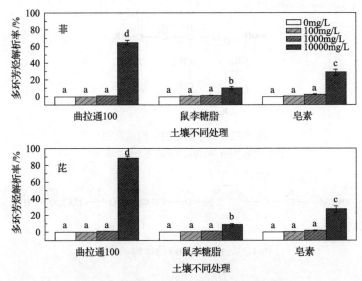

图 4-21　表面活性剂对土壤菲芘解吸的影响

　　溶解在水中的表面活性剂分子，当浓度高于临界胶束浓度后就会发生聚集，可将疏水性的有机物质包围在疏水性基团部分，提高了疏水性有机污染物的水溶性，有利于使结合在土壤固相的污染物发生解吸而释放到溶液中。在土壤中，存在于液相状态下的污染物比吸附在固相上的更容易被微生物所利用及被植物根系所接触发生吸收、降解等作用。试验所用的表面活性剂曲拉通 100、鼠李糖脂和皂素的临界胶束浓度分别为 125mg/L、54mg/L 和 120mg/L（Zhou et al.，2013；Lima et al.，2011；Mata-Sandoval et al.，2001），在本次土壤污染物解吸试验中，产生明显效果的浓度值为 10000mg/L，远远高于它们的临界胶束浓度，可能一部分表面活性剂也被土壤所吸附造成实际浓度偏低。Laha 等（2009）认为，在土壤存在的情况下，表面活性剂形成胶束分子需要更大的剂量，因为表面活性剂具有两性的特性，一部分表面活性剂可分配到土壤表面，这可以从土壤-水相中表面活性剂的临界胶束浓度高于纯水中的得到证实。因此，使用表面活性剂在污染土壤中进行应用，应该考虑表面活性剂在土壤中的分配。但土壤固相往往会比水相更复杂，这是由于土壤颗粒本身成分的复杂性，不仅含有矿物颗粒，还含有不同的有机质，这些物质对污染物、表面活性剂作用的不同，往往造成土壤中污染物被表面活性剂解吸的复杂性。

　　通过比较试验使用的三种表面活性剂结构（图 4-22～图 4-24），可以看到曲拉通 100 存在苯环结构，这可能是其对菲和芘解吸效果更好的原因，而鼠李糖脂和皂素存在环状结构，可能也是对多环芳烃具有从土壤中解吸出来的能力的原因。但由于曲拉通 100 来源于化学合成，在土壤中毒性稍强，因此可以通过结构分析的方式，去筛选具有更好污染物解吸能力并且环境友好的表面活性剂进行使用。

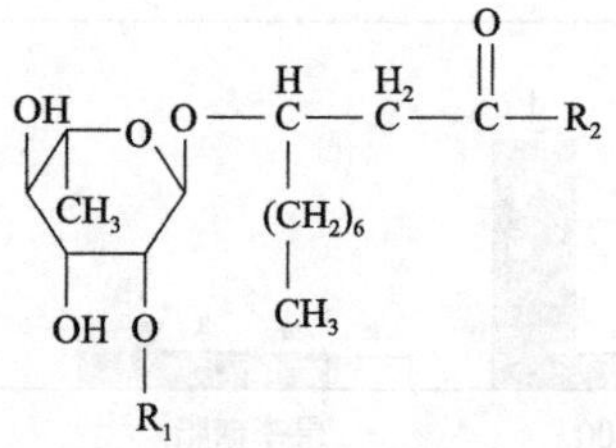

图 4-22 鼠李糖脂的结构示意图

R_1 为鼠李糖；R_2 为饱和或者不饱和脂肪酸

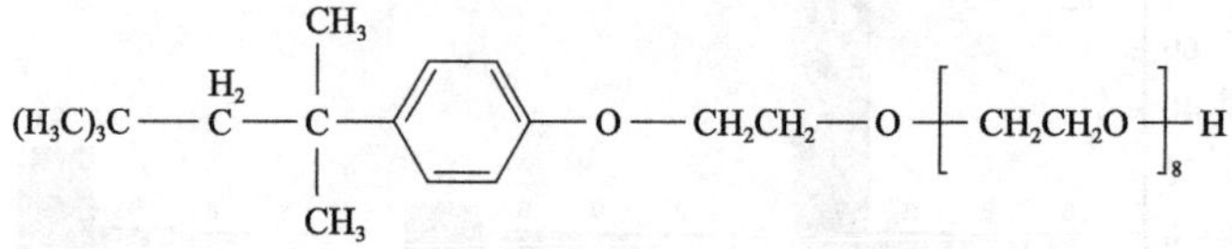

图 4-23 曲拉通 100 的结构示意图

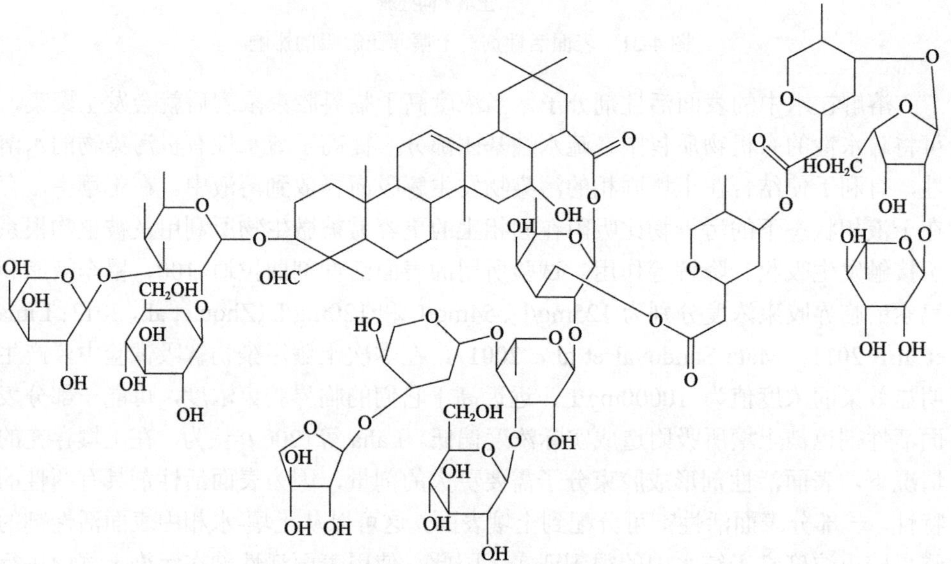

图 4-24 皂素的结构示意图

4.3.5 表面活性剂对植物修复土壤菲和芘的影响

利用玉米进行菲和芘污染土壤修复的过程中，表面活性剂对土壤污染物去除的影响结果如图 4-25 所示，可知随着修复时间的进行，土壤中菲和芘的残留率不断减少，菲和芘在植物修复的三个月中，前期含量下降较快，后期则相对缓慢。表面活性剂(特别是曲拉通 100)明显促进土壤中污染物在前期的去除，这一结果与表面活性剂对污染土壤中菲和芘的解吸能力试验中得到的结果是一致的，说明表面活性剂的添加可提高土壤污染物的解吸使其进入土壤溶液，因而加速在土壤中的去除。而到修复的三个月时，各处理土壤中菲和芘的含量几乎一致，分别大约为 0.2mg/kg 和 0.4mg/kg。从菲和芘的去除过程比较也可以看出，菲在前半个月的去除效果明显优于芘的去除效果。在试验前半个月玉米还处于幼苗阶段，根系的生长并不发达，还不具备有效促进污染物降解的能力。这说明污染物的挥发和微生物降解是这个时期土壤污染物去除的主要方式，因为菲的挥发性较强于芘，并且菲更易于被微生物降解。

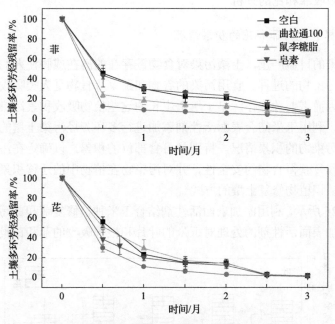

图 4-25　表面活性剂对土壤菲和芘去除的影响

　　土壤中菲和芘的去除主要通过三种方式进行：非生物作用（如挥发和渗漏等）、被土壤微生物降解、植物的吸收。在本试验中，加入的表面活性剂添加到花盆底托里，减少了污染物随土壤溶液流失的可能性。另外，植物在土壤有机物的去除中贡献较小，能充分利用并起主要作用的是土壤微生物的降解。表面活性剂的添加通过降低土壤-水界面张力和胶束溶解度，有助于将污染物从土壤吸附态解吸到溶液中，增加微生物与污染物接触并发挥降解作用的机会，从而使污染物从土壤中去除。因此，表面活性剂强化修复多环芳烃污染土壤得到较为广泛的研究。

　　在本试验中，从污染物在土壤中的减少状况进行分析，对不同程度的土壤污染，应该采取不同的策略。当土壤污染程度较高（大于 10mg/kg）时，采用添加表面活性剂的方式并保持土壤湿度，在提高污染物生物可利用性的同时，刺激土壤微生物降解污染物，可在较短时间内去除土壤污染物；当污染物浓度较低（大约 1mg/kg）时，采取种植玉米等作物的方式，在作物生长周期内，就可以将土壤污染物降低到较低的水平，不仅费用低廉，并且可以充分利用土地资源。由于多环芳烃来源广泛，在空气中以气态或颗粒物结合的方式迁移，受各种因素的影响较多，发生沉积到土壤中的情况与气候状况联系密切，导致在土壤中的污染存在差别。因此，在进行污染土壤的修复前，土壤污染状况需要经过细致调查，了解污染物的赋存状态，应针对土壤的不同类型采取不同的修复措施以便修复效果得到保证。

4.3.6　玉米吸收菲和芘的分析

1. 玉米根和叶对菲和芘的积累情况

随着污染的日益严重，土壤污染对食物链存在的潜在威胁使人们更加关注植物吸收有机污染物的过程。食用污染的谷物和蔬菜等食物是人类吸收多环芳烃的主要方式，因而需要关注在污染土壤上生长的这些植物吸收积累污染物的情况。在本研究中，利用玉米结合表面活性剂添加进行多环芳烃污染土壤的修复，应当了解玉米对污染物的积累情况，特别是可食部位的积累，以确定在污染土壤中种植玉米进行修复获得食物的安全性，并对污染物在植物中的迁移积累进行分析，有助于客观认识植物修复土壤的方式。

如图 4-26 所示，利用添加表面活性剂结合玉米种植修复菲和芘污染的土壤三个月后，添加表面活性剂的处理对玉米的叶片和根部吸收的菲和芘没有明显的影

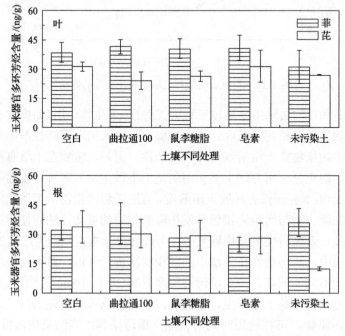

图 4-26　表面活性剂对玉米吸收菲和芘的影响

响，表面活性剂将污染物从土壤中解吸出来更多的作用是有利于土壤微生物的降解。菲和芘在玉米根部和叶片中的含量较低，分别为 24.8~41.7ng/g 和 12.5~33.9ng/g，说明利用玉米进行多环芳烃污染土壤的修复具有可行性，可运用于实践修复中。较低的污染物积累浓度可消除人们对利用作物玉米修复污染土壤所带来的隐忧。值得注意的是，在空白土壤处理中，根的菲和芘含量几乎相等，而在叶中，菲的含量明显高于芘的含量，说明菲和芘两种污染物在玉米植株中的吸收与积累存在差异。Wang 等(2012)对华南电子垃圾污染地区的调查显示，土壤中菲和芘的平均含量分别为 1.21mg/kg 和 0.54mg/kg，蔬菜积累的菲和芘分别为 50.4ng/g 和 64.1ng/g，由此看出，在本试验中玉米吸收积累的多环芳烃明显少于蔬菜的积累。

在本书研究中，表面活性剂的使用对玉米吸收菲和芘没有产生明显的影响，试验结果有别于前人研究。Liu 等(2013)研究结果显示，烷基葡萄糖苷(alkyl polyglucoside, APG)在较低浓度时(≤30mg/L)可促进植物吸收菲，而在较高浓度时则抑制污染物吸收。对于多环芳烃进入植物的方式，一般认为可通过根部吸收向上迁移到达地上部，或者从空气经气态沉积，或者与颗粒物结合沉积从叶片进入植物地上部，能否从地上部向下迁移进入根部还没有充分认识。Lin 等(2007)认为，多环芳烃都可以从玉米的根部或者叶片进入植物体内。从本试验结果看，表面活性剂可以从土壤中有效解吸污染物，但玉米根系对污染物的吸收并没有受表面活性剂处理的影响，并且地上部菲的含量也比较一致，表明生长于污染土壤上的玉米，对多环芳烃的吸收更倾向于地上部的吸收。这样的结果对于使用玉米修复污染土壤而言是利好的，既可以充分利用植物根系的促进降解作用，还可以减少食物安全风险。

另外，空白污染土壤中菲和芘的平均含量在地上部(66.8ng/g)高于根部(58.2ng/g)，似乎也表明玉米主要通过地上部吸收菲和芘。但由于空白土壤中也含有少量的菲和芘(约 10ng/g)，因此不能完全排除空白土壤中玉米积累的污染物只来源于空气从地上部迁移进入，需要在更严格的条件下开展试验进行验证。在空白土壤中生长的玉米根部的菲和芘两种污染物含量几乎一致，但在叶部存在明显差异，似乎说明菲更易于从地上部迁移进入根部。例如，Desalme 等(2011)对红花草和黑麦草的研究显示，菲大部分从叶片迁移进入植物组织内，根系中积累的菲来源于叶片吸收后的菲经韧皮部向下转移。另外，菲也可来源于生物自身合成，如 Krauss 等(2005)对巴西热带雨林多环芳烃含量的调查结果发现，菲在植物 *Vismia cayennensis* 的树皮和细枝中的含量明显高于其他植物，可能是这种植物产生菲引起的。因此，本试验中，玉米体内部分菲可能也来源于体内的自行合成，通过稳定同位素技术或许可以将这两种来源的污染物区分开来，以明确一些污染物的自然来源，对正确评价污染物的污染现状具有重要意义。另外，有机污染物在植物体内的转化代谢也可能影响到其含量的测定，Desalme 等(2013)认为，转移到植物地上部的菲60%以自由态存在，而40%以结合态存在。因此，对污染物进入植物的方式及其迁移转化过程的理解有助于我们采取更好的措施保护人类免受污染物的威胁。

2. 菲和芘积累与玉米脂质含量的相关性

根据相似相溶原理，疏水性有机污染物吸收进入植物体内之后，在植物体内的分配和积累常与植物器官的脂类物质含量密切相关。例如，Tao 等(2006)对水稻(*Oryza sativa*)在不同生育期积累的多环芳烃研究表明，在水稻成熟期器官中多环芳烃的含量与其脂质含量存在明显的正相关性。为了探究生长在污染土壤中的玉米积累菲和芘时是否与器官中的脂质含量存在密切相关性，在修复结束后，将玉米分为根、茎、叶、花和果几个主要的部分，通过测定其菲和芘及脂质的含量，了解污染物积累和脂质含量的相关性。结果如图 4-27 所示，玉米籽粒中脂质含量大约是其他器官的 4 倍，但菲和芘的含量是最低的，分别是 21ng/g 和 0.9ng/g，明显低于其他器官，显然菲和芘的含量与脂质含量不存在正相关关系，说明籽粒中的脂质含量对吸收的多环芳烃的积累没有影响。籽粒中菲和芘的含量与其他一些食品相比，并没有明显的差异。Falcó 等(2003)对西班牙食品进行多环芳烃含量的调查结果显示，菲和芘在食品中含量较丰富，含量分别为 16.7ng/g 和 10.7ng/g。在食品制作过程中，熏、烤、烘、炸等高温作用也会产生多环芳烃，人们在食用后都会在无意中吸收多环芳烃。例如，Farhadian 等(2010)对烤肉中的荧蒽、苯并

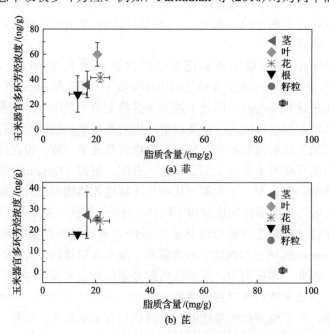

图 4-27　玉米器官菲和芘含量与其脂质含量的相关分析

荧蒽和苯并芘进行测定，发现经过木炭、燃气和烤炉烤过的肉中，多环芳烃含量差异明显，含量在 3.51～132ng/g，沙爹牛肉中总多环芳烃含量最高，而含量最少的是炉烤鸡肉。

　　玉米籽粒吸收的污染物较少，可能存在多种原因。从玉米生长发育过程来看，玉米籽粒的形成在生育后期，此时土壤中的污染物经过前期营养生长的作用已经大部分被去除，含量较低，可能迁移进入玉米的污染物较少，因而玉米籽粒吸收较少。另外还可以从植物吸收多环芳烃的方式和玉米棒的生理结构特点进行分析（图 4-28），玉米籽粒从玉米芯上长出，外包玉米苞叶，当污染物从根系被吸收，会随着蒸腾流历经茎并来到苞叶；当污染物从空气沉降到玉米棒，苞叶也对籽粒起着保护作物，污染物并没有直接接触到玉米籽粒，因而使籽粒含量较低。了解污染物在植物体内的迁移过程，将可采取相应措施，免除可食部位受到污染，防止污染物在食物链中的转移，将有助于保护人类的健康。

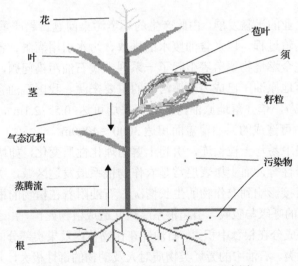

图 4-28　玉米与污染物相互作用示意图

　　综上，笔者团队可通过添加表面活性剂，结合玉米种植来修复菲和芘污染土壤，经过 3 个月的修复试验及使用不同浓度表面活性剂对污染土壤进行解吸试验，从表面活性剂对土壤微生物影响、玉米生长影响、土壤污染物去除、玉米积累污染物的角度，分析利用种植玉米结合表面活性剂使用修复多环芳烃污染土壤的可行性，研究取得如下认识。

　　（1）表面活性剂对玉米和土壤微生物的影响。将 3 种 1%浓度的表面活性剂曲拉通 100、鼠李糖脂和皂素添加到土壤中，与空白相比，曲拉通 100 抑制玉米的生长，生物量降低 12%，而鼠李糖脂促进玉米生长，生物量增加 38%，皂素添加对玉米生物量没有影响。表面活性剂溶液可促进土壤微生物的增加，随表面活性剂浓度增大，土壤微生物数量明显增加。

(2)表面活性剂对土壤菲和芘的解吸及去除影响。使用 3 种表面活性剂浓度为 100mg/L、1000mg/L、10000mg/L 对污染土壤的菲和芘进行解吸，结果显示，当浓度达到 10000mg/L 时，污染物解吸率才明显增大，3 种表面活性剂的解吸能力顺序为曲拉通 100＞皂素＞鼠李糖脂。表面活性剂添加有利于土壤菲和芘的去除，曲拉通 100 添加的去除效果较为明显。

(3)表面活性剂对玉米积累菲和芘的影响。3 种表面活性剂在土壤中的添加没有对玉米根系和叶片积累的菲和芘产生明显影响。玉米器官积累的菲和芘与其脂质含量没有正相关关系，而且玉米籽粒积累的多环芳烃含量较低，玉米结合表面活性剂的使用对多环芳烃污染土壤的修复具有可行性。

4.4　表面活性剂强化玉米修复石油污染土壤

随着石油工业的迅猛发展，由此产生的环境污染问题日趋严重。石油的开采、冶炼、使用和运输过程，以及含油废水的排放、污水引用灌溉、各种石油制品的挥发沉降、不完全燃烧物飘落等引起了一系列土壤石油污染问题，特别是石油开采过程产生的落地原油，已成为土壤污染的重要来源。我国石油企业每年产生落地原油约 $7×10^6$t，单井落地原油污染面积平均可达 $0.5～2.1m^2$，落地泥浆大约 $20m^2$，一次井喷可造成的原油覆盖面积达 $3000～4000m^2$。

石油在土壤中易与土粒粘连，引起土壤的理化性质变化，如堵塞土壤孔隙，影响土壤的通透性等，而土壤表层常是农作物根系最发达区域，所以石油对土壤的污染程度可直接影响到农作物的生长情况。石油附着在植物的根系表面，形成枯膜，阻碍根系的呼吸与吸收，引起根系腐烂并造成植物死亡。由于土壤的污染会导致石油的某些成分在粮食中积累，石油烃在作物体内及果实部分的主要残留毒害成分是多环芳烃类。石油中的芳烃类物质对人及动物的毒性极大，尤其是双环和三环为代表的多环芳烃毒性更大，多环芳烃类物质可通过呼吸、皮肤接触、饮食摄入等方式进入人和动物体内，影响其肝、肾等器官的正常功能，甚至引起癌变。

目前石油污染土壤的主要修复方法有生物修复法等，但在生物修复中存在的关键问题是修复效率太低，一块土地要得到彻底修复往往需要较长的时间。导致修复效率低的一个很重要因素就是污染物的生物可利用性问题，即污染物从土壤的吸附状态转移到微生物细胞内发生降解的效率。研究表明，疏水性有机污染物从土壤表面到细胞内部的传递速率是生物降解的主要限制步骤(Mihelcic，1993)，而表面活性剂增加了疏水性有机污染物在水相中的溶解度进而增加了污染物的传递速率，对提高土壤修复效率、降低修复费用等具有重要意义。许多表面活性剂已经被应用到石油污染土壤的修复之中，如 Whang 等(2008)使用生物表面活性剂鼠李糖脂和脂肽刺激土著微生物修复柴油污染土壤，柴油降解速率得到明显提高。Urum 等(2006)用鼠李糖脂、皂素和十二烷基硫酸钠(SDS)对原油污染土壤进行去污，去除效果 SDS 优于鼠李糖脂和皂素，SDS 去除饱和烃的效果较好，而皂素对芳烃的去除效率更高。

表面活性剂在石油污染土壤修复的应用中一般作为淋洗剂或者结合微生物进行修复，与植物修复结合的较少，因此本节拟将表面活性剂结合玉米种植对石油污染土壤进行修复，了解表面活性剂对玉米、土壤微生物的影响及对土壤石油烃的去除作用。

4.4.1 研究方法与材料

1. 试验材料

表面活性剂鼠李糖脂和大豆卵磷脂购自湖州紫金生物科技有限公司，吐温 80购自成都市科龙化工试剂厂。玉米品种超甜 38 购自广东省农业科学院作物研究所。其他试验材料为实验室常用材料。土壤取自广州大学城废弃菜地，经风干、过筛后备用。

2. 试验设计

称取原油加入土壤中，配制得到含 0.5%的石油污染土壤，放置于花盆中，每盆装土 5kg，将水淋至花盆托，使土壤完全湿润，放置半个月后在土壤中放 3 颗发芽良好的玉米种子，待长出三片叶子后保留生长一致的一株苗继续生长。每半月对土壤施加一次 1%的表面活性剂溶液，空白处理施加蒸馏水，每个处理三个平行，试验设计如表 4-6 所示。试验从 2011 年 10 月 16 日开始，将花盆放置于温室中，持续进行三个月，试验结束后收割玉米，进行各项指标参数的测定。

表 4-6 试验设计表

组别	土壤石油含量/%	植物品种	表面活性剂	表面活性剂来源
I	0.5	玉米超甜 38	吐温 80	化学合成
II	0.5	玉米超甜 38	鼠李糖脂	微生物发酵
III	0.5	玉米超甜 38	大豆卵磷脂	植物萃取
IV	0.5	玉米超甜 38	蒸馏水	—

注：—表示未添加。

3. 玉米叶片叶绿素荧光测定

为了解玉米在土壤受不同表面活性剂处理后叶片受到的影响，使用脉冲调制式荧光仪(Junior-PAM，德国 Walz 公司)对叶片进行测定。待玉米生长到喇叭口期，选择玉米相同位置的叶片进行 3 次重复测定，将叶片进行暗适应后测定初始荧光产量(F_0)和最大荧光产量(F_m)，通过式(4-3)计算得到光系统Ⅱ(PSⅡ)的最大光化学效率(F_v/F_m)，原位了解玉米叶片叶绿素荧光受石油污染及表面活性剂处理的影响。

$$\frac{F_v}{F_m} = \frac{F_m - F_0}{F_m} \tag{4-3}$$

4. 玉米生物量和微生物数量的测定

盆栽试验结束，将玉米根部和地上部分开，小心刨出玉米根系，连同地上部一起洗净，置于烘箱中在 50℃下烘干，取出后称量得到玉米生物量。

土壤微生物数量的测定采用平板计数法进行。称取 5.0g 土壤放到锥形瓶中，加入 50mL 灭菌蒸馏水，放到摇床中摇动 30min，取出静置 5min 后，移取悬液 1mL 到离心管中，再加入 9mL 灭菌蒸馏水稀释，得到 10^{-2} 稀释液。依次进行稀释，得到系列稀释液。取 0.1mL 稀释度为 $10^{-4}\sim10^{-6}$ 的溶液进行平板涂抹，对于微生物数量较大的处理，取 10^{-7} 和 10^{-8} 进一步测定。将平板置于培养箱，3d 后进行平板菌落计数。同时进行土壤水分计算，得到土壤微生物数量，以 CFU/g 干土表示。

5. 土壤石油烃的测定

土壤石油烃的测定采用重量法进行。

6. 玉米多环芳烃含量的测定

玉米多环芳烃含量的测定采用重量法进行。

7. 数据统计分析

试验数据采用 Microsoft Excel 2007 处理，相关分析及多重比较使用软件 SPSS 17.0 进行处理。数据一般表示为平均值±标准差。图表中数据标注有不同字母则说明经单因素方差分析 Duncan 检验后各处理之间存在显著性差异($P<0.05$)。

4.4.2 表面活性剂对玉米的影响

1. 对玉米叶片光合效率的影响

叶绿素荧光技术是分析逆境下植物光合作用损伤机理的主要手段之一。在荧光分析中，最常用的基本荧光参数是 F_0、F_m 和 F_v/F_m。这里 F_0 为初始荧光，是 PSⅡ 反应中心全部开放时的荧光水平；F_m 为最大荧光，是 PSⅡ 反应中心全部关闭时的荧光水平；F_v 为最大荧光和初始荧光之差($F_v = F_m - F_0$)，称为可变荧光；可变荧光和最大荧光之比 F_v/F_m 称为 PSⅡ 的最大光化学效率。在非逆境条件下，多种植物的这一效率值在 0.85 左右,但在逆境条件下,这一效率值明显降低(Demmig and Bjrkman,1987)。因此，本书研究对生长于石油污染土壤后经表面活性剂处理的玉米进行叶片叶绿素荧光参数的测定，了解玉米在不同处理下光合作用是否受到损伤，结果如图 4-29 所示。

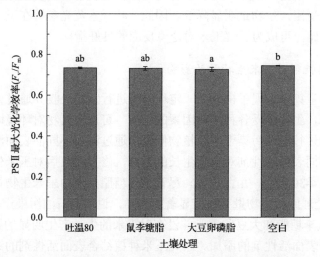

图 4-29　表面活性剂对玉米叶片叶绿素荧光的影响

　　叶绿素荧光参数在不同处理间发生了变化，与空白相比，土壤经表面活性剂处理后玉米叶片的 F_v/F_m 降低，特别是在添加大豆卵磷脂的处理中，还发生了明显的下降($P<0.05$)，说明表面活性剂的添加可影响到玉米叶片的光合作用，表面活性剂对玉米产生了一定的环境胁迫。但由于降低幅度较小，没有对光合产物的形成产生明显的影响，这可在生物量的形成中得到验证(图 4-30)。由于在非逆境

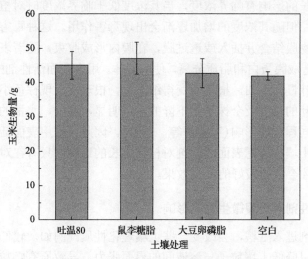

图 4-30　表面活性剂对玉米生物量的影响

条件下，植物的 PS II 的最大光化学效率值可达到 0.85 左右，但本试验几个处理的结果，F_v/F_m 都小于 0.8，说明在石油污染土壤中生长的玉米，光合作用受石油污染的影响发生了部分损伤，这可能是由于石油污染土壤影响到叶绿素的合成，使玉米叶片叶绿素含量减少，叶绿素含量的减少将会导致植物光合能力的下降，有机物质合成受阻，生物量明显降低。因此，叶绿素荧光参数在玉米受不同因素影响下较为敏感，可成为了解玉米对逆境反应的良好指标。

2. 表面活性剂对玉米生物量的影响

植物生物量集中表现了植物在一定环境下进行物质吸收并通过光合作用产生新物质的结果，生物量受各种环境因素的影响，可反映植物对环境因子的适应情况。利用玉米进行石油污染土壤的植物修复，通过添加不同的表面活性剂进行处理，为了解不同表面活性剂对玉米生长的影响，修复结束后对玉米生物量进行测定，结果如图 4-30 所示。由此可知，尽管鼠李糖脂处理中玉米生物量高于空白处理，但 4 个处理间的生物量并没有显著的差异，说明在石油污染土壤中添加 1% 的吐温 80、鼠李糖脂和大豆卵磷脂并没有对玉米的生长产生明显的影响，玉米可以适应这三种表面活性剂的添加。因此玉米种植结合表面活性剂的添加对污染土壤进行修复是可行的。

表面活性剂是一类加入很少量就能使表面张力降低的有机化合物，具有分散、润湿、渗透、增溶、乳化、起泡、润滑、杀菌等诸多性能，可广泛应用于各个领域。大量使用的表面活性剂不可避免地排入了水体、土壤等环境，随之而来的环境污染问题也越来越严重，表面活性剂在环境中的大量存在会影响整个生态环境。随着污水排放进入土壤的表面活性剂，会对土壤中生长的植物产生影响。表面活性剂对植物生长的影响有临界浓度，当其浓度低于临界浓度时对植物的生长有一定的促进作用，但随其浓度的增加逐渐会出现毒害作用。这种毒害主要由于表面活性剂能与生物膜结合并插入或透过膜，在膜内形成胶束，随着表面活性剂浓度的增加，就会造成膜蛋白和脂质分离，使膜解体。用含表面活性剂的水灌溉农田，会使农作物的叶慢慢卷曲，根逐渐变得细而短，根表皮出现棕色小斑点的老化现象，根、茎、叶的长度及全株干重下降的趋势明显，小麦、水稻的分蘖数、产量等都受到了不同程度的影响(王宝辉等，2007)。因此，应用表面活性剂结合植物种植修复污染土壤应考虑表面活性剂对植物生长的影响，只有在对植物生长影响较小的情况下才会取得较好的修复效果。

4.4.3　表面活性剂对土壤微生物的影响

表面活性剂进入土壤，会改变一些土壤理化性质。例如，较低浓度表面活性剂的存在就可以降低土壤粒子与溶液间的界面张力，导致原有颗粒更易湿润，降低土壤团聚体的稳定性。土壤理化性质的改变进一步会对土壤微生物产生影响。土壤中的微生物是驱动物质循环的重要力量，在应用表面活性剂对污染土壤进行修复时，土壤微生物受到的影响对污染物的降解起着非常重要的作用，因此有必要了解土壤微生物受表面活性剂的影响。经玉米种植和添加表面活性剂的土壤，在经过 3 个月的修复后，土壤的微生物数量变化情况如图 4-31 所示。

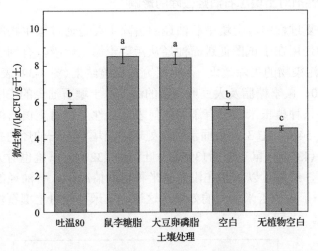

图 4-31　表面活性剂对土壤微生物数量的影响

　　添加表面活性剂的处理中，鼠李糖脂和大豆卵磷脂处理的土壤中微生物数量显著高于空白土壤，说明这两种生物表面活性剂添加到土壤中可以促进土壤微生物数量的增多。吐温 80 处理的微生物数量与空白土壤没有显著差异，化学表面活性剂吐温 80 的添加没有影响到土壤微生物数量的变化。显然，生物表面活性剂在环境友好上明显高于化学表面活性剂。表面活性剂对微生物的影响也得到其他学者的关注，Lima 等(2011)的研究结果认为，经过细菌的急性毒性测试，来自细菌产生的生物表面活性剂比化学合成表面活性剂 SDS 对生物荧光细菌 *Vibrio fischeri* 具有明显较低的毒性。研究还对无玉米生长的石油污染土壤进行了考察，有玉米生长的处理土壤微生物数量都明显高于无植物污染土壤，植物对土壤微生物数量的促进作用显而易见，这也是种植植物能有效修复有机污染土壤的重要机制。植物通过根系分泌物提供特定的碳源和能源可促进根际微生物的生长和繁殖，显著提高根际微生物的数量和活性，一般比非根际土壤高 5～20 倍，甚至高达 100 倍，充分利用植物对土壤微生物的促进作用是植物修复取得成功的关键。

　　表面活性剂在土壤修复中的应用，存在几个需要平衡的因素：①利用其亲水亲脂的两面性将污染物从土壤吸附状态解吸到溶液中，有助于提高污染物的生物可利用性，表面活性剂浓度越大，解吸效果越好，但对生物的毒害作用也越大；②生物表面活性剂的使用可增加环境友好性，但微生物可能会优先降解表面活性剂而使其对污染物的降解效果降低。因此，在表面活性剂的使用上，对种类选择、浓度范围、效果评价、环境影响等因素进行综合考虑，才能得到理想的修复效果。另外，表面活性剂在污染土壤中的使用，在考虑修复效果的同时，土壤中微生物群落功能也应该得到关注，因为土壤中的微生物对生态系统物质循环起着重要作用。

4.4.4　表面活性剂对土壤总石油烃去除的影响

在植物修复过程中，土壤中石油烃的去除主要是通过微生物的降解进行，表面活性剂的使用在于试图促进石油烃从污染土壤上解吸，有利于土壤微生物的利用，提高污染物的去除效果。本书研究的试验结果(图 4-32)表明，3 种表面活性剂吐温 80、鼠李糖脂及大豆卵磷脂的添加对土壤石油烃的去除效果均小于空白处理，即只种植玉米而没有添加任何表面活性剂，对土壤石油烃的去除效果最好，达到 54%。在 3 种表面活性剂处理的土壤中，石油烃的去除效果依次为大豆卵磷脂(43%)＞鼠李糖脂(39%)＞吐温 80(32%)。试验也对无植物处理土壤进行了测定，结果可以看到在没有玉米种植的情况下，石油烃的去除率仅有约 13%，远小于种植玉米处理的效果，这说明玉米种植对土壤石油烃的去除有着显著的效果。

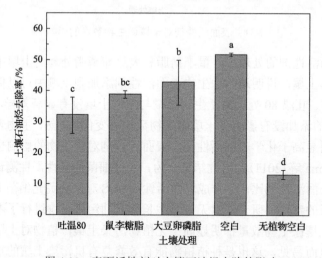

图 4-32　表面活性剂对土壤石油烃去除的影响

表面活性剂在石油污染土壤中的应用越来越广泛，特别是在污染土壤的淋洗修复过程中的使用。Lai 等(2009)使用 0.2%的鼠李糖脂和吐温 80 对 3000mg/kg 石油污染土壤进行洗脱，石油烃去除率分别达到 23%和 6%，在 9000mg/kg 的污染浓度中，去除率分别达到 62%和 40%，显示出对石油较好的洗脱效果。鼠李糖脂由于其来源于微生物发酵，具有较好的土壤有机污染物解吸效果和环境友好性而受到研究人员的广泛使用。大豆卵磷脂也被 Occulti 等(2008)应用到 PCB 污染土壤的洗脱之中，因其具有较低的生态毒性而受到推崇。

　　本章试验所使用的 3 种表面活性剂吐温 80、鼠李糖脂和大豆卵磷脂分别代表着不同的来源，即化学合成、微生物发酵和植物组织提取。各自的结构之间也存在较大差异，其分子结构式如图 4-22、图 4-33 和图 4-34 所示。由此可知，3 种表面活性剂都存在较强的极性基团和非极性基团，但这些基团对石油不同组分的作用需要进一步深入研究。

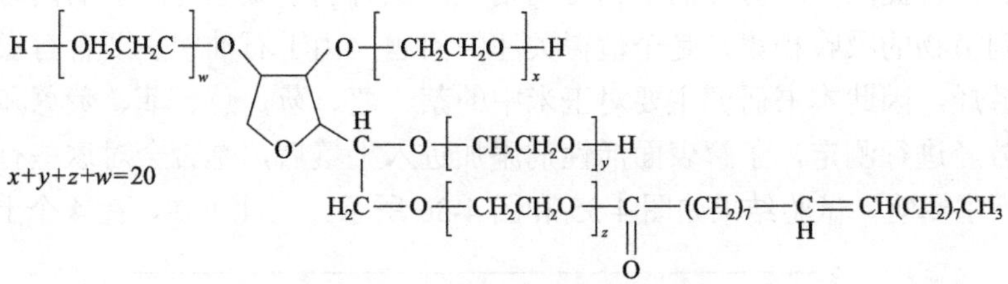

图 4-33　吐温 80 结构示意图

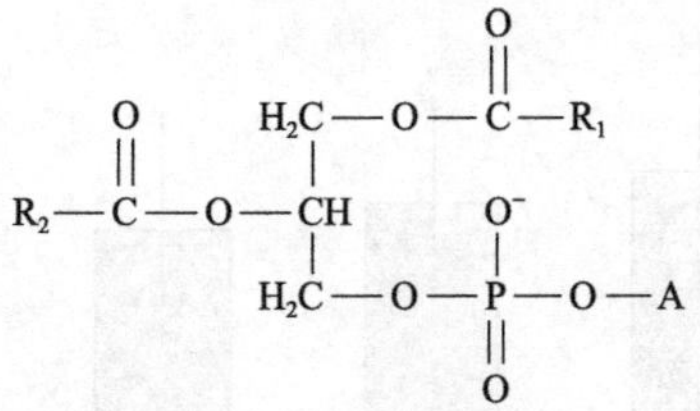

图 4-34　大豆卵磷脂结构示意图

R_1 为饱和脂肪酸；R_2 为不饱和脂肪酸；A 为胆碱等基团

　　3 种表面活性剂的添加没有达到促进植物修复石油污染土壤的目的，可能存在几个因素：①石油性质的影响。石油具有较强的黏滞性，进入土壤后可强烈吸附在土壤颗粒上，并且石油中大部分的饱和烃极难溶于水，添加到土壤中的表面活性剂难以将这些不溶的成分解吸出来，生物可利用性降低。②表面活性剂的性质。表面活性剂易于浸润、起泡，进入土壤后可能会堵塞土壤孔隙，造成土壤气体交换不顺畅，容易引起土壤缺乏氧气，抑制了微生物对污染物的降解，尽管厌氧状态下石油烃也可以被降解，但速度缓慢，生态意义不明显。③可降解的生物表面活性剂进入土壤后，被土壤微生物优先降解利用，降解表面活性剂的微生物种类在土壤中变成优势菌群，抑制了石油烃降解菌的生长繁殖，造成石油烃降解缓慢。④表面活性剂进入土壤后，可能会对降解石油烃的细菌产生毒害作用，抑制了降解菌的生长繁殖，导致石油烃降解率的降低。因此，在石油污染土壤中进行植物修复时，以表面活性剂的应用来提高石油烃的降解效率还需要进一步深入研究，了解限制性因素并采取相应措施，在实地修复中可切实提高土壤修复的效率，使植物修复成为更实用的技术。

4.4.5 玉米器官积累多环芳烃分析

1. 表面活性剂对玉米积累多环芳烃影响

石油中含有部分多环芳烃，这些污染物具有一定的溶解性，可通过植物根系吸收并转移到植物地上部，进而进入食物链，威胁人类健康。表面活性剂添加进入土壤后，可提高多环芳烃的生物可利用性，在有利于微生物降解的同时，是否会影响到植物的吸收积累，是个值得关注的问题。由于石油中主要含有低分子量的多环芳烃，因此本书研究主要对玉米中的萘、苊、芴、蒽、菲、荧蒽和芘这几种多环芳烃进行测定，了解表面活性剂添加进入土壤后，是否会对这些有毒物质的吸附产生影响。试验结果如图 4-35 和图 4-36 所示。由此可知，在 4 个土壤处理

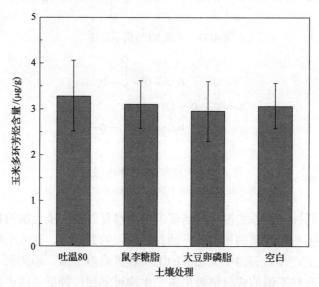

图 4-35　表面活性剂对玉米积累多环芳烃的影响

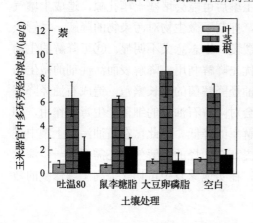

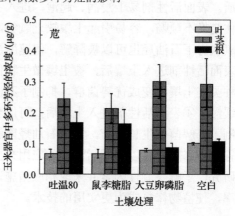

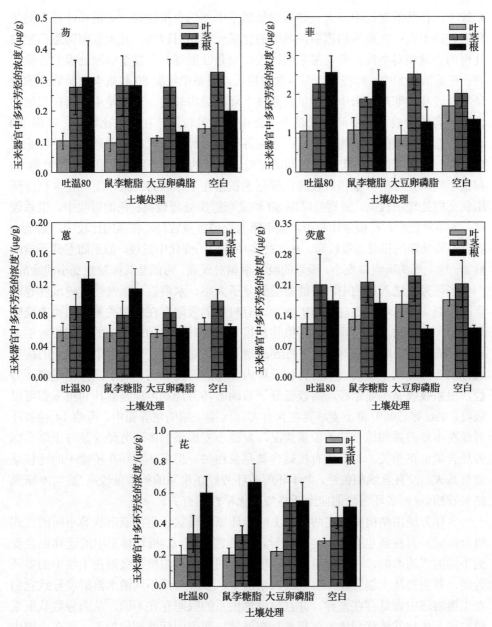

图 4-36　玉米各器官积累多环芳烃的分析

中多环芳烃总含量没有显著性的差异，说明使用表面活性剂处理石油污染土壤，玉米中积累的多环芳烃并没有受到明显的影响。

　　将玉米分为根、茎、叶进行各污染物的比较，可以看出结果会发生一些变化，但没有表现出明显的规律(图 4-36)。在萘的吸收积累中，茎含量较高，而叶和根系较少，在茎的对比中，大豆卵磷脂处理茎中萘的含量较高，而根和叶在不同处理间差距不大；在苊的积累中，茎中的含量一样相对较高，且大豆卵磷脂和空白处理的含量相对要高，而在根系的比较中则是吐温 80 和鼠李糖脂处理的含量较高；在芴的积累中，叶较少，而茎含量接近，根系中吐温 80 和鼠李糖脂处理的含量相对较高；菲在玉米中的含量在几种多环芳烃中较高，可能是由于其在石油中含量较高的缘故，其中叶含量较少，而根茎含量较高，在根系比较中，吐温 80 和鼠李糖脂处理的含量相对要高；蒽在各多环芳烃中玉米积累量最小，可能是其含量在石油中较低，各土壤处理间的比较，茎叶的较为一致，而根系中，吐温 80 和鼠李糖脂处理的含量相对较高；荧蒽的积累在茎中较为一致，而叶在大豆卵磷脂和空白处理中较高，根则是吐温 80 和鼠李糖脂处理较高；芘的吸收中，根系较高，而茎叶较少，在根系比较中，鼠李糖脂处理含量较高，在茎的比较中，则是大豆卵磷脂处理的相对含量较高。从几种多环芳烃的变化中发现，似乎随着分子量的增加，地上部的吸收量变小，根系的吸收量相对较高，可能是其挥发性变小的缘故。

多环芳烃进入植物中，可能会受到分子大小、水溶性、挥发性、疏水性等因素的限制，在土壤中还与土壤矿物质、有机质的吸附存在密切关系，因而表现较为复杂。在植物修复过程中，污染物从根系吸收并转移到地上部的方式相对于从地上部的直接吸收更值得关注。Fismes 等(2002)对生长在工业污染土壤上的蔬菜进行多环芳烃从土壤到根系的转移及体内分配的研究表明，对于高分子量多环芳烃，根系吸收是主要途径，而较低分子量的多环芳烃则可能是叶片和根系都可以吸收。Tao 等(2009)将小麦培养在含有实际污染土壤的培养箱中，考察 14 种多环芳烃在小麦根系和地上部的积累情况，发现小麦根系的多环芳烃含量与土壤多环芳烃含量呈正相关，与土壤有机碳含量呈负相关，但多环芳烃在植物中的迁移系数与其 K_{ow} 没有直线相关性，含 4 环的多环芳烃在根系的积累量较高(这与本研究结果较相似)，多环芳烃的向上迁移与其化学性质有关。

多环芳烃由结构中存在两个以上的苯环以直链状、角状或串状等不同的方式组合而成，其性质也存在一定的差异，因而在土壤-水-植物体系中的迁移也会受到不同因素的影响，在植物组织中表现出不同的积累浓度。吸附在土壤中的多环芳烃，首先要从土壤颗粒上解吸进入溶液中，多环芳烃不同的水溶解度导致它们在土壤溶液中含量存在差异，并且与植物根系的吸附存在不同，从而导致从根系吸收进入植物并转移到地上部积累存在差异。而表面活性剂的加入，使在土壤中的吸附作用及在土壤中形成胶束提高有机污染物的溶解度都变得复杂起来，对植物根系的功能影响可能也存在不同，因此表面活性剂的加入对多环芳烃的植物吸收没有表现出明显的不同。由于多环芳烃也可以通过叶片直接吸收，使有机污染物从根系向地上部的迁移积累变得更加复杂，目前还没有得到统一的认识。研究表面活性剂在植物修复中的作用，应当把污染物在土壤-水-植物多相体系中的变化进行仔细分解，弄清其中涉及的每一个环节，才能对试验的结果有较为清晰的认识。

2. 玉米纵向积累多环芳烃的特点

多环芳烃在植物地上部的积累与进入食物链存在密切关系，其积累规律备受关注，因此本试验将玉米茎节和各叶片及根和须根等依次分开，对在玉米中积累量较高的 3 种多环芳烃萘、菲和芘进行测定，了解 3 种多环芳烃在玉米不同部位间的分配规律。试验结果如表 4-7 所示，在垂直方向上，污染物在玉米不同部位没有表现出特别的规律。Tao 等(2006)对多环芳烃在水稻垂直方向上的根、茎、稻穗、稻壳和籽粒等的积累与分配进行研究，发现多环芳烃的积累没有表现出明显的从根到籽粒的梯度，并且各叶片叶鞘积累的多环芳烃也没有规律性。

表 4-7　多环芳烃在玉米植株中的纵向分布

植株生长垂直方向	植物组织	含量/(ng/g)		
		萘	菲	芘
	叶 1	229	1657	1779
	叶 2	108	1021	939
	叶 3	122	1010	784
	叶 4	93	649	660
	叶 5	97	736	742
	叶 6	92	802	708
	叶 7	85	513	521
	叶 8	82	1306	594
	叶 9	85	946	638
	花穗	88	663	762
	茎 1	90	943	983
	茎 2	91	1848	2690
	茎 3	82	788	912
	茎 4	86	1784	1003
	茎 5	244	1097	844
	茎 6	164	1097	844
	茎 7	79	2063	1957
	茎 8	80	2050	1318
	茎 9	78	2024	764
	须根	136	1045	779
	根	195	1485	1382

多环芳烃在植物体内各部位的积累不仅与一些物质如脂类物质等的含量有关，还会发生转化代谢，因而积累量表现较为复杂。在地上部细胞内，多环芳烃会优先被叶绿体的类囊体和微粒体积累，并可能被细胞色素 P450 家族羟基化(如通过与谷胱甘肽结合而脱毒)，或者被液泡及细胞壁隔离(Desalme et al.，2013)。

综上，通过 CT38 的种植，结合 3 种表面活性剂吐温 80、鼠李糖脂和大豆卵磷脂 1%溶液的添加使用，对石油污染浓度为 0.5%的土壤进行 3 个月的修复，以了解表面活性剂添加对玉米生长和土壤微生物数量、土壤石油烃的去除及玉米对多环芳烃的吸收积累的影响，研究取得如下认识。

(1)表面活性剂对玉米生长和土壤微生物数量的影响。3 种表面活性剂的添加处理使玉米叶片的光系统 II 的最大光合效率低于空白处理，且大豆卵磷脂处理明显低于空白处理；但各土壤处理之间的玉米干重没有显著差异，3 种表面活性剂的添加对玉米的生物量没有明显的影响；生物表面活性剂鼠李糖脂和大豆卵磷脂的添加明显促进土壤微生物数量的增加，而与无玉米种植的土壤处理相比，玉米种植对土壤微生物数量的促进更加明显。

(2)表面活性剂添加对土壤石油烃去除的影响。添加 3 种表面活性剂后土壤中石油烃的去除小于空白处理，但与无玉米种植的土壤处理相比，种植玉米对土壤石油烃的去除尤其明显。不同处理间土壤石油烃的去除效果顺序：玉米种植(54%)＞玉米+大豆卵磷脂(43%)＞玉米+鼠李糖脂(39%)＞玉米+吐温 80(32%)＞无玉米种植(13%)。

(3)表面活性剂添加对玉米吸收多环芳烃的影响。对 2~4 环的多环芳烃在玉米中的含量测定结果表明，表面活性剂的添加处理对玉米吸收多环芳烃没有影响；多环芳烃在玉米根、茎和叶的积累总体上没有表现出明显规律，在玉米垂直方向上的分配也没有表现出较好的规律性，体现了多环芳烃在植物组织中吸收积累的复杂性。

第5章　玉米对镉-芘复合污染农田土壤的修复

土壤是人类生态环境的重要组成部分，位于自然环境的中心位置，容纳了环境中大约90%的来自各方面的污染物质，是一个典型的复合污染体系。土壤中有机污染物-重金属复合污染是非常普遍的，其中，多环芳烃、重金属是经常共存且广泛分布的典型土壤环境污染物。因此，如何修复复合污染土壤现已成为人们关注的焦点。植物修复作为生物修复的一种，既能强化污染物的微生物降解，同时又能利用绿色植物系统直接吸收和代谢污染物，因此被认为是一种治理有机无机复合污染环境的生态学方法。

本章选用毒性很强且常见的重金属镉和典型有机污染物多环芳烃芘为目标污染物，采用前期工作筛选出来的对多种重金属复合污染(Cu、Cd、Pb和Zn)有较好的耐受性能和积累作用的玉米品种 CT38 作为修复植物，利用表面活性剂强化植物修复土壤污染的技术原理，研究植物修复土壤中镉-芘复合污染的效率及机制，并通过环境污染胁迫下植物的生态效应研究其耐受机理，以期为今后进一步开展重金属-有机物复合污染土壤的植物修复技术研究提供科学依据。

5.1　土壤镉-芘复合污染的生态效应

土壤微生物生态系统中微生物种群的数量、结构组成及其活性是一个随着环境条件不断变化的动态过程，污染物的胁迫会引起土壤中各微生物种群活细胞数量及组成结构的变化，同时土壤中微生物会在生理代谢方面做出响应以适应环境压力，其中微生物活细胞数量是环境变化最敏感的生物指标之一。土壤酶主要来源于土壤微生物的生命活动，在一定程度上也反映了土壤微生物的活性。另外，土壤酶参与许多重要的生物化学过程，酶活性也反映出土壤功能状况。本节以重金属镉和多环芳烃芘为目标污染物，通过室内模拟试验，分别研究两者单一污染和复合污染条件下对土壤生态学指标土壤微生物数量和酶活性的影响，探讨镉-芘复合污染的生态效应。

5.1.1　镉-芘复合污染对土壤微生物数量的影响

镉-芘复合污染对土壤中细菌、真菌和放线菌数量的影响见图 5-1，可见镉、芘单一污染和镉-芘复合污染对土壤细菌、真菌和放线菌数量的影响随着培养时间不同呈现不同的变化规律。

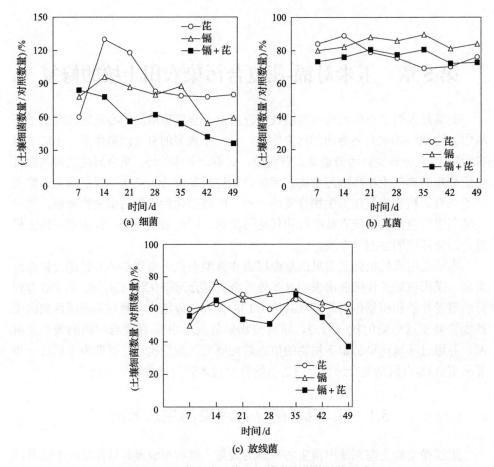

图 5-1　镉-芘复合污染对土壤微生物数量的影响

在芘单一污染的土壤中，细菌培养 14d，数量增长为对照值的 130%；培养到 21d，细菌的数量增长到对照值的 118%；而后数量逐渐减少，直至为对照值的 80% 左右；平均抑制率为 10%。而真菌和放线菌在培养期间一直处于抑制状态，平均抑制率分别为 23% 和 37%。在镉单一污染的土壤中，细菌、真菌和放线菌在培养期间都处于抑制状态，平均抑制率分别为 23%、16% 和 35%。镉-芘复合污染对细菌、真菌和放线菌数量均表现出明显的抑制作用，平均抑制率分别为：细菌 41%、真菌 24%、放线菌 45%。

镉、芘单一污染和镉-芘复合污染对土壤微生物数量的影响呈现不同规律。镉-芘复合污染及镉单一污染对土壤微生物数量的抑制率从大到小依次为放线菌>细菌>真菌，而芘单一污染为放线菌>真菌>细菌。由此推断，在本试验条件下复合污染过程中，镉毒性为主效应，使复合污染与镉污染对微生物数量影响的规律呈现相似性。

5.1.2　镉-芘复合污染对土壤微生物活性的影响

图 5-2 显示了镉-芘复合污染对土壤呼吸强度的影响,可见整个试验培养期间,镉-芘复合污染与镉、芘单一污染抑制效应变化趋势一致,对土壤呼吸强度表现出明显的毒害效应。

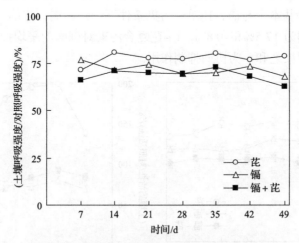

图 5-2　镉-芘复合污染对土壤呼吸强度的影响

经镉-芘复合污染处理的土壤呼吸强度一直处于抑制状态,平均抑制率为 31.44%;镉单一污染的平均抑制率为 28.14%;芘单一污染的平均抑制率则为 22.59%。复合污染的理论抑制率为 50.73%。经过试验得到,复合污染对土壤呼吸强度的实测抑制率大于理论抑制率,镉-芘联合作用为拮抗作用。

5.1.3　镉-芘复合污染对土壤酶活性的影响

镉-芘复合污染对土壤酶活性的影响如图 5-3 所示。

从图 5-3(a)可知,培养期间,镉单一污染条件下蔗糖酶活性为对照的 86%~102%,平均抑制率为 8.6%,在培养 7d 时,镉污染对蔗糖酶有一定的激活作用,随后酶活性逐渐降低,表现为抑制效应。芘单一污染条件下蔗糖酶活性为对照的 94%~112%,平均抑制率为−5.2%,在培养 7d 时,蔗糖酶活性受到一定的抑制,在随后的 7~35d 里酶活性被激活,最高达到对照酶活性的 112%。总体而言,镉和芘的单一污染对蔗糖酶的影响不大。而在整个培养期间,镉-芘复合污染对蔗糖酶均表现出一定的抑制作用。复合污染条件下,蔗糖酶活性为对照的 73%~87%,平均抑制率为 21.7%,表现为协同抑制作用。

图 5-3(b)显示了镉-芘复合污染对脱氢酶活性的影响。在整个培养期间,镉-芘复合污染下脱氢酶活性为对照值的 60%~91%,复合污染对脱氢酶均表现出抑

制作用，平均抑制率为 27.2%。镉单一污染下，脱氢酶活性也一直受到抑制作用，酶活性为对照值的 61%～77%，平均抑制率为 26.9%。而芘单一污染条件下，在培养 14d 时，芘单一污染对脱氢酶的激活作用达到最大值，酶活性为对照的 199%，脱氢酶先出现激活现象而后活性逐步降低。

由图 5-3(c)可见，培养期间镉-芘复合污染对土壤中的脲酶活性表现为抑制作用，其变化趋势基本上与镉、芘单一污染条件下一致。镉、芘单一污染对脲酶的平均抑制率分别为 17.5%和-0.8%，镉-芘复合污染对脲酶的平均抑制率为 19.6%，大于两者单一污染之和，为协同抑制作用。

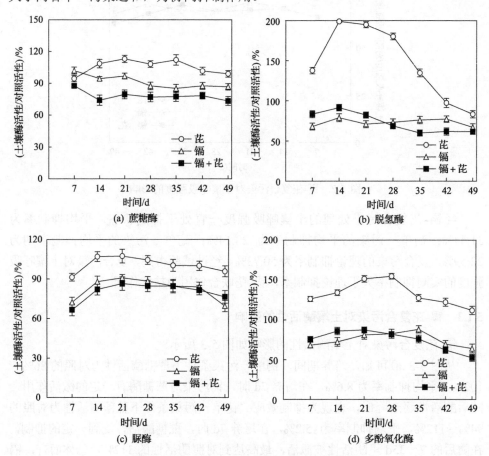

图 5-3　镉-芘复合污染对土壤酶活性的影响

在培养期间，镉-芘复合污染下多酚氧化酶活性为对照值的 53%～87%，如图 5-3(d)所示，复合污染对多酚氧化酶均表现为抑制作用，平均抑制率为 25.4%。镉单一污染条件下，多酚氧化酶活性为对照值的 64%～88%，平均抑制率为 24.8%。而芘单一污染条件，在培养期间都表现出对多酚氧化酶的激活作用，在 28d 达到最大值，酶活性为对照的 155%，随后酶活性逐步降低，这一点趋势与前面提到的脱氢酶活性变化有些相似，可能因为这两种酶为性质相似的氧化还原酶，在该体系中对污染的胁迫表现出一定的相似性。

本试验中，有关芘对土壤脱氢酶和多酚氧化酶的刺激效应可能的解释：由于微生物对污染物的适应或是利用该外源污染物作为碳源和能源，并不断分泌脱氢酶和多酚氧化酶完成其生理代谢过程。已有研究表明，受石油等有机物污染的土壤中形成的细菌、真菌和放线菌具有降解污染物的能力。这些微生物经过一段时间"胁迫"后，其酶活性及其对污染物的降解能力均得到一定的提高(Baran et al.，2004)。试验中镉单一污染条件下，细菌、真菌和放线菌的数量及四种酶活性均受到不同程度的抑制作用。一方面，镉是毒性最强的重金属之一，可通过与金属敏感性基团如巯基或组氨酰基作用而使酶失活，引起细胞死亡；另一方面，镉还能抑制土壤微生物的生长繁殖，减少微生物体内酶的合成和分泌量，最终导致土壤酶活性降低。本试验 Cd^{2+} 浓度为 5mg/kg，属于中度镉污染，即使微生物可以通过其自我调节来适应或抵抗镉胁迫，但其各方面生理活性始终受到抑制。

5.1.4　镉-芘复合污染对土壤微生物生态效应的交互作用

表 5-1 列出了试验过程中镉、芘单一污染和镉-芘复合污染的平均抑制率及其交互作用类型。由表 5-1 可见，镉-芘复合污染对土壤生态毒理学指标的抑制率从大到小依次为：放线菌＞细菌＞真菌；脱氢酶＞多酚氧化酶＞蔗糖酶＞脲酶。

表 5-1　镉-芘复合污染对土壤微生物生态效应的交互作用

	抑制率/%				交互作用(类型)
	芘(实测)	镉(实测)	镉+芘(实测)	镉+芘(理论)	
蔗糖酶	−5	9	22	4	协同
脱氢酶	−47	27	27	−20	协同
脲酶	−1	17	19	16	协同
多酚氧化酶	−33	25	25	−8	协同
呼吸强度	23	28	31	51	拮抗
细菌数量	10	23	41	33	协同
真菌数量	23	16	24	39	拮抗
放线菌数量	37	35	45	72	拮抗

通过比较复合污染抑制率的实测值和理论值(二者单一污染抑制率之和)可知，本试验中镉-芘复合污染对土壤脱氢酶、多酚氧化酶、蔗糖酶和脲酶交互作用

的类型均表现为协同抑制作用(实测值大于理论值)，其中以脱氢酶和多酚氧化酶尤为显著。已有的研究表明，脱氢酶和多酚氧化酶是土壤中重要的一类氧化还原酶，在环状有机化合物的分解转化中起到重要的作用(刘世亮等，2007)，其作用途径大致如图 5-4 所示。

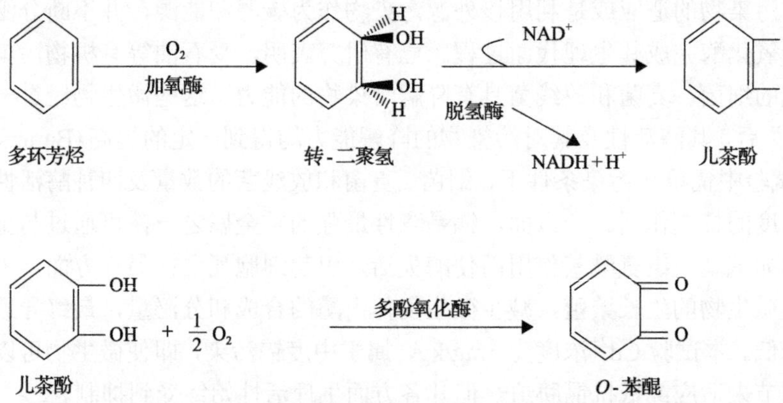

图 5-4　脱氢酶和多酚氧化酶对多环芳烃等有机物的作用途径

从表 5-1 也可以看出，镉-芘复合污染对胞外分泌蔗糖酶、脱氢酶、脲酶和多酚氧化酶的土壤微生物(可能主要是细菌)产生了协同抑制作用，镉-芘复合污染增加其在单一污染条件下的毒害性，使酶的合成和分泌量降低。这种协同作用机理可能是因为多环芳烃等脂溶性化合物可以同细胞膜上的一些脂溶性分子结合，影响细胞膜的结构和通透性，在受多环芳烃和重金属复合污染的土壤中，多环芳烃的存在使重金属更容易进入微生物细胞，使毒性增强。Gogolev 和 Wilke(1997)采用琼脂平板技术，研究了 Zn、Cd、Cu 和荧蒽对土壤微生物的相互作用，认为荧蒽可以改变细胞膜的通透性，增强了重金属对微生物的毒性。即使是低剂量的荧蒽和重金属，当它们为单一污染时，对微生物无影响；为复合污染时，毒性明显增加。

镉-芘复合污染对细菌的数量产生协同抑制作用。对于真菌和放线菌数量产生的拮抗作用，可能与微生物不同种群对污染物的适应和耐受能力有关；另外，结合前述复合污染对蔗糖酶、脱氢酶、脲酶和多酚氧化酶四种酶活性的协同抑制作用，可能在本试验条件下，土壤中细菌在上述酶分泌方面起了主要作用，因此，细菌活性的抑制与酶的抑制效应出现类似规律。

综上，镉-芘复合污染对土壤酶活性的抑制率从大到小依次为：脱氢酶＞多酚氧化酶＞蔗糖酶＞脲酶，镉-芘复合污染对脱氢酶和多酚氧化酶表现出显著的协同抑制作用。镉-芘复合污染加大了其单一污染条件下对微生物的毒性，使在多环芳烃分解中起重要作用的酶的活性受到了很大抑制作用。基于这两种酶对镉-芘复合污染的敏感性，可将其作为复合污染修复过程的动态检测指标。镉-芘复合污染及镉单一污染对土壤微生物数量的抑制率从大到小依次为：放线菌＞细菌＞真菌，而芘单一污染为：放线菌＞真菌＞细菌。镉-芘复合污染对细菌的数量产生协同抑制作用，而对真菌和放线菌数量产生拮抗作用，这可能与微生物不同种群对污染物的适应和耐受能力有关，也可能与酶分泌的主导作用者有关，还有待进一步的研究。

5.2　玉米对镉-芘复合污染土壤的修复

以往植物修复的研究主要集中在超积累植物对重金属污染环境的修复上，近年来的研究表明植物可以通过直接或间接地吸收有机污染物或直接释放分泌物和酶去除有机污染物，利用植物可以修复和净化有机污染物如多环芳烃污染的土壤。在修复多环芳烃污染土壤时选用牧草的较多，通常认为苜蓿、黑麦草去除多环芳烃效果较好。尽管普遍认为多环芳烃污染土壤植物修复的机理包括微生物降解、植物吸收、挥发光解等作用，但各种作用在芘的去除过程中所占程度的相关研究还不详细。此外，通常而言，牧草生物量不高且对重金属的吸收积累作用不佳，而有机物和重金属是普遍共存的污染形式之一。玉米有发达的根系、较高的生物量及较强的环境适应能力，其在污染土壤植物修复领域具有一定的修复潜能。本书课题组前期筛选出的玉米品种 CT38，对多种重金属复合污染(Cu、Cd、Pb 和 Zn)有较好的耐受能力及积累作用。本研究将选用重金属镉和典型有机污染物多环芳烃芘为目标污染物，采用玉米 CT38 作为修复植物，系统研究玉米对土壤镉-芘复合污染的去除作用与积累机理。

5.2.1　镉-芘复合污染对玉米生长的影响

图 5-5 显示了生长 60d 后收获的不同镉-芘复合污染处理组(表 5-2)土壤中玉米的生物量。如图 5-5 所示，生长在无污染土壤(A1)中的玉米根和地上部干重分别是 3.12g/pot 和 12.95g/pot。随着土壤中镉、芘污染浓度的增加，玉米根和地上部分的干重逐渐减少，在镉、芘初始浓度分别为 2.0mg/kg 和 50mg/kg 的土壤(B3)中生物量分别为 2.80g/pot 和 12.76g/pot；而在镉、芘初始浓度分别为 4.5mg/kg 和 100mg/kg 的土壤(C4)中生物量分别为 2.54g/pot 和 12.10g/pot。与对照比较，芘的单一污染造成玉米根和地上部分的生物量略有降低，但差异不显著($P > 0.05$)；然而镉的污染显著($P < 0.05$)降低了玉米根和地上部分的生物量，芘的共存且随污染浓度增加则进一步降低了玉米的生物量。这可能是芘与镉共存产生的协同抑制效应，对植物的生长造成毒害作用。

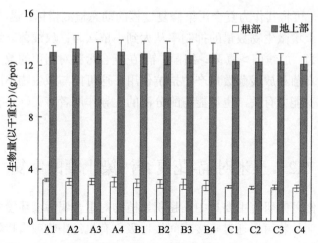

图 5-5　生长在不同处理组土壤中玉米 CT38 的生物量

表 5-2　不同镉-芘复合污染处理组污染物浓度　　（单位：mg/kg）

污染物种类	A1	A2	A3	A4	B1	B2	B3	B4	C1	C2	C3	C4
镉	0	0	0	0	2.0	2.0	2.0	2.0	4.5	4.5	4.5	4.5
芘	0	10	50	100	0	10	50	100	0	10	50	100

Chekol 等(2004)对 PCB 污染土壤的植物修复研究中也发现，与对照相比，所有生长在初始浓度为 100mg/kg PCB 的土壤中的试验用牧草类植物生物量以及豌豆和胡枝子豆科类植物地上部分的生物量都没有出现显著差异。而 Lin Q 等(2006)研究发现，在初始浓度为 50mg/kg PCP 土壤中，添加金属铜离子且随着铜污染浓度的增加，黑麦草和萝卜并未出现植物中毒现象其至生长得更好。不同的植物种类及不同污染物的特性可能使植物对有机物或有机物-重金属复合污染胁迫产生不同的响应。尽管玉米 CT38 的生物量在不同处理浓度有所降低，但玉米植株根系发达，地上部分生长状态良好，没有呈现明显的中毒现象，说明玉米 CT38 对土壤中镉-芘复合的毒性有较好的耐受性。

5.2.2　玉米对土壤芘的去除作用

60d 的试验周期结束时，无论是无植物土样和根际土样中芘的残余浓度都减少了，其中无植物土样中芘残余浓度为初始浓度的 21%～31%，而根际土中芘残余浓度为初始浓度的 12%～27%。从图 5-6 可知，无论是在镉-芘复合污染(B 系列和 C 系列)或是芘单一污染(A 系列)土壤中，根际土中芘的残余浓度基本上显著($P<$ 0.05)低于无植物土样。例如，在图 5-6 中，在芘初始浓度分别为 10mg/kg、50mg/kg 和 100mg/kg 的根际土样(B2、B3 和 B4)中芘的残余浓度分别为 1.55mg/kg、

9.32mg/kg 和 21.80mg/kg，而无植物土样中芘的残余浓度分别为 2.47mg/kg、12.97mg/kg 和 27.09mg/kg。可见，无论在芘单一污染或是在镉-芘复合污染土壤中，种植玉米能促进土壤中芘的去除。

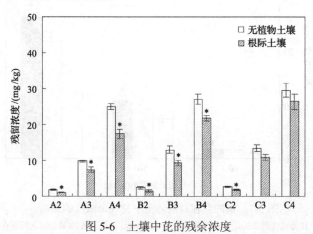

图 5-6　土壤中芘的残余浓度

*表示相同处理浓度下无植物土壤和根际土壤样品中芘残余浓度存在显著差异

　　比较芘单一污染和镉-芘复合污染的情况发现，无论种植玉米与否，随着土壤中镉浓度的增加，芘的残余浓度都随之增加。图 5-7 显示了镉的共存对根际土中芘去除作用的影响。如在图 5-7 中，在初始浓度分别为 10mg/kg、50mg/kg 和 100mg/kg 的芘单一污染的根际土样（A2、A3 和 A4）中芘的残余浓度分别为 1.12mg/kg、7.39mg/kg 和 17.45mg/kg；而随着土壤中镉污染浓度的增加，共存镉浓度为 2.0mg/kg 的复合污染根际土样中（B2、B3 和 B4）芘的残余浓度分别为 1.55mg/kg、9.32mg/kg 和 21.80mg/kg；而共存镉浓度为 4.5mg/kg 的复合污染根际土样中（C2、C3 和 C4）芘的残余浓度则分别为 1.86mg/kg、10.90mg/kg 和 26.38mg/kg。

　　植物对有机污染物的植物修复机理已经被广泛研究，主要包括植物的直接吸收和代谢、根际微域微生物群落的降解作用和根部释放的酶催化降解有机污染物等方面。植物对有机污染物的植物修复很大程度上基于根系对有机污染物生物降解的促进作用。镉共存时土壤中芘的残余浓度增加，可能是因为复合污染条件下土壤微生物结构、微生物活性及植物根系的物化性质发生不利于芘的降解的变化。Kuo 和 Genthner（1996）研究发现，在共存体系中重金属对降解菌株的活性产生负面作用。当添加低浓度的重金属（总浓度为 0.1～0.2mg/L）时，体系中微生物的驯化期延长且脱氯作用受到抑制，生物降解率降低。相关研究也表明，植物根系分泌物对重金属胁迫产生的响应变化也将影响其根际微生物的降解作用。例如，Olson 等（2003）曾报道重金属胁迫条件下植物根系营养物质成分及数量上发生变化，且发现这些变化对 PAH 的微生物降解产生不利影响。

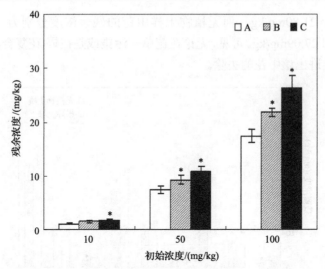

图 5-7　镉的共存对根际土中芘残余浓度的影响

A 为无镉；B 为镉含量 2.0mg/kg；C 为镉含量 4.5mg/kg；*表明 A 和镉处理之间存在显著差异

在本试验中，发现在高浓度镉(试验条件为 4.5mg/kg)存在的条件下，当芘初始浓度为 50mg/kg 和 100mg/kg 时，尽管种植玉米的根际土壤中芘残余浓度略低于无植物土壤，但差异不显著($P>0.05$)，如图 5-5 中 C3 和 C4 所示。而 Lin 等(2008)研究也发现，在高浓度铜(>200mg/kg)存在时，芘的残余浓度增加甚至出现根际土芘残余浓度高于无植物土的现象。对于这一现象，原因可能是存在根际质流富集作用，植物根际从周围环境吸收水分和养分的同时，将污染物从远根际富集到根际处。根际有机物增加，而此时高浓度镉污染(或者高浓度铜污染)共存条件下的抑制作用，使根际芘污染的微生物降解、根际转化能力有所下降，出现根际土壤中芘污染残余浓度与无植物土壤差异不显著，甚至低于无植物土壤的现象。镉是毒性最强的重金属污染物之一，镉对有机污染物生物降解的毒害效应也是应该被关注的。Liste 和 Alexander(2000a，2000b)曾观察到 PAH 在根际的富集，特别是无菌培养中根际富集的含量是初始浓度的 4～5 倍。因此有机污染物根际过程可能包括根际质流富集和根际降解，在土壤微生物毒害较低的情况下，微生物在根际的旺盛生长使富集在根际的有机污染物快速减少，但在高毒性的土壤中，由于微生物的降解能力下降，根际富集的有机污染物在短期内不易消散，从而也有可能加剧其对植物、微生物生长的毒害。

5.2.3　芘在植物体内的影响

试验也发现，玉米体内各个部分也可以对芘产生吸收和积累，但芘在玉米不同部位的积累浓度有所不同，在根部的积累浓度显著高于($P<0.01$)在地上部分的

积累。表 5-3 反映了各处理浓度下，土壤中芘的残留浓度与玉米 CT38 根和地上部分对芘的积累量的关系。随着土壤中芘添加浓度的增加，土壤中芘的残留浓度随之增加，玉米根和地上部分积累的芘含量也相应增加。由表 5-3 可知，在无芘污染的空白土样 A1 及生长于其上的玉米根中均未检测出芘，但却在玉米的地上部分(茎和叶片)中检测到芘(0.73mg/kg)的存在。这部分的芘积累可能来自于玉米地上部分对温室盆栽中污染物芘挥发、大气沉降等的吸收(Polder et al.，1995；Trapp et al.，1990)。因此，生长在污染土壤中的玉米地上部分对芘的积累应该包括来自根的吸收转移和来自大气的积累两部分。尽管地上部分可以从大气中吸收积累挥发的一部分芘，但表 5-3 数据也表明，生长在污染土壤中的玉米地上部分芘含量远高于其在无芘污染的空白土样 A1。可见，玉米地上部分从根部转移吸收的芘含量显著高于植株从大气中吸收固定的芘，计算可知，玉米 CT38 地上部分富集的芘含量约 91%来自其植株根系从土壤中的吸收转移，而来自大气吸收所占的比例较小。此外，生长在无芘污染的空白土样 A1 的玉米根部并未检测到芘，玉米在地上部分通过大气吸收等作用积累的芘并未大量传输到根部，可见，污染土壤中玉米根部积累的芘主要来自根部从土壤中的吸收积累过程。

表 5-3　植物根和地上部对芘的积累量

处理编号	剩余芘/(mg/kg)	积累浓度/(mg/kg)		积累数量/(μg/pot)	
		根部	地上部	根部	地上部
A1	ND	ND	0.73±0.10	ND	9.53±1.77
A2	1.12±0.13	7.40±0.44	4.09±0.39	22.25±3.11	54.41±6.18
A3	7.39±0.72	21.90±1.50	10.06±0.86	66.73±8.12	131.23±9.29
A4	17.45±1.20	28.62±1.86	12.44±0.94	84.62±8.04	161.24±7.15
B1	ND	ND	0.59±0.13	ND	7.70±1.18
B2	1.55±0.27	9.12±0.62	4.33±0.31	25.92±4.57	56.22±4.67
B3	9.32±0.78	24.15±1.77	10.95±0.70	67.25±6.66	139.40±6.79
B4	21.80±0.78	31.68±3.11	13.78±0.94	85.96±7.06	177.27±9.08
C1	ND	ND	0.66±0.08	ND	7.96±1.23
C2	1.86±0.16	10.00±1.07	5.00±0.35	25.43±4.26	61.35±6.15
C3	10.90±0.81	27.17±1.35	12.03±0.98	69.83±8.08	147.65±8.27
C4	26.38±2.23	35.14±2.30	15.73±0.84	89.06±9.85	193.07±9.85

注：ND 表示未检出。

从表 5-3 中还可以看出，镉-芘复合污染土壤中生长的玉米其体内芘积累浓度要高于在芘单一污染土壤中生长的玉米体内芘浓度，其中根部芘积累浓度高出10.3%~35.1%，地上部分芘积累浓度高出 5.9%~26.4%。对这一现象可以这样理解，在相同初始芘浓度条件下，镉的共存使复合污染土壤中芘的残余浓度大大高于芘单一污染土壤中的残余浓度，而随着土壤中芘的残留浓度增加，玉米体内根和地上部分积累的芘含量也相应增加，因此较多的芘积累在复合污染土壤上生长的玉米体内。此外，镉共存条件下导致复合污染土壤上生长的玉米生物量的降低所起到的生物浓缩现象，可能也对复合污染土壤上生长的玉米体内芘浓度增加有一定影响。

在本试验中，尽管镉的存在促进了芘在植物体内的积累，但芘在植物体内积累的总量在试验范围内不超过 282μg/pot（表 5-3），在土壤中芘的去除贡献上仍不足 0.3%，可见植物吸收作用并不是玉米 CT38 去除土壤中芘的主要途径。

5.2.4 镉在植物体内的积累

重金属污染的生物修复相对有机污染物来说更为困难。部分原因是微生物可以通过其生物代谢过程将有机污染物最终氧化还原成二氧化碳等物质。而重金属因其自身的性质，不能被微生物降解，而仅仅是形态上的改变（Maslin and Maier，2000；Lovley and Coates，1997）。

图 5-8 反映了植物修复对土壤中镉形态变化的影响。以 B1、B4、C1、C4 为例，从图 5-8 可以看出，经过 60d 的试验周期，种植玉米的根际土与无植物对照的根际土比较而言，可交换态所占的比例减少，碳酸盐结合态、铁锰氧化态、有机态所占比例变化不大，而残渣态所占比例略有增加。例如，在 B1 无植物土壤中可交换态所占比例是 14.61%，根际土壤中所占比例为 10.92%；而 B1 无植物土壤中残渣态所占比例为 12.94%，根际土中残渣态所占比例为 16.11%。五种形态中，可交换态是植物利用的主要形态，植物通过根系的吸收作用，在吸收营养成

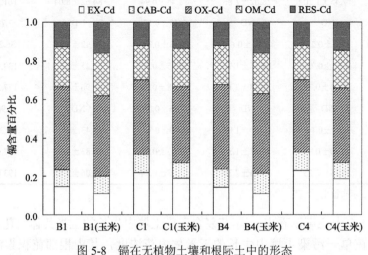

图 5-8　镉在无植物土壤和根际土中的形态

EX-Cd 为可交换态；CAB-Cd 为碳酸盐结合态；OX-Cd 为铁锰氧化态；OM-Cd 为有机态；RES-Cd 为残渣态

分满足自身生长需要的同时也吸收提取了土壤中的可交换态镉。根区土壤中，可交换态镉通过植物的吸收作用，使得这一形态在根区土壤中较非根区的土壤中有所减少，这可能是根区土壤可交换态镉所占比例下降的主要原因。此外，根系分泌物和根际微生物的作用也可使土壤中重金属的形态发生变化，可能使可交换态向其他较为稳定的形态如有机态、残渣态等形态转化，从而提高镉在土壤中的稳定性，降低其对植物和微生物的毒害作用。试验也表明，芘的共存与否没有对土壤中镉的形态变化产生显著影响。

表 5-4 表示的是 60d 收获时镉在玉米体内的积累浓度和积累量。从表 5-4 可知，在镉单一污染的土壤中，玉米根和地上部分的镉积累量随着土壤中镉污染浓度的增加而增加。转运系数 S/R（地上部分和根部的镉积累浓度比值）却随土壤镉污染浓度的增加而降低，在 A1 土壤样品中为 0.51，在镉添加浓度为 2.0mg/kg 和 4.5mg/kg 的污染土壤中，转运系数分别降为 0.36 和 0.32，这也表明土壤镉污染程度的提高增加根对镉的提取同时，并没有促使镉由根进一步向地上部分转移，Lin 等（2008）的研究也发现在铜-芘复合污染土壤中，铜的转运系数也随着铜的污染程度增加而有所下降。

表 5-4　镉在玉米体内的积累浓度和积累量

| 处理编号 | 镉在玉米中的积累浓度/(mg/kg) | | S/R | 镉在玉米中的积累量/(μg/pot) | | 土壤净化率/% |
	根部	地上部		根部	地上部	
A1	0.75[a]	0.38[a]	0.51	2.34[a]	4.87[a]	1.41
A2	0.64[a]	0.33[a]	0.52	1.90[a]	4.29[a]	1.22
A3	0.70[a]	0.35[a]	0.50	2.12[a]	4.55[a]	1.31
A4	0.62[a]	0.29[a]	0.47	1.86[a]	3.81[a]	1.11
B1	5.49[bc]	1.93[bc]	0.36	15.69[c]	25.00[bc]	0.53
B2	6.32[cd]	2.26[cde]	0.36	17.72[d]	29.51[cde]	0.62
B3	5.13[b]	1.75[b]	0.34	14.31[bc]	22.54[b]	0.49
B4	4.68[b]	1.73[b]	0.37	12.70[b]	22.39[b]	0.46
C1	8.89[f]	2.86[f]	0.32	22.76[f]	34.77[e]	0.34
C2	8.43[ef]	2.53[ef]	0.30	21.32[ef]	31.08[de]	0.30
C3	7.69[e]	2.28[de]	0.30	19.65[e]	28.16[cd]	0.29
C4	6.72[d]	2.11[cd]	0.31	17.66[d]	26.07[bcd]	0.27

从表 5-4 还可以看出，在芘共存的条件下，随着芘污染浓度的增加，玉米体内镉积累浓度和积累量均有所降低。但试验也发现，镉-芘复合污染的交互作用与镉的污染浓度有关。在不添加镉污染的 A 系列对照土样中（水稻土镉的本底值为 0.13mg/kg），芘的存在没有显著（$P > 0.05$）影响镉在玉米体内的积累。但是在中高

浓度镉污染条件下 B、C 系列污染土壤样品中（镉浓度分别为 2.0mg/kg 和 4.5mg/kg），芘的共存显著（$P<0.05$）降低了玉米对镉的积累浓度和积累量。也就是说，当土壤受到中高浓度镉污染时，芘的存在抑制了玉米对镉的吸收提取率。这可能是由于在镉-芘复合污染下，随着芘浓度的增加，细胞膜的结构和通透性改变了，复合污染对植物的毒害作用加强，植物通过自身防御系统的调整减少吸收以避毒害。

由表 5-4 可知，镉在玉米体内不同部位积累量是不同的，尽管根部的镉浓度远高于地上部分镉浓度，但由于地上部分的生物量远大于根的生物量（图 5-5），所以就镉的总积累量而言，地上部分的镉积累总量远大于根积累总量，其中地上部分的镉积累量占到了植株积累总量的 63% 以上，如图 5-9 所示。

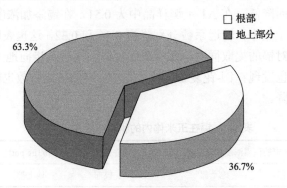

图 5-9　玉米各部分积累镉所占的比例

本试验所采用的玉米品种 CT38，在前期工作研究广东大宝山重金属（Cu、Cd、Pb 和 Zn）复合污染土壤的修复过程中表现出较好环境适应性，同时也具有较好的积累作用。在本试验中，玉米 CT38 也能够在较高浓度的镉-芘复合污染土壤中正常生长，并在试验浓度范围有效去除污染土壤中 73%～88% 的芘和 0.27%～1.41% 的镉，可见，用玉米 CT38 修复重金属镉和多环芳烃芘复合污染土壤是一种可行的方法。

5.2.5　镉-芘复合污染植物修复机理探讨

1. 土壤微生物群落的变化

土壤微生物群落结构（即微生物多样性）是指土壤微生物的种类和种间差异，土壤微生物种群结构是表征土壤生态系统群落结构和稳定性的重要参数之一，它能较早地预测土壤环境污染状态的变化过程，被认为是最有潜力的敏感性生物指标之一。

近 10 年来，逐步发展起来的 16S rDNA 序列多态性变性梯度凝胶电泳（DGGE）

分析技术不仅能够对土壤群落做整体研究，也能对其中每一个发生变化的个体进行研究。为进一步探明重金属和多环芳烃复合污染对土壤微生物的生态毒理效应，本试验通过土壤微生物总 DNA 提取、聚合酶链反应(PCR)扩增及 DGGE，获得土壤微生物 16S rDNA 序列分布，对镉-芘复合污染土壤微生物基因多样性变化进行生物信息学分析，以期为应用分子生物学手段精确判断和评价复合污染条件下土壤微生物分子多态性，以及镉-芘复合污染土壤植物修复过程机理的揭示提供理论依据和技术方法。

1)基因组 DNA 的 PCR 扩增

将纯化后的基因组 DNA 作为 PCR 的模板，使用 PTC-200 梯度 PCR 仪，所用引物为细菌 16S rDNA V3 高变区 F357 和 R518，PCR 产物用 1.5%琼脂糖凝胶电泳检测，用 UVI 凝胶成像系统分析，结果见图 5-10。

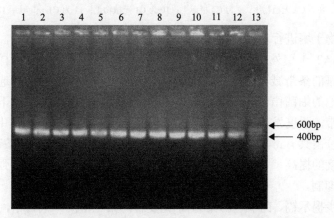

图 5-10　土壤样品 DNA 扩增的 16S rDNA 片段琼脂凝胶电泳

bp 为碱基对；1 为 A1 无植物土；2 为 A2 无植物土；3 为 A2 根际土；4 为 C2 无植物土；5 为 C2 根际土；6 为 C3 无植物土；7 为 C3 根际土；8 为 C4 无植物土；9 为 C4 根际土；10 为 C1 无植物土；11 为 C1 根际土；12 为 C2 灭菌土；13 为 Marker

图 5-10 显示了以土壤 DNA 为模板扩增的 16S rDNA V3 高变区片段琼脂凝胶电泳图，可见经琼脂凝胶电泳后，出现了清晰的条带，获得了特异 16S rDNA V3 区扩增片段，大小为 400～600bp。

2)变性梯度凝胶电泳指纹图谱分析

对重金属镉、芘单一污染和镉-芘复合污染土壤 16SrDNAV3 可变区片段进行 DGGE 指纹图谱分析。结果表明，在 DGGE 分离的优势条带中，既有共有条带，也有特异性条带(图 5-11)，这些共有条带说明了各处理组土壤之间存在一些共有的细菌类型，但这些公共条带的强度并不相同，表明污染土壤微生物在 DNA 水平上有明显差异。

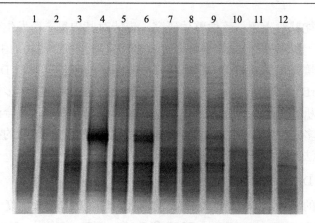

图 5-11 不同土壤样品的 DGGE 图谱

1 为 A1 无植物土；2 为 A2 无植物土；3 为 A2 根际土；4 为 C2 无植物土；5 为 C2 根际上；6 为 C3 无植物土；
7 为 C3 根际土；8 为 C4 无植物土；9 为 C4 根际土；10 为 C1 无植物土；11 为 C1 根际土；12 为 C2 灭菌土

对无植物土壤进行对比分析发现，与对照无植物土壤 A1 相比，除了低浓度芘单一污染 A2 土壤外，其他无种植玉米的污染土壤微生物物种多样性降低，表现为污染土壤的条带减少或变弱，说明有些细菌类型难以适应这种选择环境而最终死亡。其他的细菌由于长时间培养逐渐适应这种选择压力而生存下来，表现在图谱中为条带的强度发生变化或者新条带出现。镉-芘复合污染土壤中，重金属对芘降解(耐受)菌具有毒害作用，可导致 DGGE 指纹图谱中的特异性条带强度减弱。随着污染浓度的提高，复合污染对土壤微生物 DNA 序列的影响加强，微生物种群数量受到抑制。

为进一步揭示镉、芘单一污染和镉-芘复合污染土壤间不同群落间物种组成的差异，用 UVIBand 分析软件帮助确定样品电泳条带的多少和条带的亮度峰值，用 Sorenson 配对比较相似性系数(similarity coefficient, C_s)，比较不同样品 DGGE 指纹图谱的相似性。多样性指数(H，又称香农-威纳指数)、物种丰度(S)指标被用来比较各样品的细菌多样性，并进行聚类分析。

表 5-5 显示了镉-芘污染土壤样品的 C_s 值。C_s 是衡量生物多样性的简便方法，C_s 值越小，说明不同样品间或者某个环境梯度间共有种越少。表 5-5 中可见，芘单一污染(条带 L2 和 L3)与对照土壤(条带 L1)之间的 C_s 值大于 0.68，而镉处理以及镉-芘复合污染的污染土壤与对照土壤之间的 C_s 平均值为 0.51。

表 5-6 显示的是不同样品中细菌多样性指数和物种丰度。从表中可见，条带 L2 和 L3 的多样性指数分别为 2.16 和 2.17，物种丰度分别为 10 和 11，均与对照条带 L1 的数值接近。而在无种植的镉单一污染浓度为 4.5mg/kg 及芘共存分别为 10mg/kg、50mg/kg、100mg/kg 的土壤样品中，多样性指数分别为 1.91、1.84、1.79 和 1.71，物种丰度分别为 7、8、7 和 6。可见，在试验条件下，芘低浓度(10mg/kg)

的单一污染对土壤微生物群落的多样性影响不大，而镉单一污染和镉-芘复合污染均会降低细菌群落的多样性和物种丰度，镉单一污染和镉-芘复合污染对土壤微生物群落多样性的影响大于芘单一污染。Baath 等(1998)的研究也认为重金属严重污染会降低微生物对单一碳底物的利用能力，减少了微生物群落的多样性。

表 5-5　不同土壤样品的 C_s 值

	L1	L2	L3	L4	L5	L6	L7	L8	L9	L10	L11	L12
L1	1.00											
L2	0.71	1.00										
L3	0.68	0.74	1.00									
L4	0.50	0.46	0.42	1.00								
L5	0.43	0.39	0.40	0.38	1.00							
L6	0.47	0.43	0.44	0.84	0.38	1.00						
L7	0.39	0.36	0.38	0.40	0.71	0.35	1.00					
L8	0.43	0.41	0.45	0.67	0.38	0.71	0.36	1.00				
L9	0.41	0.35	0.40	0.39	0.53	0.35	0.58	0.37	1.00			
L10	0.58	0.51	0.52	0.41	0.47	0.47	0.35	0.45	0.30	1.00		
L11	0.52	0.50	0.55	0.41	0.37	0.40	0.31	0.42	0.32	0.65	1.00	
L12	0.00	0.02	0.01	0.09	0.04	0.00	0.03	0.00	0.04	0.00	0.02	1.00

表 5-6　不同样品中细菌多样性指数和物种丰度

	L1	L2	L3	L4	L5	L6	L7	L8	L9	L10	L11	L12
多样性指数(H)	2.14	2.16	2.17	1.84	2.47	1.79	2.63	1.71	2.55	1.91	2.38	1.90
物种丰度(S)	10	10	11	8	14	7	15	6	15	7	11	7

据报道，根系分泌物的数量约占植物光合作用产物输送到地下部分的 4%~70%，分泌物的种类多达 200 种以上。Griffiths 等(1997)发现，随着土壤中根系分泌物的增加，土壤中微生物群落结构不断发生变化，当到达一定数量后，真菌的优势超过细菌；他们认为根系分泌物的改变，将影响到根区微生物的结构和功能。从本试验根际土和无植物土壤中多样性指数和物种丰度的变化来看，无植物土壤中微生物群落多样性指数一般较根际土壤中的低，表明在受镉芘污染的植物-土壤复合系统中，玉米根系分泌物增加了根际土壤中微生物群落 DNA 序列的多样性。

图 5-12 显示了土壤微生物群落 PCR-DGGE 指纹图谱的聚类分析。图中可见，除第 12 个样品(添加叠氮化钠灭菌处理的 C2 无植物土壤)以外，所有供试土壤之间的遗传相似性为 38%，可见不同程度的镉、芘单一污染和镉-芘复合污染造成了土壤微生物遗传多样性之间的差异很大。

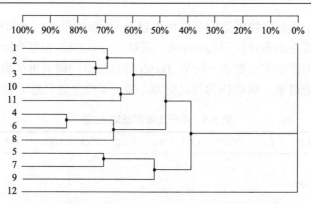

图 5-12　土壤微生物群落 PCR-DGGE 指纹图谱的聚类分析

图中的聚类分析结果还表明，在 50%的遗传相似性水平处出现 3 个群落：①对照土壤、芘单一污染 A2 无植物土和根际土、镉单一污染 C1 无植物土和根际土；②镉-芘复合污染 C2、C3、C4 无植物土；③镉-芘复合污染 C2、C3、C4 根际土。在 65%的遗传相似性水平处出现 5 个群落：①对照土壤、芘单一污染 A2 无植物土和根际土；②镉单一污染 C1 无植物土和根际土；③镉-芘复合污染 C2、C3、C4 无植物土；④镉-芘复合污染 C2、C3 根际土；⑤镉-芘复合污染 C4 根际土。可见，群落类别与污染性质(单一污染或复合污染)呈现相关性，与对照土壤相比，镉-芘复合污染和镉单一污染对土壤遗传相似性的影响要大于芘单一污染。

2. 土壤酶活性的变化

污染物进入土壤后会对土壤微生物活性产生影响，而土壤中酶活性的变化可以反映土壤中微生物和植物根系的降解活性。由于土壤酶参与许多重要的生物化学过程且对生态环境变化具有敏感性，将土壤酶学应用于环境领域中并作为土壤质量评价指标之一，也成为一个研究热点。刘云国等(2002)研究发现镉污染的土壤经过植物修复后，脲酶活性得到恢复，可根据脲酶活性恢复状况判断植物的修复效果。丁克强等(2004)、刘世亮等(2004)等的研究也发现土壤中多酚氧化酶和脱氢酶活性的变化可以反映土壤中微生物和植物根系降解苯并[a]芘等有机物的能力。笔者课题组在前期试验中(张慧等，2007)，对镉-芘复合污染土壤中四种酶活性的变化进行了研究，结果发现镉-芘复合污染土壤中脱氢酶和多酚氧化酶活性对污染颇为敏感。在 Maliszewska-Kordybach 和 Smreczak(2003)的研究中也曾报道脱氢酶活性是评价土壤生态性质最敏感的参数。因此在本试验中，主要研究各处理组土壤经过 60d 种植玉米 CT38 后，种植与未种植玉米土壤中脱氢酶和多酚氧化酶活性的变化，并将无污染物对照 A1 中无植物土样的酶活性设定为对照值100%进行比较，考察镉-芘复合污染中植物修复的机理。

如图 5-13 和图 5-14 所示，各处理组镉-芘复合污染无植物土壤中这两种酶活性均显著低于对照值，且随着土壤中镉、芘污染浓度的增加而降低，脱氢酶和多酚氧化酶的平均活性分别降至对照值的 66.7%和 63.3%。

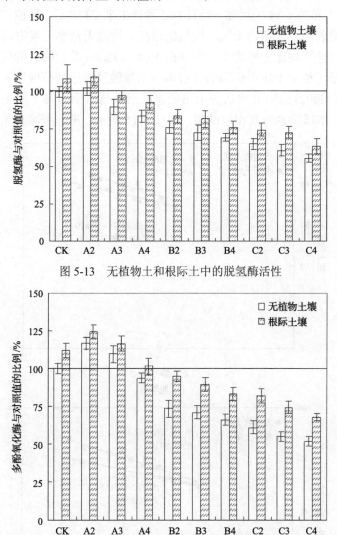

图 5-13　无植物土和根际土中的脱氢酶活性

图 5-14　无植物土和根际土中的多酚氧化酶活性

　　试验也发现在低浓度的芘单一污染土壤中两种酶活性呈现略微的增加，如在芘单一污染初始浓度 10mg/kg 的无植物土壤 A2 中，脱氢酶和多酚氧化酶活性分别增至对照值的 102.3%和 116.8%。然而，由于镉污染的共存，脱氢酶和多酚氧化酶的酶活性急剧下降，当镉浓度为 2.0mg/kg 时，酶活性分别降至对照值的 76.0%和 73.6%；而镉浓度为 4.5mg/kg 时，酶活性分别降至对照值的 65.0%和 61.3%。可见，镉-芘复合污染对土壤生态效应产生了协同抑制的作用。Maliszewska-Kordybach

和 Smreczak(2003)的研究也得出重金属和多环芳烃复合污染对土壤微生物指标的抑制作用在很大程度上大于这两种污染物单一存在的抑制作用。

从图 5-13 和图 5-14 中可知，经过 60d 种植玉米 CT38 后，种植玉米的根际土壤中酶活性显著高于无植物土壤，脱氢酶活性平均比无植物土壤中高出 11.0%，多酚氧化酶活性平均比无植物土壤中高出 18.4%。Kaimi 等(2006)的研究发现无论是根际土还是无植物土壤中柴油的降解率与土壤脱氢酶活性呈现显著正相关性。Namkoong 等(2002)的研究也认为土壤脱氢酶活性与石油污染土壤生物修复能力存在相关性。本试验也得到相似结果，如图 5-15 所示，根际土壤和无植物土壤中

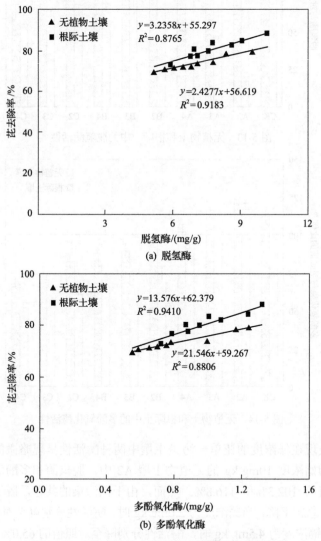

图 5-15　土壤中芘的去除率与土壤酶活性的相关性

芘去除率与脱氢酶活性呈显著线性正相关，R^2 分别为 0.8765 和 0.9183；土壤中芘去除率与多酚氧化酶活性也呈显著线性正相关，R^2 分别为 0.9410 和 0.8806。

试验中土壤中芘去除率与脱氢酶和多酚氧化酶活性呈正相关，即脱氢酶和多酚氧化酶活性越高，则土壤中芘的去除率越高。土壤酶主要来源于土壤微生物和植物的生命活动，在一定程度上，也反映了土壤微生物的活性。另外，土壤酶参与许多重要的生物化学过程，脱氢酶和多酚氧化酶是土壤中重要的氧化还原酶，能够参与芳香烃类化合物的分解转化过程。通过典型酶活性的变化及酶活性与芘去除率的相关性分析，发现种植玉米的土壤中芘的去除效果比无植物土壤中更好的现象。微生物通过分泌酶参与芘的降解，玉米的根系分泌物为根际微生物营造了良好的生长环境并促进其相关降解酶的分泌。玉米植物体也可以吸收积累部分芘，但种植玉米可能主要通过增强土壤中脱氢酶和脲酶等典型酶的活性从而提高微生物对芘的降解。低浓度的芘污染在一定程度上能刺激微生物分泌酶对其进行降解，但随着土壤中芘污染浓度的递增，土壤中的芘对脱氢酶和多酚氧化酶等酶产生毒害作用，酶活性降低，从而抑制了芘的降解，而且浓度越高这种抑制作用会更加明显。可见，在芘单一污染和镉-芘复合污染条件下，用土壤脱氢酶和多酚氧化酶活性作为评价芘削减的指标也是可行的。

综上，与对照比较，芘的单一污染造成玉米根和地上部分的生物量略有降低，但差异不显著；而镉的污染显著降低了玉米根和地上部分的生物量，芘的共存且随污染浓度增加则进一步降低了玉米的生物量。这可能是因为芘与镉的共存产生协同抑制效应，对植物的生长造成负面影响。玉米 CT38 植株根系发达，地上部分生长状态良好，没有呈现明显的中毒现象，说明玉米 CT38 对土壤中镉-芘复合污染的毒性有较好的耐受性。在 60d 的试验周期中，种植玉米能明显促进土壤中芘的削减。而无论在根际土或无植物土壤中，镉的共污染使土壤中芘的残余浓度增加，且在高浓度镉(4.5mg/kg)污染存在的条件下，当芘初始浓度为 50mg/kg 和 100mg/kg 时，尽管种植玉米的根际土壤中芘残余浓度略低于无植物土壤，但差异不显著，可能存在根际质流富集作用。玉米 CT38 体内各个部分也可以对芘产生吸收和积累，在根部的积累浓度显著高于在地上部分的积累浓度。尽管玉米地上部分也可以从大气中吸收积累挥发的一部分芘，但地上部分从根部转移吸收的芘含量显著高于植株从大气中吸收固定的芘，污染土壤中玉米根部积累的芘主要来自根部从土壤中的吸收积累过程，从大气中吸收等作用积累的芘并未大量传输到根部。在本试验中，尽管镉的存在促进了芘在植物体内的积累，但芘在植物体内积累的总量在试验范围内不超过 282μg/pot，对土壤中芘的去除贡献仍不足 0.3%，可见植物吸收作用并不是玉米 CT38 去除土壤中芘的主要途径。根际土壤中，可交换态镉通过植物的吸收作用，使这一形态在根际土壤中较非根际土壤中减少，这可能是根际土壤可交换态镉所占比例下降的主要原因。根系分泌物和根际微生物的作用也可使土壤中重金属的形态发生变化，可能使可交换态向其他较为稳定的形态如有机态、残渣态等形态转化，从而提高镉在土壤中的稳定性，降低其对植物和微生物的毒害作用。芘的共存与否没有土壤中镉的形态变化产生的影响显著，但随着芘共污染浓度的增加，玉米体内镉积累浓度和积累量降低，玉米 CT38 地上部分的镉积累量占到了积累总量的63%以上。对重金属镉芘单一和镉-芘复合污染土壤 16S rDNA V3 可变区片段进行 DGGE 指纹图谱分析，结果表明，本试验无植物土壤中微生物群落多样性指数一般较根际土壤中的低，在受镉芘污染的植物-土壤复合系统中，玉米根系分泌物提高了根际土壤中微生物群落 DNA 序列的多样性。对典型脱氢酶和多酚氧化酶活性的变化及酶活性与芘去除率的相关性进行研究，结果表明，经过 60d种植玉米 CT38 后，根际土壤中这两种酶活性显著高于无植物土壤，且土壤中芘去除率与脱氢酶和多酚氧化酶活性呈正相关性，即脱氢酶和多酚氧化酶活性越高，则土壤中芘的去除率越高。玉米的根系分泌物为根际微生物营造了良好的生长环境并促进其相关降解酶的分泌。种植玉米可能主要通过提高根际土壤中微生物活性，增强土壤中脱氢酶和脲酶等典型酶活性从而促进微生物对芘的降解。

5.3　微生物源表面活性剂协同玉米修复复合污染土壤

在植物修复有机污染物的研究中，人们总希望找到类似重金属超积累植物一样能够超积累多环芳烃等有机污染物的植物，事实上，迄今为止尚没有找到这类植物。提高植物修复效果有两个主要途径：一是寻找或培育富集能力更强的超富集植物；二是通过各种物理、化学、生物和农艺的方法来强化生物量大的植物对重金属的吸收和富集。此外，在重金属和有机物复合污染条件下，较高浓度的重金属污染物的存在对土著微生物产生毒害作用，使植物修复有机物污染的效率较低。因此，有必要采取一些强化措施提高植物修复的效率。

大多数疏水性有机污染物如有机氯农药、石油烃、氯代有机化合物和多环芳烃等在土壤系统中以吸附态或液态形式存在，在水中不溶或微溶，不易被土壤微生物所利用。表面活性剂因其对有机物质的增溶、增流作用在土壤和水体的有机污染修复中应用广泛，近年来开始使用于土壤重金属污染治理的研究中。表面活性剂是指能明显改变体系的界面性质与状态的物质，因其可降低疏水性物质的界面张力，促进它们的解吸和溶解，增强其生物可利用程度，表面增效修复已成为环境中疏水性有机污染物修复的强化措施之一。通过降低表面张力和增溶作用解吸被土壤吸附的重金属，表面活性剂的络合特性将使重金属在土壤(沉积物)中的形态、迁移规律发生变化，这些性质将影响到有机污染物和重金属污染物的环境化学行为和生物有效性。表面活性剂的两亲性使之能与细胞膜中成分的亲水和亲脂基团相互作用，从而改变膜的结构和透性，也可促进修复植物对污染物的吸收。生物表面活性剂作为由微生物产生的一类新型表面活性剂，相对于化学表面活性剂有低毒性、可降解性、生态相容性、高效性和稳定性等诸多优势，在环境工程领域特别是土壤修复中的应用也得到了越来越多的关注。

5.3.1　生物表面活性剂产生菌的筛选与鉴定

1. 生物表面活性剂产生菌的筛选

通过反复的富集培养、摇瓶培养、平板划线分离得到能降低发酵液表面张力的 8 株细菌，将这 8 株细菌及实验室保存的 5 株细菌进一步进行摇瓶试验，对其发酵液的表面张力进行测定(表 5-7)，最后筛选到 2 株 BM-12、BM-13 所产生物表面活性剂的表面活性较为稳定、表面张力值较低的细菌，用斜面保存，待进一步鉴定用。

表 5-7　菌株发酵液表面张力测定结果

样品编号	表面张力/(mN/m)	样品编号	表面张力/(mN/m)
蒸馏水	70.6	BM-7	39.2
CK(发酵液)	62.8	BM-8	44.1
BM-1	48.6	BM-9	50.9
BM-2	47.2	BM-10	51.5
BM-3	44.4	BM-11	49.7
BM-4	49.6	BM-12	35.3
BM-5	39.9	BM-13	32.1
BM-6	50.0		

2. 生物表面活性剂产生菌的鉴定

1) 生理生化试验结果

菌株 BM-12、BM-13 的菌落形态和革兰氏染色后照片见图 5-16。在光学显微镜下可见 BM-12 为长杆状，单个排列呈不规则状生长，表面光滑半透明，边缘不整齐。此外，菌株 BM-12 产绿色色素，菌落呈现绿色。菌株 BM-13 也呈杆状，24h 内菌落较小，呈浅黄色，表面光滑半透明，边缘不整齐，呈波状，生长 48h 后发现菌落呈褐色；随着时间延长，菌落开始变大，颜色逐渐变深。

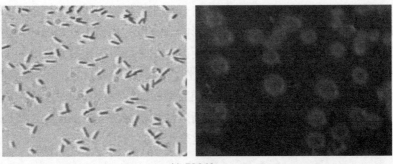

(a) BM-12

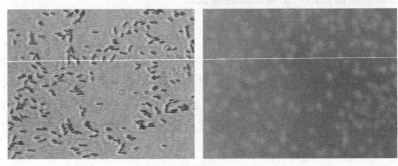

(b) BM-13

图 5-16　菌株革兰氏染色显微镜照片(左)和菌落形态照片(右)

BM-12 和 BM-13 的部分生理生化试验结果见表 5-8。

表 5-8　两株生物表面活性剂产生菌的生理生化特性

生理生化指标	BM-12	BM-13	生理生化指标	BM-12	BM-13
革兰氏染色	–	–	葡萄糖发酵	–	–
氧气	好氧	好氧	硝酸盐还原	–	+
氧化酶	+	+	淀粉水解	–	–
接触酶	+	+	精氨酸双水解	–	+
苯丙氨酸脱氨酶	–	–	硫化氢试验	–	+
V-P 试验	–	–	吲哚试验	–	–
明胶液化	+	+	甲基红(MR)试验	–	–

注：＋表示阳性；–表示阴性；—表示未做此试验。

2)16S rDNA 序列分析

(1)测序结果及比较。通过提取菌株 BM-12、BM-13 的总 DNA，采用对细菌 16S rDNA 特异的引物 F27 和 R1522 进行 PCR 扩增，分别获得了 1426bp、1444bp 大小的 PCR 产物。菌株 BM-12 和 BM-13 的克隆测序结果分别见图 5-17 和图 5-18。

TCGAGCGGAT GAAGGGAGCT TGCTCCTGGA TTCAGCGGCG GACGGGTGAG TAATGCCTAG GAATCTGCCT

GGTAGTGGGG GATAACGTCC GGAAACGGGC GCTAATACCG CATACGTCCT GAGGGAGAAA GTGGGGGATC

TTCGGACCTC ACGCTATCAG ATGAGCCTAG GTCGGATTAG CTAGTTGGTG GGGTAAAGGC CTACCAAGGC

GACGATCCGT AACTGGTCTG AGAGGATGAT CAGTCACACT GGAACTGAGA CACGGTCCAG ACTCCTACGG

GAGGCAGCAG TGGGGAATAT TGGACAATGG GCGAAAGCCT GATCCAGCCA TGCCGCGTGT GTGAAGAAGG

TCTTCGGATT GTAAAGCACT TTAAGTTGGG AGGAAGGGCA GTAAGTTAAT ACCTTGCTGT TTTGACGTTA

CCAACAGAAT AAGCACCGGC TAACTTCGTG CCAGCAGCCG CGGTAATACG AAGGGTGCAA GCGTTAATCG

GAATTACTGG GCGTAAAGCG CGCGTAGGTG GTTCAGCAAG TTGGATGTGA AATCCCCGGG CTCAACCTGG

GAACTGCATC CAAAACTACT GAGCTAGAGT ACGGTAGAGG GTGGTGAAT TTCCTGTGTA GCGGTGAAAT

GCGTAGATAT AGGAAGGAAC ACCAGTGGCG AAGGCGACCA CCTGGACTGA TACTGACACT GAGGTGCGAA

AGCGTGGGGA GCAAACAGGA TTAGATACCC TGGTAGTCCA CGCCGTAAAC GATGTCGACT AGCCGTTGGG

ATCCTTGAGA TCTTAGTGGC GCAGCTAACG CGATAAGTCG ACCGCCTGGG GAGTACGGCC GCAAGGTTAA

AACTCAAATG AATTGACGGG GGCCCGCACA AGCGGTGGAG CATGTGGTTT AATTCGAAGC AACGCGAAGA

ACCTTACCTG GCCTTGACAT GCTGAGAACT TTCCAGAGAT GGATTGGTGC CTTCGGGAAC TCAGACACAG

GTGCTGCATG GCTGTCGTCA GCTCGTGTCG TGAGATGTTG GGTTAAGTCC CGTAACGAGC GCAACCCTTG

TCCTTAGTTA CCAGCACCTC GGGTGGGCAC TCTAAGGAGA CTGCCGGTGA CAAACCGGAG GAAGGTGGGG

ATGACGTCAA GTCATCATGG CCCTTACGGC CAGGGCTACA CACGTGCTAC AATGGTCGGT ACAAAGGGTT

GCCAAGCCGC GAGGTGGAGC TAATCCCATA AAACCGATCG TAGTCCGGAT CGCAGTCTGC AACTCGACTG

CGTGAAGTCG GAATCGCTAG TAATCGTGAA TCAGAATGTC ACGGTGAATA CGTTCCCGGG CCTTGTACAC

ACCGCCCGTC ACACCATGGG AGTGGGTTGC TCCAGAAGTA GCTAGTCTAA CCGCAAGGGG GACGGTTACC

ACGGAGTGAT TCATTACGGG GGGAAC

图 5-17　菌株 BM-12 的 16S rDNA 测序结果(长度=1426bp)

GCGCCGTTAC CATGCAGTCG AGCGGATGAA GGGAGCTTGC TCCTGGATTC AGCGGCGGAC GGGTGAGTAA

TGCCTAGGAA TCTGCCTGGT AGTGGGGGAT AACGTCCGGA AACGGGCGCT AATACCGCAT ACGTCCTGAG

GGAGAAAGTG GGGGATCTTC GGACCTCACG CTATCAGATG AGCCTAGGTC GGATTAGCTA GTTGGTGGGG

TAAAGGCCTA CCAAGGCGAC GATCCGTAAC TGGTCTGAGA GGATGATCAG TCACACTGGA ACTGAGACAC

GGTCCAGACT CCTACGGGAG GCAGCAGTGG GGAATATTGG ACAATGGGCG AAAGCCTGAT CCAGCCATGC

CGCGTGTGTG AAGAAGGTCT TCGGATTGTA AAGCACTTTA AGTTGGGAGG AAGGGCAGTA GTTAATACC

TTGGTGTTTT GACGTTACCA ACAGAATAAG CACCGGCTAA CTTCGTGCCA GCAGCCGCGG TAATACGAAG

GGTGCAAGCG TTAATCGGAA TTACTGGGCG TAAAGCGCGC GTAGGTGGTT CAGCAAGTTG GATGTGAAAT

CCCCGGGCTC AACCTGGGAA CTGCATCCAA AACTACTGAG CTAGAGTACG GTAGAGGGTG GTGGAATTTC

CTGTGTAGCG GTGAAATGCG TAGATATAGG AAGGAACACC AGTGGCGAAG GCGACCACCT GGACTGATAC

TGACACTGAG GTGCGAAAGC GTGGGGAGCA AACAGGATTA GATACCCTGG TAGTCCACGC CGTAAACGAT

GTCGACTAGC CGTTGGGATC CTTGAGATCT TAGTGGCGCA GCTAACGCGA TAAGTCGACC GCCTGGGGAG

TACGGCCGCA AGGTTAAAAC TCAAATGAAT TGACGGGGGC CCGCACAAGC GGTGGAGCAT GTGGTTTAAT

TCGAAGCAAC GCGAAGAACC TTACCTGGCC TTGACATGCT GAGAACTTTC CAGAGATGGA TTGGTGCCTT

CGGGAACTCA GACACAGGTG CTGCATGGCT GTCGTCAGCT CGTGTCGTGA GATGTTGGGT TAAGTCCCGT

AACGAGCGCA ACCCTTGTCC TTAGTTACCA GCACCTCGGG TGGGCACTCT AAGGAGACTG CCGGTGACAA

ACCGGAGGAA GGTGGGGATG ACGTCAAGTC ATCATGGCCC TTACGGCCAG GGCTACACAC GTGCTACAAT

GGTCGGTACA AAGGGTTGCC AAGCCGCGAG GTGGAGCTAA TCCCATAAAA CCGATCGTAG TCCGGATCGC

AGTCTGCAAC TCGACTGCGT GAAGTCGGAA TCGCTAGTAA TCGTGAATCA GAATGTCACG GTGAATACGT

TCCCGGGCCT TGTACACACC GCCCGTCACA CCATGGGAGT GGGTTGCTCC AGAAGTAGCT AGTCTAACCG

CAAGGGGGAC GGTTACCACG GAGTGATTCA TGACTGGGGT AAAG

图 5-18　菌株 BM-13 的 16S rDNA 测序结果(长度=1444bp)

(2) 聚类分析。用生物信息技术网站(http://www.ncbi.nlm.nih.gov/blast)中 Blast 软件与 GenBlank 数据库中的 16S rDNA 序列进行同源性比较,将菌株 BM-12、BM-13 的 16S rDNA 序列与 Blast 得到的相似性较高的 16S rDNA 序列及与其生理生化分类接近的属的模式菌株的 16S rDNA 序列进行聚类分析,得到该菌株的系统分类树。16S rDNA 由于在细胞中相对稳定,并且同时具有在所有生物中都包含的高度保守序列的优点,目前公认,当某 2 个细菌的 16S rDNA 的同源性大于 95% 时,可将其归为同一属。

从系统进化树(图 5-19)可看出,菌株 BM-12、BM-13 与 *Pseudomonas* 菌属的菌株在同一个大的分支内,但与 *Burkholderia* 和 *Stenotrophomonas* 菌属在进化上的距离则相对较远,且同源性也低于 *Pseudomonas* 菌属。其中 BM-12 与菌株 *Pseudomonas aeruginosa* strain ATCC10145(AF094713)的同源性达到 100%,其与 *Pseudomonas* 的其他菌株系统发育关系很近。结合分离菌株的形态观察、生理生化特性和 16S rDNA 序列比对分析结果,初步鉴定菌株 BM-12 为铜绿假单胞菌(*Pseudomonas aeruginosa*);BM-13 属于假单胞菌属(*Pseudomonas*),最可能为铜绿假单胞菌(*Pseudomonas aeruginosa*)。

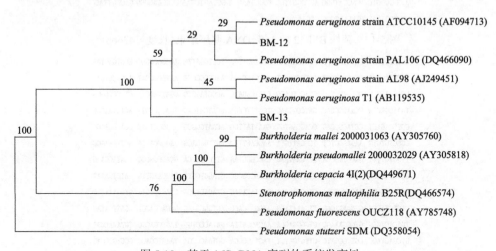

图 5-19　基于 16S rDNA 序列的系统发育树

铜绿假单胞菌原称绿脓杆菌,广泛存在于土壤、水、植物及动物活动环境中,是产生鼠李糖脂生物表面活性的一种重要菌属。生物表面活性剂能够增强憎水性化合物的亲水性和生物可利用性,增加土壤微生物的数量,而且降解速度的提高远远高于单独加入某种营养成分所提高的速度,缩短可被微生物利用的适应时间,因而在环境污染的生物治理方面具有极大的应用潜力。

5.3.2　生物表面活性剂分析

1. 生物表面活性剂的产生与活性分布

1) 生物表面活性剂的产生

由图 5-20 可知，菌株 BM-13 在生长过程中逐渐合成并释放生物表面活性剂，使培养液的表面张力由 62.1mN/m 降到 32.1mN/m。菌在生长初期和对数期开始产生生物表面活性剂。可见，产表面活性剂的菌 BM-13 为生长相关型。

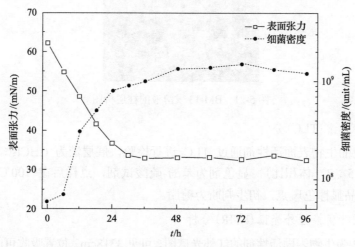

图 5-20　表面张力和细菌密度随时间的变化

2) 生物表面活性剂的活性分布

分别测试空白培养液、菌株 BM-13 的 72h 发酵液、发酵液离心后上层清液及破碎菌体细胞(以等体积双蒸水稀释)释放的表面张力，结果见表 5-9。表面张力的测定结果表明，表面活性成分主要集中在胞外。

表 5-9　生物表面活性剂的表面张力

	空白培养液	发酵液	发酵液上清液	细胞破碎释放
表面张力 mN/m	62.1	32.1	32.5	55.6

2. 生物表面活性剂的定性分析

对菌株 BM-13 的发酵液里的生物表面活性剂进行离心、萃取、柱层析等分离提纯流程。图 5-21 是 BM-13 发酵液的柱层析图。

图 5-21　BM-13 发酵液的柱层析图

1) 薄层色谱(TLC)分析

将提纯的生物表面活性剂通过 TLC 进行检验，展层液为 CHCl₃：CH₃OH：H₂O(65：15：2，体积比)，显色剂为苯酚-硫酸试剂，点样后在 100℃烘烤 5～10min，样品显棕色斑点，初步判断为糖脂。

2) 傅里叶变换红外光谱(FTIR)分析

图 5-22 为生物表面活性剂的红外光谱图，可见 3318cm⁻¹ 位置吸收可能为 H—O

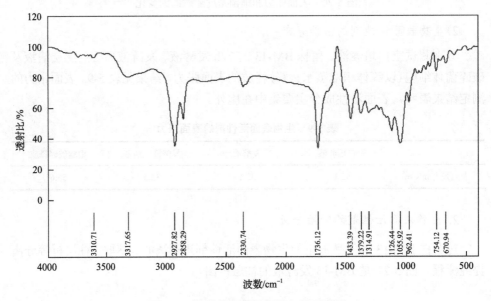

图 5-22　生物表面活性剂的红外光谱图

键伸缩振动所致；2928cm^{-1}、2858cm^{-1} 和 1463cm^{-1} 附近的吸收带可能为分子碳链上 C—H 键伸缩振动引起；1736cm^{-1} 位置的吸收可能为 C=O 键伸缩振动引起；1653cm^{-1} 为出 C=C 键的伸缩振动吸收带；1056cm^{-1} 处的吸收可能为 C—O—C 键的伸缩振动所致，表明分子中存在环状内酯结构和糖苷键。根据谱图分析和文献（梁生康等，2005；尹华等，2005），推测物质为糖与环脂结合形成的不饱和糖脂类物质。

3）高效液相色谱-质谱（HPLC-MS）表征

本试验采用 HPLC-MS 对分离得到的糖脂进行结构表征，其中图 5-23 为铜绿假单胞菌株 BM-13 所产的糖脂高效液相色谱-电喷雾电离-质谱（HPLC-ESI-MS）分析的总离子流色谱图。

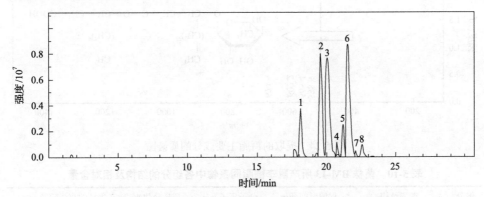

图 5-23　鼠李糖脂 HPLC-ESI-MS 的总离子流色谱图

图 5-24 为提取的糖脂主要成分的质谱图，表 5-10 给出了各组分的分子离子 m/z、相应的离子碎片 m/z 及相对含量。可以看出，菌株 BM-13 所产糖脂中共含有 8 种鼠李糖脂同系物，都有 1～2 个分子的鼠李糖和 1～2 个含有 β-羟基的碳链长度为 8～12 的脂肪酸组成，其中，含量最高的三种组分为 Rha-C$_{10}$-C$_{10}$、Rha-Rha-C$_{10}$-C$_{10}$ 和 Rha-C$_{10}$-C$_8$。

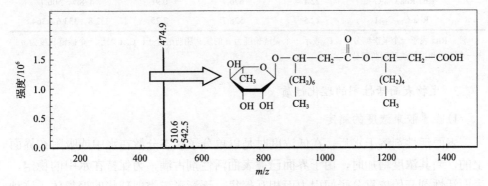

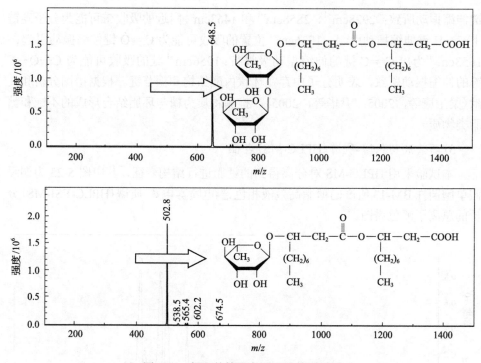

图 5-24　提取的糖脂主要成分的质谱图

表 5-10　菌株 BM-13 所产鼠李糖脂同系物中各组分的结构及相对含量

组分	糖脂结构	保留时间/min	分子离子 m/z	质量分数/%	主要的离子碎片 m/z
1	Rha-Rha-C_{10}-C_8	18.1	620.4	9.36	450.9、478.7、246.7
2	Rha-C_{10}-C_8	19.6	474.9	19.49	310.8、304.9、332.8
3	Rha-Rha-C_{10}-C_{10}	20.0	648.5	30.71	478.8、246.7
4	Rha-C_{10}-C_{10}:1	20.7	500.9	1.42	304.8、336.8
5	Rha-Rha-C_{10}-C_{12}:1	21.2	674.6	5.02	478.8、480.5
6	Rha-C_{10}-C_{10}	21.5	502.8	30.83	332.9、338.8
7	Rha-Rha-C_{10}-C_{12}	22.1	676.7	0.91	478.7、506.7
8	Rha-C_{10}-C_{12}:1	22.5	528.7	2.25	332.8、333.6、364.8

注：Rha 表示一个鼠李糖分子；C_n 表示一个碳链长度为 n 的烷基脂肪酸分子；C_n:1 表示一个碳链长度为 n 的含一个不饱和键的烷基脂肪酸分子。

3. 生物表面活性剂的理化性质

1) 临界胶束浓度的测定

表面活性剂溶于水后，在低浓度时是以单分子状态分散在水中或吸附在界面上的，当其浓度增加时，由于界面已被表面活性剂占满，为保持水中的稳定，表面活性剂开始依靠分子间引力而相互聚集，逐渐形成类似球状的聚集体，这种

聚集体称为胶束。表面活性剂在溶液中形成胶束的最低浓度称为临界胶束浓度
（critical micelle concentration，CMC）。CMC 可作为表面活性剂表面活性的一种度
量，CMC 越小，表示此种表面活性剂形成胶团所需的浓度越低，达到表面饱和吸
附的浓度就越低。因而，改变表面性质，使起润湿、乳化、增溶等作用所需的浓
度越低。从不同浓度生物表面活性剂溶液的表面张力变化曲线（图 5-25）可求得
CMC 为 50mg/L，在 CMC 时的表面张力为 30.5mN/m。

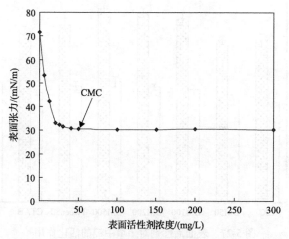

图 5-25　表面张力与浓度的关系

2）耐酸碱性测定

图 5-26 表示介质 pH 对生物表面活性剂溶液表面张力的影响，可知 pH 对生
物表面活性剂的性能有一定的影响。当 pH<6.0 时，糖脂溶液不稳定而变浑浊，
其表面张力随 pH 增大迅速减小。当 pH 从 6.0 增大到 14.0 时，生物表面活性剂溶
液的表面张力变化不大，基本维持在 31.0～35.6mN/m，这表明该生物表面活性剂
可以在较宽的 pH 范围内保持活性。

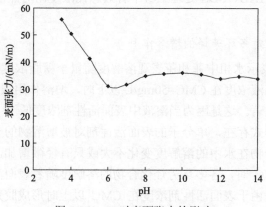

图 5-26　pH 对表面张力的影响

3) 表面活性剂对土壤中镉的活化作用

图 5-27 显示了菌株 BM-13 所产生物表面活性剂与 3 种不同类型化学合成表面活性剂对土壤中镉的活化作用比较。

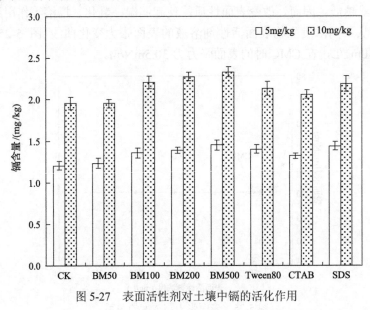

图 5-27　表面活性剂对土壤中镉的活化作用

　　结果表明，与对照相比，表面活性剂的添加都对土壤中镉产生了活化效果，在 5mg/kg 镉污染土壤中，BM-13 菌株所产的表面活性剂溶液浓度为 2 倍临界胶束浓度以上，使有效态镉浓度与对照相比平均增加 12.8%，而 3 种化学合成表面活性剂吐温 80、CTAB、SDS 处理土壤中有效态镉浓度比对照值分别增加 16.4%、9.8%和 19.7%；在 10mg/kg 镉污染土壤中，与对照值相比，BM-13 菌株所产生物表面活性剂处理使土壤中有效态镉的浓度平均增加 13.1%，而 3 种化学合成表面活性剂吐温 80、CTAB、SDS 处理土壤中有效态镉浓度比对照值分别增加 9.2%、5.4%和 12.1%。

4) 表面活性剂对多环芳烃的增溶作用

　　图 5-28 分别表示水相中菲和芘表观溶解度随鼠李糖脂浓度变化曲线，可以看出当表面活性剂溶液浓度在 CMC=50mg/L 以下时，增溶作用很弱，但在 CMC 以上时，增溶作用显著。这是因为当溶液中表面活性剂浓度低于 CMC 时，表面活性剂分子以单体形式存在，单分子的表面活性剂对被增溶物的分配作用很弱，因而各多环芳烃化合物在水中的溶解度变化不大或只有轻微增加。当溶液中表面活性剂浓度大于 CMC 时，各多环芳烃化合物的溶解度随着表面活性剂浓度的增加呈线性增大，这是由于表面活性剂浓度在 CMC 以上时形成胶束，胶束通过疏水

微环境加强了对疏水性有机溶质的分配作用,显著增大溶质的表观溶解度(余海粟和朱利中,2004)。这种情况也表明了生物表面活性剂对多环芳烃(菲和芘)的增溶作用主要归因于表面活性剂形成胶束。龙涛等(2003)研究了非离子型表面活性剂吐温 80 对菲的增溶作用,研究结果表明,在浓度为 2000mg/L 的吐温 80 溶液中,菲的溶解度增大了 19.2 倍。相关研究也指出,当非离子型表面活性剂吐温 20 浓度为 2000mg/L 时,菲的溶解度增大了 12.9 倍。

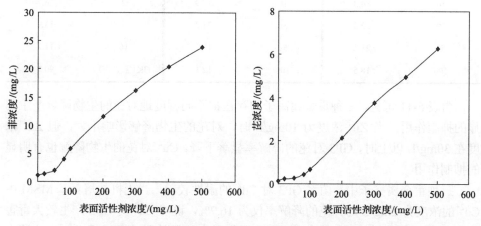

图 5-28　生物表面活性剂对多环芳烃的增溶作用

　　而本书研究中,当生物表面活性剂浓度处于 500mg/L 时,菲和芘的溶解度分别增大了 20 倍和 60 倍以上。这说明,在一定程度上生物表面活性剂有优于化学表面活性剂的性能。Thangamani 和 Shreve(1994)对比了阴离子表面活性剂鼠李糖脂和十二烷基苯磺酸钠(ABS)对多介质环境中正十六烷的增溶能力,结果发现前者的摩尔增溶比(MSR)是后者的 20 倍。Page 等(1999)在利用表面活性剂提高多环芳烃向水相的传质速率时发现,红球菌(*Rhodococcus* sp.)H13-A 所产生物表面活性的效能是化学合成表面活性剂吐温 80 的 35 倍。生物表面活性剂对多环芳烃较大的增溶能力不仅是由于它具有较低的 CMC,而且与其胶束结构特性有关。由于鼠李糖脂同系物的一些分子中含有两个疏水烷基,这些碳链占据较大的空间,使鼠李糖脂分子所形成的胶束形式可能为圆柱状或棒状,而不可能为球状,这种胶束内径较大,能够容纳较多的疏水性有机化合物分子(陈晓鹏,2008)。

　　5)生物表面活性剂对镉共存条件下多环芳烃的增溶作用

　　在实际的污染点,不会只存在一种污染物,一般会有多种有机和无机污染物同时存在。目前土壤中大多存在多环芳烃与重金属复合污染的状况,会影响微生物的生理习性及其对污染物的利用,进而影响多环芳烃降解效率。试验考察三种重金属离子对混合菌系 GP3(混合菌系中包括 GP3A 和 GP3B 两种菌,中国典型培养物保藏中心保藏，其中 GP3A 的保藏编号为 CCTCC NO: M 207166，GP3B 的保藏编号为 CCTCC NO: M 207167) 降解芘的影响。表 5-11 显示了添加了不同浓度 Zn^{2+}、Cu^{2+} 和 Cd^{2+} 离子对芘生物降解的影响。

表 5-11　重金属离子对菌株降解芘的影响

Zn^{2+} 浓度/(mg/L)	降解率/%	Cu^{2+} 浓度/(mg/L)	降解率/%	Cd^{2+} 浓度/(mg/L)	降解率/%
10	84.3	10	37.9	2	16.7
30	32.3	30	21.3	5	13.9
50	21.2	50	19.1	10	11.2
100	18.5	100	12.1	CK（无 Cd^{2+}）	90.2

由表 5-11 可见，三种重金属离子的存在都不同程度地对芘的生物降解产生明显的抑制作用。当 Zn^{2+} 浓度为 10mg/L 时，对芘的生物降解影响不大，但 Zn^{2+} 浓度在 30mg/L 以上时，GP3 对芘的降解率显著下降。Cu^{2+} 对芘的生物降解也有明显的抑制作用。

三种重金属离子中，菌系 GP3 对 Cd^{2+} 的耐性较差，当无机盐培养基 MSM 中 Cd^{2+} 的浓度为 2mg/L 时，芘的降解率仅为 16.7%，说明 Cd^{2+} 对 GP3 产生较大毒害作用。同时结合图 5-29 中 Cd^{2+} 对 GP3 菌系生长量的影响可以看出，当溶液中 Cd^{2+} 的浓度为 2～10mg/L 时，整个生长周期 Cd^{2+} 对 GP3 菌系的菌密度均产生明显抑制作用，使菌密度急剧下降 1～2 个数量级，因此芘的生物降解率也受到抑制（表 5-11）。

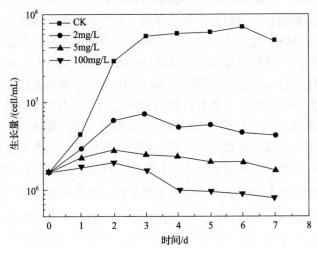

图 5-29　Cd^{2+} 对 GP3 菌系生长量的影响

cell 表示菌的个数

而另一组样品中，分别向芘浓度 15mg/L、Cd^{2+}浓度为 2mg/L 的共存体系中添加生物表面活性剂使其浓度分别为 50mg/L、100mg/L、500mg/L。结果如图 5-30 所示，当溶液中鼠李糖脂浓度为 50mg/L 时，菌密度变化不大，但当溶液中鼠李糖脂的浓度增加至 500mg/L 时，菌系 GP3 生长量和芘的生物降解率都显著增加，且 GP3 生长量与无镉存在时差异不显著。这可能是体系中生物表面活性剂鼠李糖脂与溶液中镉离子络合，缓解了 Cd^{2+} 对 GP3 的毒害作用。

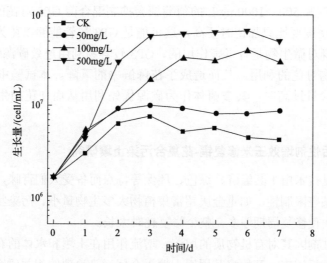

图 5-30　Cd^{2+}共存体系中生物表面活性剂对 GP3 菌系生长量的影响

图 5-31 显示了体系中芘的生物降解率，可知在 Cd^{2+} 浓度为 2mg/L 的共存体系

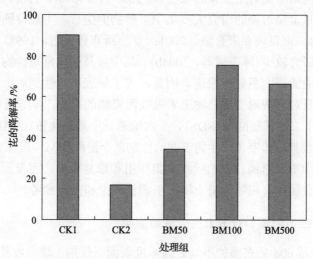

图 5-31　Cd^{2+}共存体系中生物表面活性剂对芘生物降解的影响

CK1 为无 Cd^{2+}；CK2 为 Cd^{2+} 2mg/kg

中，添加鼠李糖脂在缓解 Cd^{2+} 对 GP3 生物量抑制作用的同时，也促进了芘的降解，当鼠李糖脂的浓度分别为 50mg/L、100mg/L 和 500mg/L 时，芘的降解率分别为 34.5%、75.3% 和 66.3%。

但同时也发现，在 500mg/L 的鼠李糖脂作用下，尽管体系中 GP3 菌密度高于鼠李糖脂添加浓度为 100mg/L 的降解体系，但体系中芘的生物降解率却低于后者。课题组前期研究工作对芘降解菌系 GP3 的生物降解性能研究时也发现（陈晓鹏，2008），外加碳源 500～1000mg/L 的葡萄糖会抑制混合菌 GP3 对芘的利用，而此时 GP3 的菌密度要比只加芘时要高，这可能是 GP3 尽管能够以芘为唯一碳源，但由于芘本身对微生物是有毒害作用的，GP3 较容易利用速效碳源物质葡萄糖，抑制了微生物对芘的利用，从而造成了芘降解率的下降。本试验中，也可能是在鼠李糖脂含量过高时，其被菌体作为碳源优先利用从而使芘的生物降解率有所降低。

5.3.3　表面活性剂增效玉米修复镉-芘复合污染土壤研究

植物修复技术由于其经济、绿色、环保等特点而备受人们青睐，但也存在着一些缺陷和某些限制性，如重金属超富集植物大多生物量小、污染物生物可利用性低等，从而使修复周期增多，整个修复耗时太长。

表面活性剂因其对有机物质的增溶、增流作用在土壤和水体的有机污染修复中广泛应用。近年来，开始将其用于土壤重金属污染治理的相关研究。表面活性剂除了可促进土壤中重金属的解吸、增溶和提高其生物利用性外，还可以通过增大细胞膜的透性来增加对重金属的吸收（陈玉成等，2004a）。目前，有关表面活性剂对植物修复重金属污染的研究大多集中于植物的生长、生理特征的变化等方面（张永等，2004；束良佐和朱育晓，2001；罗立新和孙铁珩，1998），而影响植物吸收重金属的研究较少（陈玉成等，2004b），其中涉及强化常规植物修复重金属和有机物复合污染的研究更鲜有报道。因此，为了解表面活性剂对土壤重金属和多环芳烃的解吸及对常规耐受型植物玉米吸收污染物的影响，本节选取了 3 类化学表面活性剂：十二烷基硫酸钠（SDS）、十六烷基三甲基溴化铵（CTAB）、聚山梨酯 80（吐温 80）和前期试验制备的生物表面活性剂鼠李糖脂（BM），研究它们对镉-芘复合污染物土壤中玉米对镉、芘的吸收富集作用和修复效果，为表面活性剂强化常规植物修复重金属和有机物污染土壤提供理论依据和实践参考。

1. 表面活性剂的添加对玉米生长量的影响

图 5-32 表示 60d 后在添加不同处理浓度表面活性剂土壤中收获玉米 CT38 根和地上部分的生物量。由图中可见，CTAB 和 SDS 的添加，尤其在较高浓度作用下（CTAB $\geqslant$ 400mg/kg；SDS $\geqslant$ 800mg/kg）对植物生长有明显的抑制作用；吐温 80

处理仅在添加浓度较高时（≥800mg/kg），植物的生物量略有减少；而生物表面活性剂 BM 的添加对植物生物量的影响差异不显著（$P > 0.05$）。表面活性剂增效植物修复是利用表面活性剂对土壤中污染物的增溶洗脱作用和对植物/微生物可利用性的影响，提高植物修复的效率。适宜的表面活性剂应满足：能增强植物修复的效率；对植物以及土壤微生态无害。上述结果表明，由于对植物生长有很强的毒害作用，高浓度 SDS 或 CTAB 显然不适合用于增效植物修复。

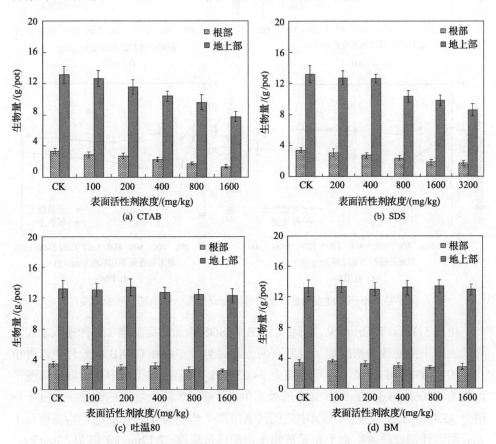

图 5-32　生长在不同浓度表面活性剂处理土壤中玉米 CT38 的生物量

2. 增效植物修复作用

1）增效试剂对土壤中芘消减的影响

图 5-33 是不同浓度表面活性剂施入量与复合污染土壤中芘残留浓度的关系曲线，可见显然表面活性剂存在下种植玉米土壤中芘残留浓度一般要低于相应的无植物对照土壤，表明植物对土壤中芘的降解有明显贡献。

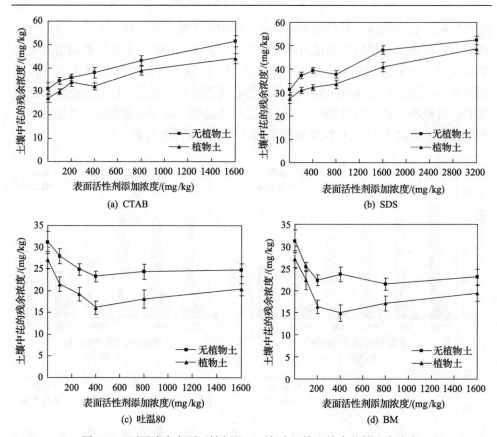

图 5-33　不同浓度表面活性剂处理下复合污染土壤中芘的残余浓度

　　由图 5-33（a）和（b）可见，随着 CTAB 和 SDS 添加浓度的增加，种植玉米和无种植土壤中芘的残余浓度均呈现升高的变化趋势。在添加 CTAB 的处理中，种植玉米的土壤中芘的残余浓度平均值为 34.03mg/kg，无植物土壤中芘的残余浓度平均值为 39.06mg/kg；在添加 SDS 的处理中，种植玉米的土壤中芘的残余浓度平均值为 35.48mg/kg，无植物土壤中芘的残余浓度平均值为 41.04mg/kg，均显著高于无表面活性剂处理的植物土和无植物土中芘残余浓度 27.12mg/kg 和 31.13mg/kg。显然，CTAB 和 SDS 的添加降低了镉-芘复合污染土壤中芘的修复效率。

　　由图 5-33（c）和（d）可见，随着吐温 80 和生物表面活性剂 BM 的添加，无论种植玉米土壤或无植物土壤中芘残余浓度均呈现显著降低的趋势。在添加吐温 80 的处理中，种植玉米的土壤中芘的残余浓度平均值为 19.05mg/kg，无植物土壤中芘的残余浓度平均值为 25.08mg/kg，比无表面活性剂处理的植物土和无植物土中芘残余浓度分别降低了 30% 和 19%；在添加生物表面活性剂 BM 的处理中，种植玉米的土壤中芘的残余浓度平均值为 18.01mg/kg，无植物土壤中芘的残余浓度平均值为 23.18mg/kg，比无表面活性剂处理的植物土和无植物土中芘残余浓度分别降低了 34%和 26%。

可见，吐温 80 和生物表面活性剂 BM 的添加提高了镉-芘复合污染土壤中芘的修复效率，且生物表面活性剂 BM 的处理效果优于吐温 80 处理。在 0～400mg/kg 吐温 80 和 0～800mg/kg BM 处理下，玉米土壤中芘的残留浓度明显比无表面活性剂时低，即 0～400mg/kg 吐温 80 和 BM 提高了玉米修复土壤芘污染的效率；而施加大于 800mg/kg 吐温 80 和 BM 时，种植玉米和无种植土壤中芘残留浓度虽然比对照值低，但出现残余浓度增高的趋势，这有可能是因为表面活性剂的大量使用，被降解类微生物作为碳源优先利用或对土壤的物理化学性质和生物学性质产生一定的负面影响。可见，表面活性剂对植物修复土壤芘污染的增效作用与表面活性剂浓度也有很大关系。

2)增效试剂对土壤中镉的植物积累作用的影响

表 5-12 列出了表面活性剂对土壤中镉的植物积累作用的影响。从表中可以看出，植物体内的镉浓度与镉吸收量也明显受到表面活性剂的类型与添加浓度的影响，且不同植物部位影响程度不同。在试验浓度范围，随着土壤中 SDS、吐温 80 和 BM 添加浓度的增加，植物根部镉积累浓度显著增加，与对照值相比，SDS 添加使根部镉浓度平均增加了 32%，吐温 80 和 BM 也使植物根部的镉浓度分别平均增加了 27%和 24%；而 CTAB 的添加对植物根部镉浓度影响不大，与对照值相比，植物根部镉积累浓度平均略微增加 7%。

从表 5-11 中结果可知，表面活性剂的添加也使植物地上部分的镉浓度有所增加，但情况与根部有所不同。试验浓度范围内，随着表面活性剂添加浓度的增加，植物地上部分(茎和叶)对镉积累浓度显著增长。与对照值相比，CTAB 添加使地上部分镉浓度平均增加了 68%，SDS 使植物根部的镉浓度平均增加了 43%，吐温 80 和 BM 的添加也使植物地上部分对镉的积累浓度分别增加了 23%和 25%。从表中还可以看出，在添加表面活性剂 CTAB 的处理中，植物的转运系数 S/R 随 CTAB 添加浓度的提高而显著增加，可见添加 CTAB 有促进镉向地上部分转移的倾向。

试验结果表明，不同类型的表面活性剂对植物根部和地上部分镉积累的促进作用不同。不同表面活性剂对植物根部镉积累促进作用大小顺序为：SDS(阴离子型)＞吐温 80(非离子型)＞BM(阴离子型)＞CTAB(阳离子型)；而对植物地上部分镉积累促进作用大小顺序为：CTAB(阳离子型)＞SDS(阴离子型)＞BM(阴离子型)＞吐温 80(非离子型)。这与国内陈玉成等(2004a)的研究结果不同，他们的研究指出不同类型的表面活性剂对玉米和雪菜叶镉积累的促进作用为：阴离子型＞非离子型＞阳离子型，可能是土壤类型与植物类型差异造成的，在本试验中，结合植物在各表面活性剂处理下不同的生物量计算可得，植物体内积累的镉总量总体而言的顺序是：整个植株，BM＞吐温 80＞SDS≈对照值＞CTAB；地上部分，CTAB≈BM＞吐温 80＞SDS＞对照值；根，BM＞吐温 80＞SDS≈对照值＞CTAB。

表 5-12　表面活性剂对土壤中镉的植物积累作用的影响

表面活性剂种类	表面活性剂浓度/(mg/kg)	植物镉浓度/(mg/kg)		植物中镉积累量/(μg/pot)		S/R
		根部	地上部	根部	地上部	
CK	0	6.57^a	2.23^a	15.70^{bc}	27.54^a	0.34
CTAB	100	6.88^a	3.12^{bc}	13.83^b	36.75^{cd}	0.45
	200	7.23^{ab}	3.39^c	14.32^b	37.39^{cd}	0.47
	400	7.15^{ab}	4.23^d	11.15^{ab}	41.67^e	0.59
	800	6.71^a	3.94^d	10.33^{ab}	36.05^{cd}	0.59
	1600	7.04^{ab}	4.08^d	9.22^a	29.05^{ab}	0.58
SDS	200	7.51^b	2.75^{ab}	16.00^{bc}	33.03^{bc}	0.37
	400	8.28^{bc}	3.09^{bc}	17.80^c	35.22^{cd}	0.37
	800	8.74^{cd}	3.19^{bc}	14.16^b	32.63^b	0.36
	1600	9.23^d	3.40^c	14.03^b	33.63^{bc}	0.37
	3200	9.75^d	3.54^c	13.65^b	29.55^{ab}	0.36
吐温 80	100	7.30^{ab}	2.50^a	17.89^c	32.65^{bc}	0.34
	200	8.54^c	2.87^{ab}	21.52^d	38.52^d	0.34
	400	8.19^{bc}	2.64^{ab}	19.16^{cd}	33.55^{bc}	0.32
	800	8.70^{cd}	2.71^{ab}	18.44^{cd}	34.67^c	0.31
	1600	8.96^{cd}	2.99^b	18.01^e	35.89^{cd}	0.33
BM	100	7.01^{ab}	2.44^a	18.30^{cd}	31.55^b	0.35
	200	8.12^{bc}	2.60^{ab}	22.98^d	33.85^{bc}	0.32
	400	8.98^{cd}	2.93^b	27.39^e	38.71^d	0.33
	800	8.37^{bc}	3.06^b	23.27^d	42.60^e	0.37
	1600	8.26^{bc}	2.92^b	23.54^d	37.90^{cd}	0.35

3. 增效植物修复机制

1）增效试剂对土壤中芘的植物累积作用的影响

种植玉米显著促进了土壤中芘的削减，玉米植物体内也可以吸收累积部分芘，但芘在植物体内积累对土壤中芘的去除贡献上仍不足 0.3%，玉米的根系分泌物为根际微生物营造了良好的生长环境并促进其相关降解酶的分泌，可能主要通过增强土壤中脱氢酶和多酚氧化酶等典型酶活性从而提高微生物对芘的降解。表面活性剂能增强植物修复土壤芘的效率，可能通过以下两个方面：①促进植物吸收积累芘；②促进微生物对土壤芘的降解。表 5-13 计算了不同浓度的表面活性剂处理下植物积累土壤中芘污染的贡献作用。

表 5-13　表面活性剂对土壤中芘的植物积累作用的影响

表面活性剂类型	表面活性剂浓度 /(mg/kg)	土壤芘残余浓度 /(mg/kg)	芘总去除量 /(mg/pot)	芘在植物中积累量 /(μg/pot)	植物积累贡献率/%
CK	0	27.12±2.01	277.12	285.01±13.01	0.103
CTAB	100	29.89±3.13	266.04	304.3±15.02	0.114
	400	32.12±2.33	257.12	253.49±14.59	0.099
	1600	44.10±3.17	209.2	177.45±17.23	0.085
SDS	200	30.85±2.65	262.2	323.4±14.77	0.123
	400	31.39±2.16	260.04	291.33±14.56	0.112
	3200	41.26±3.03	220.8	222.91±16.12	0.101
吐温 80	100	21.50±1.65	299.60	381.78±17.04	0.127
	200	19.24±1.57	308.64	326.50±16.15	0.106
	400	16.06±1.52	321.36	340.18±21.08	0.106
	800	18.12±2.12	313.12	272.00±18.59	0.087
	1600	20.31±1.44	304.36	282.65±15.96	0.093
BM	100	22.35±2.15	296.20	364.16±20.75	0.123
	200	16.32±1.50	320.32	327.68±18.12	0.106
	400	14.90±1.89	326.00	311.47±20.09	0.096
	800	17.10±1.65	317.20	282.33±18.56	0.089
	1600	19.40±1.77	308.00	242.64±17.01	0.079

注：计算值以平均值±标准差表示。

结合图 5-33 可以看出，在表面活性剂存在下，种植玉米的土壤中芘的残余浓度都低于对应的无植物土壤，表明植物对土壤中芘的削减还是有明显贡献的。根据表 5-13 中的结果，与对照相比，不同表面活性剂的处理下玉米对芘积累量有所增加，但积累量与土壤中芘的总体削减量的比值仍然不足 0.2%。

而从图 5-33 中可知，在添加吐温 80 和 BM 的种植土壤中，土壤中芘的残余浓度显著降低，分别比无表面活性剂处理的植物土和无植物土中芘残余浓度低了30%和 34%；且在种植土和无植物土中，表面活性剂浓度对土壤中芘残留浓度的影响规律较为一致，这进一步表明植物吸收积累作用的提高不是表面活性剂增效植物修复的主要原因，表面活性剂增效植物修复的主要机制为表面活性剂增强土著微生物对土壤中芘的降解。

　2) 增效试剂对土壤 pH 的影响

　土壤溶液是土壤的重要组成部分，其性质对土壤微生物、土壤理化性质等均有重要影响。土壤 pH 将直接或间接地对重金属在土壤中的迁移转化及生物有效性产生重要影响。一般而言，pH 的降低可导致碳酸盐和氢氧化物结合态重金属的溶解、释放，同时也趋于增加吸附态重金属的释放。同时，重金属在植物根际常有一些特殊的化学行为，由植物根、土壤微生物及土壤所构成的根际环境，其 pH、E_h、根际分泌物及微生物、酶活性、养分状况等常与周围土体不同，重金属进入根际土壤，受 pH 影响或发生沉淀或发生溶解。

　在添加表面活性剂处理的土壤中，土壤 pH 有一些变化，如图 5-34 所示。在 CTAB 处理土壤中，pH 随着 CTAB 处理浓度的增加而有所降低，但波动范围不超过 0.3 个单位；在 SDS 处理土壤中，pH 随 SDS 浓度的增加出现波动上升的趋势；而 BM 和吐温 80 处理的土壤中，pH 基本没有影响。这可能是因为 SDS 是弱酸强碱盐，长期处理会使土壤 pH 增加；CTAB 对土壤 pH 的影响与 SDS 相反，这可能是因为 CTAB 作为一种季铵盐，其亲水基带正电荷，植物在吸收的时候要释放出一个质子，使土壤的 pH 有所下降。

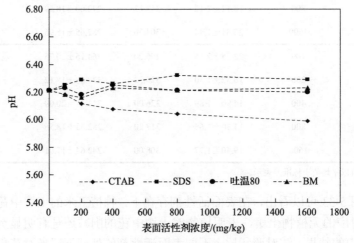

图 5-34　不同表面活性剂处理下土壤溶液中 pH

　但结合表 5-12 发现，即使 CTAB 的处理降低了种植土中的 pH，但在这四种表面活性剂中，CTAB 对植物根部镉积累促进作用效率最低；而且从不同表面活性剂处理下种植土和无植物土壤 pH 变化(图 5-35)可知，种植土和无植物土的土壤 pH 并未出现显著差异，这也可能是表面增效措施使土壤溶液中重金属的浓度增加的同时，高浓度的重金属抑制了根细胞 ATP 酶活性，使质子泵的活性减弱，从而导致植株根系透根电位下降和 H⁺ 分泌作用受到遏制(陈玉成等，2004c)，根部分泌的酸类物质并没有导致根际土壤 pH 的显著降低。可见本试验中表面活性剂的添加造成土壤 pH 变化甚微，因而不是影响植物吸收重金属的主要因素之一。

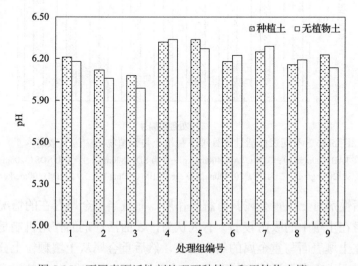

图 5-35　不同表面活性剂处理下种植土和无植物土壤 pH

1 为 CK；2 为 CTAB(200mg/kg)；3 为 CTAB(400mg/kg)；4 为 SDS(800mg/kg)；5 为 SDS(3200mg/kg)；6 为吐温 80(200mg/kg)；7 为吐温 80(400mg/kg)；8 为 BM(200mg/kg)；9 为 BM(400mg/kg)

3) 增效试剂对土壤重金属有效态的影响

在植物修复过程中，植物能吸收的主要是土壤中生物有效性部分的重金属，包括水溶态和可交换态的金属离子，因此，从修复角度应该增加土壤中金属可给态含量，以利于植物提取，使金属离子从污染土壤中去除。许多研究表明，1mol/L NH₄NO₃ 提取的土壤重金属与植物吸收有很好的相关性，可以作为植物有效性的指标。因此，本试验采用 1mol/L NH₄NO₃ 提取态金属含量作为土壤中重金属有效态的含量，研究施加表面活性剂对土壤中重金属有效态的影响。

由图 5-36 可见，无论是种植土还是无植物土中，四种表面活性剂的添加都不同程度地增加了土壤中有效态镉含量，活化顺序是：SDS＞吐温 80＞BM＞CTAB。其中，3200mg/kg 的 SDS 和 200mg/kg 的吐温 80 处理对土壤中有效态镉含量增加的促进作用最显著，分别使种植土中的有效态镉含量增加了 38% 和 31%。CTAB 和 BM 的添加也提高了土壤中镉的有效态含量，但增加的程度小于 SDS 和吐温 80 的处理，测试浓度下与对照相比有效镉分别最多增加了 18% 和 22%。

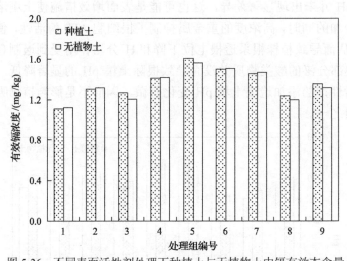

图 5-36　不同表面活性剂处理下种植土与无植物土中镉有效态含量

1 为 CK；2 为 CTAB(200mg/kg)；3 为 CTAB(400mg/kg)；4 为 SDS(800mg/kg)；5 为 SDS(3200mg/kg)；6 为吐温 80(200mg/kg)；7 为吐温 80(400mg/kg)；8 为 BM(200mg/kg)；9 为 BM(400mg/kg)

　　表面活性剂对土壤重金属具有解吸作用，而且当重金属存在的情况下，表面活性剂本身在土壤中的吸附较弱。有人认为，表面活性剂的作用机制是表面活性剂先吸附在土壤表面与重金属的结合物上，然后重金属从土壤颗粒上分离进入土壤溶液，进而进入表面活性剂胶束中(Mulligan et al.，2001，1999)。离子型表面活性剂分子所形成的胶团表面带有电荷，能通过静电将反离子吸附或束缚于表面，CTAB 是阳离子型表面活性，活化重金属的能力不及阴离子和非离子型表面活性剂；在考察表面活性剂对植物生长和芘削减的影响中发现，CTAB 对植物的生长有明显抑制作用，且 CTAB 的添加降低了镉-芘复合污染土壤中芘的修复效率，CTAB 可能对植物及微生物有毒害作用，也使根系分泌物和土著微生物活性向不利于土壤重金属活化的方向发生改变。

　　植物从土壤中吸收重金属的量往往与土壤中重金属总量相关性不明显，通常是用某一试剂提取量来作为植物有效性的土壤含量指标。比较本试验玉米地上部分和根镉含量与土壤中有效态含量之间的关系(图 5-37)，结果表明，玉米根的镉含量与土壤镉有效态呈显著线性正相关，R^2 为 0.7882；但玉米地上部分镉含量与土壤镉有效态含量无相关性。这可能是不同类型表面活性剂促进根部重金属向地上部分转移效率和机理有所不同造成的。再结合表 5-12 的试验结果也可发现，添加 CTAB 有显著促进镉向地上部分转移的倾向，尽管 CTAB 处理土壤中，玉米根的镉积累浓度不高，但是植物的转运系数 S/R 却高于其他表明活性剂的相应处理，且随 CTAB 添加浓度的提高而增加。

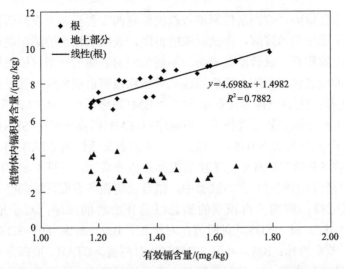

图 5-37　植物体内重金属含量与土壤有效态金属含量的相互关系

表面活性剂促进植物吸收重金属的作用机理也可能与表面活性剂破坏细胞膜透性有关。表面活性剂是一种可溶性、两亲性的特殊脂类化合物。与构成生物膜成分的不溶性和具有膨胀性的脂类化合物不同，表面活性剂在水中有较高的单体溶解度，其两亲性使之能与膜中成分的亲水和亲脂基团相互作用，从而改变膜的结构和透性，促使植物对重金属的吸收。有研究表明，低于 CMC 的阳离子型 CTAB 可以改变大麦根质膜透性，引起大麦离体根部 K^+ 和可溶糖等溶质的外流（栾升和倪晋山，1987）。在液培条件下，随着表面活性剂 CTAB 浓度的增加，玉米根细胞膜内形成的胶团增多及细胞膜电位过极化，增加了细胞膜对 Al^{3+} 的透性，使玉米体内 Al^{3+} 浓度增高（罗立新和孙铁珩，1998）。

综上，CTAB 和 SDS 的添加，尤其在较高浓度作用下（CTAB≥400mg/kg，SDS≥800mg/kg）对植物生长有明显的抑制作用；0～400mg/kg 吐温 80 和 0～800mg/kg BM 处理下，玉米土壤中芘的残留浓度明显比无表面活性剂时低，吐温 80 和生物表面活性剂 BM 的添加显著提高了镉-芘复合污染土壤中芘的修复效率。在试验浓度范围内，CTAB 和 SDS 的添加降低了镉-芘复合污染土壤中芘的修复效率。显然表面活性剂存在下种植玉米土壤中芘残留浓度一般要低于相应的无植物对照土壤，表明植物对土壤中芘的削减还是有明显贡献的。与对照相比，不同表面活性剂的处理下玉米对芘积累量有所增加，但积累量与土壤中芘的总体削减量的比值仍然不足 0.2%。在添加吐温 80 和 BM 的种植土壤中，土壤中芘的残余浓度显著降低，分别比无表面活性剂处理的植物土和无植物土中芘残余浓度低了30%和 34%，且在种植土和无植物土中，表面活性剂浓度对土壤中芘残留浓度的影响规律较为一致，这进一步表明植物吸收积累作用的提高不是表面活性剂增效植物修复的主要原因，表面活性剂增效植物修复的主要机制为表面活性剂增强土著微生物对土壤中芘的降解。在试验浓度范围，表面活性剂的添加促进了植物对土壤中镉的吸收积累。试验结果表明，不同类型的表面活性剂对植物根部和地上部分镉积累的促进作用不同。表面活性剂对植物根部镉积累浓度促进作用大小顺序：SDS（阴离子型）＞吐温 80（非离子型）＞BM（阴离子型）＞CTAB（阳离子型）；而对植物地上部分镉积累促进作用大小顺序：CTAB（阳离子型）＞SDS（阴离子型）＞BM（阴离子型）＞吐温 80（非离子型）。在添加表面活性剂 CTAB 的处理中，植物的转运系数 S/R 随 CTAB 添加浓度的提高而显著增加，可见添加 CTAB 有促进镉向地上部分转移的倾向。在本试验中，结合植物在各表面活性剂处理下不同的生长量计算可得，植物体内积累的镉总量总体而言的顺序：对于地上部分，CTAB≈BM＞吐温 80＞SDS＞对照值；对于根，BM＞吐温 80＞SDS≈对照值＞CTAB；对于整个植株：BM＞吐温 80＞SDS≈对照值＞CTAB。根部分泌的酸类物质并没有导致根际土壤 pH 的显著降低。可见本试验中表面活性剂的添加造成土壤 pH 变化甚微，不是影响植物吸收重金属的主要因素之一。无论是种植土还是无植物土中，四种表面活性剂的添加都不同程度地增加了土壤中有效态镉含量，活化顺序：SDS＞吐温 80＞BM＞CTAB。玉米 CT38 根的镉含量与土壤镉有效态含量呈显著线性正相关，R^2 为 0.7342；但玉米地上部分镉含量与土壤镉有效态含量无显著相关性，可能是不同类型表面活性剂在促进根部重金属向地上部分转移效率和机理有所不同造成的。表面活性剂促进植物吸收重金属的作用机理也可能与表面活性剂破坏细胞膜透性有关。综合而言，吐温 80 与生物表面活性剂 BM 在重金属吸收和促进芘的根际降解率双方面都有很好促进作用，且 BM 相对来说有更好的环境友好特性，适合用作增效试剂。

第6章　玉米修复重金属污染农田土壤示范工程

随着广州地区经济的发展和新农村建设的不断推进，规模化蔬菜基地建设逐渐增多。其中不少蔬菜基地存在重金属污染的安全隐患。魏秀国等(2002)对广州市蔬菜地土壤重金属污染状况进行了调查及评价，发现铅污染最普遍，Cd污染最严重。柴世伟等(2003，2006)调查了广州市郊区(含白云区)农业土壤重金属的状况，并采用频率分布分析的手段，对广州市郊区农业土壤重金属污染状况进行评价，结果发现Hg和Cd的污染程度较大，且Cd元素的有效性系数最高，污染频率最大的重金属是Hg、Cd和Zn三种，并认为造成广州市郊土壤重金属含量高的主要原因是污水灌溉、固体废物和农药的不当使用。目前，因广州地区土地资源异常紧张，广州郊区的土壤大多被用来作为蔬菜基地生产蔬菜，满足广州及周边地区人们的生活需要。所以，调查蔬菜基地土壤的重金属污染状况，有针对性减少重金属引起的潜在危害，对保证人们饮食安全和蔬菜生产的持续发展具有积极的意义。

6.1　示范基地选址

笔者课题组在广州市白云区农业农村局的指导和广东省农业科学院土壤肥料研究所的帮助下，有针对性地选择了广州市白云区蔬菜基地土壤，进行详细土壤和蔬菜重金属调查与评价，进而确立最佳的污染土壤修复示范场地。

6.1.1　选址采样及样品处理

2007年12月，本节课题组对广州市白云区四个村庄依次进行随机地块土壤和蔬菜样品采集，四个村庄分别是隶属于江高镇的大岭村、南浦村及隶属于人和镇的方石村、横沥村。

选择能代表被调查区域的地块作为采样单元，因地制宜布置合适数量的采样点。本研究采集样品区域远离公路、地势平坦、土壤均匀，采用梅花形布点法采样。各采样点均采集深度为0~20cm的表层土壤样本，等距取5个样本混合后作为该采样点的土样，取样情况见表6-1。

表 6-1 土壤样品取样情况一览表

取样地点	取样地块	简称(代码)	取土样数
1	江高镇大岭村	大岭(DL)	23
2	江高镇南浦村	南浦(NP)	23
3	人和镇方石村	方石(FS)	16
4	人和镇横沥村	横沥(HL)	16

同时,选择能反映该地区种植特点的蔬菜种类,随机采摘土壤样品上方的成熟农作物。具体采样情况见表 6-2。

表 6-2 蔬菜样品种类和检测部位一览表

取样地点	菜样种类	测试的食用部位
江高镇大岭村	菠菜	叶
	茼蒿	地上部
	菜心	茎叶
	油麦菜	叶
江高镇南浦村	芥菜	叶
	白菜	叶
人和镇方石村	韭黄	芽
	韭菜	叶
人和镇横沥村	葱	茎和叶
	韭薹	茎和花苞

在实验室中将土壤样品反复四分弃取后置于牛皮纸上自然风干、磨碎,依次过 20 目、60 目和 100 目(孔径分别为 0.185mm、0.125mm 和 0.115mm)尼龙筛,储于聚乙烯薄膜袋中,以备分析。称取 50mg 过 100 目的土壤样品于具有特氟龙内衬的小钢瓶中,加入 HF 和浓 HNO_3 各 1mL,然后拧紧瓶盖,放在 200℃的烘箱中反应 12h 以上。然后取出小钢瓶,冷却,拿出特氟龙内衬,将其置于电热板上加热蒸干。再分别加入 1mL 浓 HNO_3 蒸干两次后,加入 2mL 浓 HNO_3 和去离子水 4~5mL。将特氟龙内衬放回小钢瓶中,拧紧,放回烘箱中在 130℃加热 3h 以上,取出,冷却后,将溶液转移到 50mL 塑料瓶中,加入铑(Rh)作为内标,稀释至 50mL,用电感耦合等离子体质谱仪(ICP-MS,Agilent 7500A)测定重金属 Ni、Cu、Zn、Pb、Cd 的浓度(周建民,2006)。

所有蔬菜样品用自来水洗净、除去泥沙,再用超纯水洗涤两次,表面水晾干。称取 0.5~1.0g 鲜样,剪碎于 100mL 锥形瓶中,加入 10mL 浓 HNO_3,浸泡 12h 以上,在电热板上加热消解至近干,冷却至室温,再加入 4mL H_2O_2,继续加热,至清亮透明状,取下冷却,用 20mL 超纯水稀释后过滤,之后定容至 50mL 容量瓶中，最后用电感耦合等离子体质谱仪(Agilent 7500A)测定重金属 Ni、Cu、Zn、Pb、Cd 的浓度。

采用中国绿色食品发展中心推荐的单项因子污染指数法和综合污染指数法两种方法，对测试数据进行现状评价。首先测定各采样点位土壤 pH，然后根据《土壤环境质量　农用地土壤污染风险管控标准(试行)》(GB 15618—2018)确定出土壤中各重金属的评价标准值。将测定的土壤重金属含量值进行整理，具体计算方法借鉴柴世伟等整理的方法(柴世伟等，2006)，详示如下。

(1)单项因子污染指数计算公式：

$$P_i = C_i / S_i \tag{6-1}$$

$$\overline{P}_i = P_i / N \tag{6-2}$$

式中，P_i 为重金属 i 的污染指数；C_i 为重金属 i 的实测浓度；S_i 为土壤中重金属 i 的评价标准[以《土壤环境质量　农用地土壤污染风险管控标准(试行)》(GB 15618—2018)中土壤重金属质量标准作为限量标准]；N 为重金属 i 的土壤样品数；$\overline{P}_i$ 为某元素的单项平均污染指数。

(2)综合污染指数计算公式选取算术平均指数法和内梅罗污染指数法。
算术平均指数法：

$$P_1 = \frac{1}{k} \sum_{i=1}^{k} \overline{P}_i \tag{6-3}$$

内梅罗污染指数法：

$$P_2 = \sqrt{\frac{P_{\max}^2 + P_{\mathrm{ave}}^2}{2}} \tag{6-4}$$

式中，k 为重金属的种类数；$P_{\max}$ 为土壤重金属污染指数最大值；P_{ave} 为土壤各污染指数的平均值。

$P_{\max}$ 根据国家标准《农产品安全质量　无公害蔬菜安全要求》(GB 18406.1—2001)和《食品安全国家标准　食品中污染物限量》(GB 2762—2017)所规定的各种蔬菜中 Pb、Cd 含量的标准值，结合所采集的蔬菜中的重金属含量，将 S_i 值用蔬菜中的重金属污染物限量值代替，采用式(6-1)～式(6-4)进行评价。尽管土壤中所测定的重金属元素为 Ni、Cu、Zn、Pb、Cd 五种元素，但根据食品安全国家标准评审委员会审查通过的意见，卫生部和国家标准化管理委员会于 2011 年 1 月 10 日已废止《食品中锌限量卫生标准》(GB 13106—1991)等 3 项国家标准，不再将 Cu 和 Zn 作为食品中的污染物，因此本研究只评价 Pb、Cd 的情况。

6.1.2　示范场地定址数据分析

1. 各采样点的 pH 比较

为确定污染土壤中重金属的评价标准值，先测定 pH，结果如图 6-1 所示。按大岭村、横沥村、方石村、南浦村的顺序，土壤酸性逐渐增强。不同采样地点的土壤 pH 差异可能与生产实际情况有关，如栽种的蔬菜情况、肥料的使用情况等。大岭村和横沥村为韭菜生产基地，有大面积韭菜种植，而方石村是霸王花生产基地，南浦村则是生菜、白菜等蔬菜品种的生产基地。不同的蔬菜，有不同的肥料需求，肥料的使用，尤其是有机肥、NH_4^+ 态氮肥等都会影响到表层土的 pH 状况。

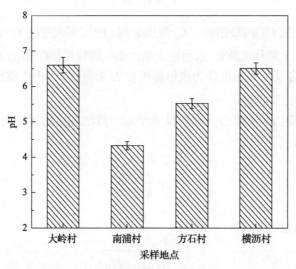

图 6-1　各取样点土壤的 pH

根据图 6-1 可知大岭村和横沥村的土壤 6.5＜pH＜7.5，南浦村和方石村 pH＜6.5，由《土壤环境质量　农用地土壤风险管控标准(试行)》(GB 15618—2018)，将评价标准列于表 6-3 中。

表 6-3　五种重金属的评价标准　　　　　　(单位：mg/kg)

采样地点	Ni	Cu	Zn	Cd	Pb
大岭村	100	100	250	0.3	120
南浦村	70	50	200	0.3	90
方石村	70	50	200	0.3	90
横沥村	100	100	250	0.3	120

2. 采样地点的土壤重金属含量及评价

广州市白云区蔬菜基地土壤中所测五种重金属 Ni、Cu、Zn、Pb 和 Cd 的含量见表 6-4。从各重金属元素的含量来看，Zn 含量最高，Pb、Cu 和 Ni 次之，Cd 含量最低，这与广州地区赤红壤土中重金属背景值的趋势一致（许炼烽和刘腾辉，1996）。由表 6-3 和 6-4 对比分析，不难看出，四个自然村所采集土壤样品中，重金属 Cd 严重超标，这与柴世伟等（2006）的研究结果一致。为详细了解四个调查村的污染状况，按照单项因子污染评价办法和综合污染评价办法对重金属污染状况进行量化评价，结果列于表 6-5，可以看出用综合污染评价指数整体评价某一区域的土壤环境质量时，内梅罗污染指数数值较大，主要是因为计算过程中突出了最大值的作用。从单项平均污染指数来看，所调查的四个自然村蔬菜基地土壤主要呈现的是重金属 Cd 污染，且污染程度横沥村＞南浦村＞方石村＞大岭村，其他重金属均处于安全水平。这与唐结明、魏秀国等学者的研究结果一致，都认为 Cd 是广州农用土地最严重的重金属污染物（唐结明等，2012；魏秀国等，2002）。

表 6-4　所调查地块土壤重金属含量　　　　（单位：mg/kg）

采样地点	Ni	Cu	Zn	Cd	Pb
大岭村	20.64±4.621	17.92±1.539	111.4±32.91	2.262±0.059	60.25±6.989
南浦村	19.75±5.597	20.13±5.077	109.2±63.84	2.972±0.601	55.94±7.863
方石村	25.88±6.548	27.96±6.588	109.9±16.11	2.263±0.677	105.5±16.30
横沥村	23.48±8.842	15.99±8.711	111.2±129.3	3.667±0.880	48.66±9.075

注：结果表示为均值±方差，样本数 n 见表 6-1。

表 6-5　土壤重金属污染指数

评价地点	单项因子平均污染指数					综合污染评价指数	
	Ni	Cu	Zn	Cd	Pb	算术平均数法 P1	内梅罗污染指数 P2
大岭村	0.413	0.179	0.446	7.540	0.201	1.756	5.474
南浦村	0.494	0.403	0.546	9.907	0.224	2.315	7.194
方石村	0.647	0.559	0.550	7.542	0.422	1.944	5.507
横沥村	0.470	0.160	0.445	12.22	0.162	2.692	8.849

3. 采样地点蔬菜中重金属含量及评价

蔬菜中重金属污染物的测定结果见表 6-6。不同的蔬菜对同一种重金属元素的富集含量明显不同，同种蔬菜积累对不同重金属元素的富集也有明显差异。对重金属 Ni 积累量较高的蔬菜有茼蒿、生菜，对 Cd 积累量较高的蔬菜有韭菜花、葱，而韭菜花和白菜对 Pb 积累能力较强。

表 6-6　蔬菜样品中重金属含量　　　　　（单位：mg/kg）

采样地点	蔬菜种类	Ni	Cu	Zn	Cd	Pb
大岭村	菠菜叶	0.394	1.273	6.889	0.0287	0.1548
	茼蒿	1.220	0.872	5.458	0.0159	0.1775
	菜心	0.022	0.153	1.382	0.0053	0.0313
	油麦菜	0.094	0.404	4.210	0.0150	0.2285
南浦村	芥菜	0.467	0.382	3.874	0.0213	0.1483
	白菜	0.201	0.424	9.532	0.0389	0.2795
	生菜	0.675	0.287	2.314	0.0326	0.1576
方石村	韭黄	0.365	0.635	3.320	0.0225	0.1825
	韭菜	0.423	1.145	4.961	0.0223	0.2213
横沥村	葱	0.082	0.529	3.134	0.0596	0.2170
	韭菜花	0.333	0.660	2.609	0.0749	0.818

　　为定量研究蔬菜中重金属超标情况，依据《食品安全国家标准　食品中污染物限量》（GB 2762—2017）中 Pb、Cd 的含量标准，分别用单项因子评价指数和综合污染评价指数，对蔬菜中重金属的污染进行评价，见表 6-7。由表可知大岭村所采集的茼蒿样品中 Ni 和 Pb 超标，按单因子评价指数，分别超标 22.0% 和 77.5%；而横沥村所采集的葱样品中 Cd 和 Pb 超标，按照单因子评价指数，分别超标 39.3% 和 82.3%。由综合污染评价指数可看出，横沥村的葱样品重金属污染最严重，大岭村的茼蒿菜样次之，其余蔬菜均符合 GB 2762—2017 规定的蔬菜中污染物限量值。

表 6-7　蔬菜重金属污染评价

采样地点	蔬菜种类	单项因子平均污染指数			综合污染评价指数	
		Ni	Cd	Pb	算术平均数法 P1	内梅罗污染指数 P2
大岭村	菠菜叶	0.394	0.144	0.516	0.351	0.441
	茼蒿	1.220	0.159	1.775	1.051	1.459
	菜心	0.023	0.053	0.104	0.060	0.085
	油麦菜	0.094	0.075	0.762	0.310	0.582
南浦村	芥菜	0.467	0.107	0.494	0.356	0.431
	白菜	0.201	0.195	0.932	0.442	0.729
	生菜	0.675	0.163	0.525	0.454	0.575
方石村	韭黄	0.365	0.113	0.608	0.362	0.501
	韭菜	0.423	0.112	0.738	0.424	0.602
横沥村	葱	0.817	1.192	2.170	1.393	1.823
	韭菜花	0.333	0.075	0.818	0.409	0.647

6.1.3　修复示范场地的确定

所调查的四个自然村蔬菜基地土壤中都呈现重金属 Cd 污染，而 Ni、Cu、Zn、Pb 四种金属并未超标，污染程度横沥村＞南浦村＞方石村＞大岭村。大岭村茼蒿样中 Ni 和 Pb 分别超标 22.0%和 77.5%，而横沥村所采集的葱样品中 Cd 和 Pb 超标分别超标 39.3%和 82.3%，所调查的其他蔬菜并未发现有重金属超标的现象。

根据土壤和蔬菜中重金属污染评价结果，将人和镇横沥村蔬菜基地作为修复示范工程场地。

在现场污染原因调查时，该村村长和书记介绍，由于横沥村在二十世纪七八十年代，曾用过大量的垃圾肥，其中含有相当数量的电池垃圾。因电池垃圾中含有大量的重金属，其中包括对人体健康潜在危害性极大的金属 Cd，故长期使用垃圾肥造成了横沥村可耕地土壤中含有大量的金属 Cd；虽然近二十年来，垃圾肥的使用已经减少，但由于重金属 Cd 的不可降解性，因历史原因造成的重金属污染物仍滞留在土壤中，且随着广州地区酸雨现象的加剧，其重新溶出的潜在危害日益受到重视，所以有必要采取措施来降低其在土壤中的含量。

笔者课题组在开展修复工程的过程中，根据横沥村蔬菜基地的实际情况，共租用 5.01 亩[①]地，考虑到地理环境等客观因素，分两个地块同时进行，标记为地块 1(2.08 亩)和地块 2(2.93 亩)，方位如图 6-2 所示。

图 6-2　修复场地位置示意图

6.2　修复方案设计

根据玉米 CT38 的具体生理规律和生长周期，按照边生产边修复的指导思想，

① 1 亩≈666.7m²。

大田修复分两个阶段进行。第一阶段结合课题组实验室结果进行大田修复方案的中试探索，第二阶段根据第一阶段中试探索的最佳种植方案进行修复。各阶段修复后，对玉米植株和土壤分别进行评价。

第一阶段：该阶段为中试探索阶段。因考虑到实验室用的玉米品种 CT38 未曾在修复场地农庄种植，且筛选 CY38 的前期工作中，也未将广州本地土著种植玉米华珍(HZ)作为比较对象，所以，该阶段将本实验室玉米品种 CT38 与当地土著玉米品种 HZ 进行对比，根据玉米植株富集重金属 Cd 的状况评价 CT38 的适应性。该阶段大田试验由 8 个试验单元组成，每单元为 6m×8m 的长方形试验区。每试验区进行一种修复处理。根据周建民(2006)的研究，氨三乙酸(NTA)能用于螯合诱导植物提取重金属，并且环境风险较小。本研究结合大田的实际状况，与盆栽不同，玉米根系在大田中是发达的，以表层土估计，每株玉米有效根际土为10kg，添加 NTA 的量设计为 25mmol NTA/株、100mmol NTA/株两个浓度梯度进行浓度对比，同时，以 25mmol NTA/株的添加量进行授粉前后添加的时间对比。结合空白对照，具体试验设计见表 6-8。

表 6-8　中试试验设计及各处理对应的编码

玉米品种	不添加 NTA	添加 NTA		
		授粉前添加		授粉后添加
		25mmol NTA/株	100mmol NTA/株	25mmol NTA/株
CT38	C0	C1	C2	C3
HZ	H0	H1	H2	H3

第二阶段：该阶段为全面修复阶段。根据第一阶段的对比结果，将中试研究得到的增强手段在大田中应用，结合实验室的最新研究，制定全面修复方案，检验修复效果。在第一阶段结束后，重新平整土地，种植修复作物前先采集整个地块耕作层土壤样品作为修复前样品。按照全面修复方案，种植修复材料玉米 CT38，完成生长周期后，采集土壤样品测试重金属总含量，作为修复后的结果。对比修复前后土壤样品中重金属 Cd 总含量，然后用地学统计软件(GS+软件)绘图，比较授粉与否的修复效果。

6.3　示范基地中试修复及效果评价

6.3.1　中试修复实施及评价方法

项目的全部实施过程分种植和收获检测两个过程，种植玉米的过程由菜农按照课题组的安排严格施行，在单一种植周期完成、农产品收获时，课题组对试验田的玉米植株采样，处理后送广州测试中心进行分析；整块试验田土壤，收获后、下一种植周期前，进行批量采样工作，土壤样品处理后送广州测试中心进行重金属 Cd 的含量分析。

6.3.2　中试修复的比较方法

分别对玉米 CT38 和玉米 HZ 的根、茎、叶和籽粒的富集含量和富集量进行研究。叶器官包括叶鞘和叶片，文献中少有分开两者研究的，为进一步明确重金属在叶器官中的分配，本书研究将叶器官分成叶鞘和叶片两部分进行研究，分别测定两者生物量和重金属含量。而与相关文献比较时，则根据需要通过质量守恒计算出整个叶器官的含量进行比较。

6.3.3　中试修复效果

1. 玉米 CT38 与土著品种玉米 HZ 生物量的比较

根据表 6-9 所示，发现在实地修复中，两种玉米均表现为正常生长。植株的生物量大小次序均表现为茎＞叶＞籽粒＞根，这与盆栽玉米有形态上的明显差异，该差异可能因大田中玉米根系不受盆栽限制而充分生长，为茎的生长提供充足的水分和营养条件所致。尽管玉米 CT38 总的生物量比 HZ 多 9%，但是两种玉米呈现出相似的生物量分配特点。根据表 6-9 和表 6-10 对 8 个试验处理的比较，发现玉米植株的干物质分配具有相似的特点，叶片的质量大约是叶鞘的二倍。叶鞘在营养生长阶段，作为养分的储存器官；在授粉以后，又作为养分的输出器官，向籽粒提供营养；同时，叶片的营养向籽粒转移的时候，也要经过叶鞘。鉴于叶鞘的特殊性，在该研究中将玉米叶鞘和叶片分开处理。

表 6-9　不同处理条件下玉米营养器官的生物量(以干重计) (单位：g)

	C0	C1	C2	C3	H0	H1	H2	H3
根	8.31±0.28	8.57±0.20	8.34±0.30	8.43±0.13	7.62±0.19	7.73±0.17	7.58±0.22	7.72±0.09
茎	78.09±2.85	77.14±3.41	77.85±3.77	78.10±1.54	71.94±1.54	70.63±0.58	71.80±0.30	70.92±2.09
叶片	20.58±2.53	20.42±1.19	20.57±1.72	20.14±0.05	18.95±1.21	19.08±2.93	18.79±2.70	18.47±1.21
叶鞘	10.28±0.98	10.22±1.15	10.29±2.60	10.08±0.24	9.64±1.00	9.80±1.17	9.41±1.77	9.23±0.72
籽粒	15.65±0.97	15.40±1.86	15.48±1.71	15.08±2.63	14.38±1.52	14.16±0.72	14.30±1.56	14.20±0.95

注：根取自耕作层，茎包括地上部和地下部总重，所有的值以均值±标准差表示($n=3$)。

2. 玉米 CT38 与土著品种玉米 HZ 不同器官中镉含量的比较

玉米植株营养器官 Cd 含量的高低，表明玉米植株各器官富集重金属 Cd 能力

表 6-10　不同处理条件下各器官干重的百分比　　　　（单位：%）

	C0	C1	C2	C3	H0	H1	H2	H3
根	6.3	6.5	6.3	6.4	6.2	6.4	6.2	6.4
茎	58.8	58.6	58.8	59.2	58.7	58.2	58.9	58.8
叶片	15.5	15.5	15.5	15.3	15.5	15.7	15.4	15.3
叶鞘	7.7	7.8	7.8	7.6	7.9	8.1	7.7	7.7
籽粒	11.8	11.7	11.7	11.4	11.7	11.7	11.7	11.8

的相对大小。通过了解玉米植株各器官中重金属含量，能够知道玉米植株在整个生长过程中 Cd 集中聚集的位置。了解各器官 Cd 含量的相对高低，便于在生产修复中针对不同器官发育的特点，有针对性地让富集 Cd 含量高的器官生物量得到进一步增大，通过工程管理措施调节玉米植株的生长，强化含量高器官的富集效应使整个植株富集量增加，进而达到提高修复效率的目的。根据表 6-11，从以下几方面对两种玉米进行详细对比。

表 6-11　不同处理条件下玉米各器官中 Cd 含量（以干重计）（单位：mg/kg）

	C0	C1	C2	C3	H0	H1	H2	H3
根	0.326±0.015	0.612±0.039	0.439±0.016	0.505±0.031	0.339±0.013	0.509±0.019	0.445±0.016	0.444±0.014
茎	0.139±0.012	0.108±0.009	0.072±0.007	0.173±0.015	0.128±0.012	0.127±0.011	0.087±0.008	0.168±0.015
叶	0.410±0.038	0.482±0.029	0.478±0.031	0.671±0.029	0.321±0.026	0.462±0.074	0.521±0.033	0.432±0.037
籽粒	0.062±0.005	0.051±0.006	0.030±0.005	0.057±0.006	0.038±0.003	0.042±0.004	0.020±0.004	0.047±0.004
叶片	0.217±0.035	0.335±0.016	0.392±0.036	0.463±0.037	0.213±0.022	0.275±0.015	0.427±0.046	0.294±0.037
叶鞘	0.791±0.090	0.771±0.075	0.662±0.072	1.086±0.151	0.534±0.082	0.813±0.087	0.704±0.061	0.709±0.072

注：所有值以均值±标准差表示（平行实验次数 $n = 3$）。

1）无螯合剂 NTA 处理情况下两种玉米的比较

两种玉米叶鞘中 Cd 含量都是最高的，不同器官之间 Cd 含量的相对大小顺序：叶鞘＞根＞叶片＞茎＞籽粒（表 6-11）。表中叶器官含量通过叶鞘和叶片根据质量守恒计算而来，以整个叶器官作为比较项的话，两种玉米表现出不同的特征，对 CT38 品种而言，叶＞根＞茎＞籽粒；而对 HZ 品种而言，则根≈叶＞茎＞籽粒。本书研究得出不同器官 Cd 含量高低的顺序与文献中的不同，可能与玉米品种不同有关；与实验室研究得到的结果也不同，可能与种植条件不同有关，用盆栽种植，玉米根部不能得到充分的发育，生物量受限，植物干物质稀释作用无法实现。以整叶考虑，本研究中的两种玉米顺序虽然不同，但分作叶鞘和叶片考虑，两玉米则有一致的顺序，是否该顺序是所有玉米的普遍规律，则需要进一步的研究核实。

2) 螯合剂 NTA 添加量对两种玉米富集镉含量的影响

根据表 6-11，发现添加螯合剂与否和添加量大小，对两种玉米各器官的 Cd 含量相对多少顺序没有明显的影响，均一致地表现为叶鞘＞根＞叶片＞茎＞籽粒。而添加螯合剂的时间和添加量，则会对各器官重金属含量有明显的影响。通过对不同处理之间的比较我们发现，不同的玉米品种的不同器官中重金属含量受螯合剂添加量的影响而不同。对玉米 CT38 植株而言，叶鞘和籽粒 C0≈C1＞C2；叶片，C2≈C1＞C0；茎，C0＞C1＞C2；根，C1＞C2＞C0。由此可见，叶鞘和叶片有不同的变化趋势，叶鞘和根、茎的趋势一致，均表现为低添加量效果更佳，而高添加量反而导致重金属富集含量的减少。Custos 等(2014)研究 EDTA 螯合剂有最佳的添加量，而植物吸收重金属，可能以重金属的自由离子的方式，也可能以络合离子的形式。从我们的研究中发现，添加 25mmol NTA/株的 NTA 比 100mmol NTA/株更能促进玉米根对重金属 Cd 的富集，可能过多的 NTA 与 Cd 形成稳定的络合物，反而限制了 Cd 进入玉米体内，故此，笔者认为存在一最佳的螯合剂使用量，具体的添加量还需要进一步的研究确定。

3) 螯合剂 NTA 添加时间对两种玉米富集镉含量的影响

NTA 是一种与 EDTA 不同的能被生物降解的螯合剂，近年来被不少学者关注(Lan et al.，2013；Hseu et al.，2013)，但其添加时间对玉米修复重金属的研究报道较少。保持 NTA 添加量不变，在授粉前后对添加 25mmol NTA/株的玉米器官进行了重金属富集含量的比较研究。根据表 6-11 可以看出，授粉后添加 NTA，能明显增加两种玉米各器官的富集含量，但不同的是，对玉米 CT38 而言，授粉前添加不及授粉后添加明显(根部情况相反)，而对 HZ 而言，则授粉前添加效果更明显(茎部情况相反)。因此我们认为，不同的玉米品种对 NTA 添加时间的要求有明显差异。

3. 玉米籽粒中镉含量的比较

玉米籽粒中重金属含量与种植玉米的经济效益密切相关，因此，本书研究对玉米中重金属含量进行重点分析。从图 6-3 可以看出籽粒中重金属含量低于我国食品安全国家标准 GB 2762—2017 中规定的污染物限量值。

从玉米品种比较来看，玉米 HZ 籽粒中重金属含量比 CT38 低。从添加螯合剂强化修复的措施上看，两种玉米表现出不同的特征：对于 CT38 而言，授粉前添加 NTA，能显著降低籽粒中重金属含量，且随 NTA 添加量的增加，重金属含量呈现减少趋势，授粉后添加 NTA 则籽粒中重金属含量与空白对照没有差异；对于 HZ 而言，授粉前添加 NTA，随着 NTA 量的增加，玉米籽粒中重金属含量先轻微上升而后明显下降，授粉后添加则籽粒含量比对照处理明显要高。

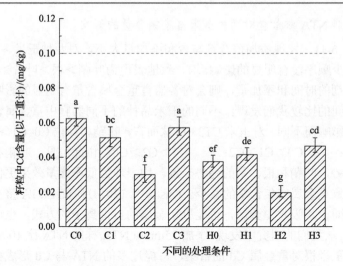

图 6-3　不同处理条件下玉米植株籽粒中重金属 Cd 含量

虚线表示国家标准 GB 2762—2017 中规定的最大标准值(0.1mg/kg，以干重计)

4. 整株玉米富集 Cd 效果的比较

整株玉米富集重金属的量，能衡量玉米植株作为修复材料的修复效果。我们将各器官的重金属 Cd 富集量进行合计，得到整株玉米对 Cd 的富集量，其中各器官的重金属富集量来自生物量干重和重金属 Cd 含量的乘积。各处理条件下，玉米植株的富集量如图 6-4 所示。

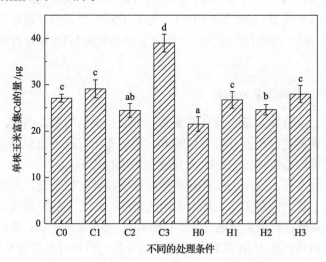

图 6-4　不同处理条件下玉米对 Cd 的单株富集量

笔者发现所进行的 8 组处理中，玉米 CT38 在授粉后添加 25mmol NTA/株处理(C3 处理)的植株的 Cd 富集量最高，能富集近 40μg Cd/株。两种玉米单株效果比较，在无 NTA 添加的条件下，CT38 比 HZ 多富集 25.9%；而在授粉后采用 NTA 强化措施，CT38 比 HZ 多富集 39.3%。因此，笔者认为玉米 CT38 在授粉后添加 25mmol NTA/株的处理适宜用于第二阶段的修复推广。

5. 玉米各器官中镉的分配

各器官 Cd 富集量在整株中的比例，能形象地反映出重金属 Cd 在玉米植株各器官中的分布，因此，将各器官富集 Cd 的比例进行比较，如图 6-5 所示。

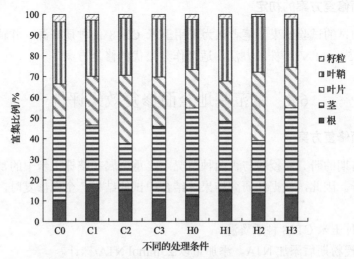

图 6-5　不同处理条件下玉米植株各器官 Cd 分布状况

叶含量为叶鞘和叶片含量之和

笔者发现授粉前添加 NTA 螯合剂能改变各器官富集量占整株的比例，授粉后添加则不能，该现象在两种玉米品种上都有发生。授粉前，随着 NTA 添加量的增加，叶中富集重金属的比例逐渐增大，茎中逐渐减少。该现象可能与玉米的形态学结构及生长生理有关，授粉前玉米植株处于拔节期，茎器官生长旺盛，玉米的形态结构变化明显。而授粉后，尽管籽粒不断趋向饱满，部分营养物质从玉米根、茎、叶器官向果穗转移，根、茎、叶营养器官生物量从最高峰略有下降，但形态结构上并未发生明显变化。因此，推断玉米各器官的富集比例与其形态学结构有密切关系，详细的定量关系尚需进一步研究。

虽然授粉后添加 NTA 促进玉米植株富集重金属 Cd 总量上有明显增加，但形态结构上营养器官并未增长。结合图 6-4 和图 6-5，我们发现 C3 处理相对于 C1 处理、H3 处理相对于 H1 处理，即使整株玉米对重金属的富集量有显著增加，但各器官 Cd 的分配比例却很接近，并且与试验用的玉米品种无关。根据玉米生理学知识，授粉后光合作用新合成的生物质大多转移到雌穗中去，授粉后生殖器官，尤其是籽粒增长最快，而营养器官根、茎和叶等则没有显著性的变化。此外，玉米生长过程中，通常受激素类物质控制，这类物质虽然量少，但对调节玉米的生长却至关重要（Durbak et al., 2012）。玉米的形态受到调节性物质的影响，在不同的生长阶段玉米有不同的生长中心，促使生长中心快速生长的激素种类和含量也不同，而这些调节性物质究竟与 Cd 富集比例有何关系，也是尚待进一步研究的有趣问题。

6.3.4　全面修复方案的初定

根据中试的试验结果，笔者认为采用玉米 CT38 的种质资源，并辅助以授粉期后添加 25mmol NTA/株的办法，适合作为最优的修复方案。

6.4　示范基地全面修复效果评价

6.4.1　全面修复方案

根据前期的研究，授粉与否两种情况下，重金属在整株玉米中的富集量存在明显的差异。因此，根据此研究结果，结合中试的结果，全面修复时，采用以下修复方案。

（1）播种玉米 CT38 种质资源。

（2）在授粉期后添加 NTA，添加量以 25mmol NTA/株计。

（3）对地块 1 施行花丝控制阻止授粉，地块 2 正常授粉。

6.4.2　全面修复评价方法

根据网格采样点的分析测试数据，用 GS+软件进行统计分析，绘制图形，显示空间分布效果。

GS+软件现已被全世界用户广泛使用，尤其是对于面源土地状况的评价，能更客观、形象地描述调查指标的空间整体分布状况。田玺泽等（2012）曾利用 GS+（9.0 版本）对太湖流域的南湖荡圩区农田表层土壤营养物质进行空间分布研究，根据图形信息发现磷元素与有机质分布呈现一种相反分布的关系。

笔者在本书研究中，也利用该软件对修复地块修复前后的重金属含量进行空间分析，土壤样品采集采用网格布点的方式进行，各采样点采集 20cm 以内的表层土，装入封装袋，带回实验室自然风干。在修复前和修复后分别采集，采样布点示意如图 6-6 所示。

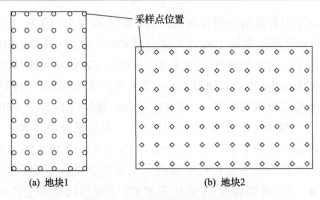

图 6-6　两修复场地采样示意图

为在大田中确定授粉对修复效果的影响，我们进行了授粉控制。对地块 1，采用花丝密闭罩阻止授粉的方式；地块 2，则正常授粉。全面修复前后分别采集土样进行分析测试，将测试结果分别用 GS+软件绘图。

6.4.3　全面修复结果评价与讨论

全面修复的结果，用 GS+软件绘制如图 6-7 所示。

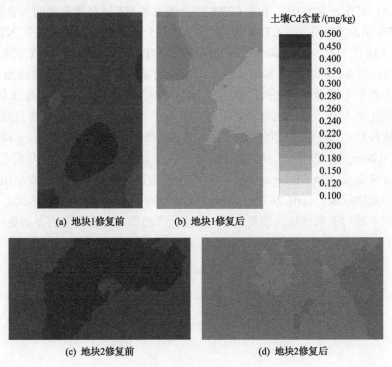

图 6-7　修复场地重金属 Cd 含量空间分布图

　　根据重金属 Cd 含量的空间分布图，我们能直观看出，地块 1 修复效果明显优于地块 2。对修复场地地块 1 而言，重金属 Cd 含量范围从 0.4～0.5mg/kg 降低至 0.24mg/kg 以下；对于修复场地地块 2，重金属 Cd 含量范围从 0.4～0.5mg/kg 降低至 0.24～0.28mg/kg 以内。通过 Cd 污染土壤的实地修复，我们发现籽粒重金属含量符合《食品安全国家标准 食品中污染物限量》(GB 2762—2017)的要求，低于 0.1mg/kg，土壤中 Cd 含量明显降低，在不添加螯合剂的情况下，依靠所筛选玉米自身的力量，地块 1 平均下降 62%，地块 2 平均下降 32%，使蔬菜基地土壤中总 Cd 含量降低到国家质量标准以内，土壤环境质量有了明显改善。通过该项目的实际验证，笔者看到用 NTA 强化玉米 CT38 修复污染菜地的化学-植物修复技术，在修复实际污染土壤的过程中是有效的。

　　从场地的实际修复效果看，不授粉玉米植株在实地重金属 Cd 污染土壤中的修复效果要明显优于授粉的玉米植株。但结合图 6-3 和图 6-7 发现，玉米作为经济作物，在重金属 Cd 超标的土壤上，籽粒中重金属 Cd 含量符合食品安全国家标准规定的 0.1mg/kg。因此，我们认为，"边生产边修复"尽管在修复效率上不及"专一修复"的不授粉处理好，但综合社会效益、经济效益等诸多因素考虑，仍可视为一种良好的植物修复选择模式。

　　综上，在实地修复中，玉米 CT38 比土著玉米 HZ 能富集更多的重金属 Cd。在无 NTA 添加的条件下，CT38 比 HZ 多富集 25.9%；而在授粉后采用 NTA 强化措施，CT38 比 HZ 多富集 39.3%。授粉后添加 NTA 能显著增加玉米 CT38 对重金属 Cd 的富集量，但各器官富集比例并未发生明显的变化。而授粉前添加 NTA，能改变各器官中重金属的比例，且随着 NTA 添加量的增加，茎中富集比例下降，叶中富集比例上升。通过实地修复工程，检验了不授粉玉米植株的修复效果比授粉玉米植株好。不授粉的修复措施下，重金属从修复前的 0.4～0.5mg/kg 降低至修复后的 0.24mg/kg 以下；而授粉的情况下，重金属 Cd 含量从修复前的 0.4～0.5mg/kg 降低至 0.24～0.28mg/kg。因籽粒中重金属含量满足《食品安全国家标准 食品中污染物限量》(GB 2672—2017)规定的低于 0.1mg/kg 要求，因此，该实地修复工程中授粉玉米植株的修复实践，证实了"边修复边生产"的方案是可行的。

主要参考文献

包丹丹, 李恋卿, 潘根兴, 等. 2011. 苏南某冶炼厂周边农田土壤重金属分布及风险评价. 农业环境科学学报, 30(8): 1546-1552.

蔡美芳, 党志, 文震, 等. 2004. 矿区周围土壤中重金属危害性评估研究. 生态环境学报, (1): 6-8.

柴世伟, 温琰茂, 张亚雷, 等. 2006. 广州市郊区农业土壤重金属污染评价分析. 环境科学研究, (4): 138-142.

常青山, 马祥庆, 王志勇. 2007. 南方重金属矿区重金属的污染特征及评价. 长江流域资源与环境, 16(3): 395.

常学秀, 施晓东. 2001. 土壤重金属污染与食品安全. 云南环境科学, (s1): 21-24, 77.

陈同斌, 韦朝阳. 2002. 砷超富集植物蜈蚣草及其对砷的富集特征. 科学通报, 47(3): 207-210.

陈晓鹏. 2008. 多环芳烃芘微生物降解的实验研究. 广州: 华南理工大学.

陈燕, 刘晚苟, 郑小林, 等. 2006. 玉米植株对重金属的富集与分布. 玉米科学, 14(6): 93-95.

陈印军, 杨俊彦, 方琳娜. 2014. 我国耕地土壤环境质量状况分析. 中国农业科技导报, 16(2): 14-18.

陈英旭, 陈新才, 于明革, 等. 2009. 土壤重金属的植物污染化学研究进展. 环境污染与防治, 31(12): 42-47.

陈玉成, 董姗燕, 熊治廷. 2004a. 表面活性剂与 EDTA 对雪菜吸收镉的影响. 植物营养与肥料学报, 10(6): 92-97.

陈玉成, 郭颖, 魏沙平. 2004b. 螯合剂与表面活性剂复合去除城市污泥中 Cd、Cr. 中国环境科学, 24(1): 100-104.

陈玉成, 熊双莲, 熊治廷. 2004c. 表面活性剂强化重金属污染植物修复的可行性. 生态环境学报, 13(2): 243-246.

陈志良, 莫大伦, 仇荣亮. 2001. 镉污染对生物有机体的危害及防治对策. 环境保护科学, (4): 37-39.

程旺大. 2005. 土壤-水稻体系中的重金属污染及其控制. 中国农业科技导报, 7(4): 51-54.

丛艳国, 魏立华. 2002. 土壤环境重金属污染物来源的现状分析. 现代化农业, (1): 18-20.

戴树桂, 董亮. 1999. 表面活性剂对受污染环境修复作用研究进展. 上海环境科学, (9): 40-44.

丁克强, 骆永明. 2005. 苜蓿修复重金属 Cu 和有机物苯并[a]芘复合污染土壤的研究. 农业环境科学学报, 24(4): 766-770.

丁克强, 骆永明, 刘世亮, 等. 2004. 黑麦草对土壤中苯并[a]芘动态变化的影响. 土壤学报, 41(3): 348-353.

范晓荣, 沈其荣. 2003. ABA、IAA 对旱作水稻叶片气孔的调节作用. 中国农业科学, 36(12): 1450-1455.

高定, 郑国砥, 陈同斌, 等. 2012. 城市污泥土地利用的重金属污染风险. 中国给水排水, 28(15): 98-101.

顾继光, 周启星, 王新. 2003. 土壤重金属污染的治理途径及其研究进展. 应用基础与工程科学学报, (2): 31-39.

郭栋生, 袁小英. 1999. 植物激素类除草剂对玉米幼苗吸收重金属的影响. 农业环境保护, 18(4): 182-184.

郭凤台, 张航, 杨庆娥, 等. 2008. 污水灌溉对小麦和玉米的重金属积累和分布的影响. 节水灌溉, (2): 14-16, 20.

郭书奎, 赵可夫. 2001. NaCl 胁迫抑制玉米幼苗光合作用的可能机理. 植物生理学报, 27(6): 461-466.

胡成华. 1989. 玉米籽粒的排列与进化. 植物杂志, (4): 40-41.

惠俊爱, 党志, 叶庆生, 等. 2010. 镉胁迫对玉米光合特性的影响. 农业环境科学学报, 29(2): 205-210.

孔祥生, 张妙霞, 郭秀璞. 1999. Cd(2+)毒害对玉米幼苗细胞膜透性及保护酶活性的影响. 农业环境保护, 18(3): 133-134.

李丽君, 郑普山, 谢苏婧. 2001. 镉对玉米种子萌发和生长的影响. 山西大学学报(自然科学版), 24(1): 93-94.

李明军, 刘萍. 2007. 植物生理学实验技术(21 世纪生物学基础课系列实验教材). 北京: 科学出版社.

李鹏, 李晔, 曾璞, 等. 2011. 某冶炼厂周边农田土壤重金属污染状况分析与评价. 安徽农业科学, 39(2): 863-865, 876.

李永涛, 吴启堂. 1997. 土壤污染治理方法研究. 农业环境科学学报, (3): 118-122.

李兆君, 马国瑞, 徐建民, 等. 2004. 植物适应重金属 Cd 胁迫的生理及分子生物学机理. 土壤通报, 35(2): 234-238.

梁生康, 王修林, 陆金仁, 等. 2005. 假单胞菌 O-2-2 产鼠李糖脂的结构表征及理化性质. 精细化工, 22(7): 499-502.

梁烜赫, 曹铁华. 2010. 重金属对玉米生长发育及产量的影响. 玉米科学, 18(4): 86-88.

梁雅雅, 易筱筠, 党志, 等. 2019. 某铅锌尾矿库周边农田土壤重金属污染状况及风险评价. 农业环境科学学报, 38(1): 103-110.

林琦, 陈英旭, 陈怀满, 等. 2001. 有机酸对 Pb、Cd 的土壤化学行为和植株效应的影响. 应用生态学报, (4): 619-622.

林文杰, 吴荣华, 郑泽纯, 等. 2011. 贵屿电子垃圾处理对河流底泥及土壤重金属污染. 生态环境学报, 20(1): 160-163.

刘世亮, 骆永明, 丁克强, 等. 2004. 苯并[a]芘污染土壤的丛枝菌根真菌强化植物修复作用研究. 土壤学报, 41(3): 336-342.

刘世亮, 骆永明, 丁克强, 等. 2007. 黑麦草对苯并[a]芘污染土壤的根际修复及其酶学机理研究. 农业环境科学学报, 26(2): 526-532.

刘艳红, 张德刚, 刘杰, 等. 2010. 锡矿区周边玉米植株中重金属分布特征与污染状况. 安徽农业科学, 38(24): 13312-13314.

刘杨, 张薇, 吉普辉, 等. 2011. 沈阳张士灌区六种蔬菜的镉污染. 生态学杂志, (6): 187-191.

刘云国, 李欣, 徐敏, 等. 2002. 土壤重金属镉污染的植物修复与土壤酶活性. 湖南大学学报(自科版), (4): 109-114.

刘志光, 徐仁扣. 1991. 几种有机化合物对土壤中铁与锰的氧化物还原和溶解作用. 环境化学, 10(5): 43-50.

龙涛, 刘翔, 杨建刚, 等. 2003. 非离子型表面活性剂吐温80增溶条件下菲的生物降解. 环境工程学报, 4(5): 1-4.

龙新宪, 杨肖娥, 倪吾钟. 2002. 重金属污染土壤修复技术研究的现状与展望. 应用生态学报, 13(6): 757-762.

栾升, 倪晋山. 1987. 表面活性剂和Ca^{2+}对大麦根质膜透性的作用. 植物生理学报, (2): 168-173.

罗立新, 孙铁珩. 1998. Cd和表面活性剂复合污染对小麦叶片若干生理性状的影响. 应用生态学报, (1): 95-100.

骆永明. 1995. 金属污染土壤的植物修复. 土壤, (5): 38-42, 57.

聂胜委, 黄绍敏, 张水清, 等. 2013. 重金属胁迫后效对玉米产量的影响. 华北农学报, 28(4): 123-129.

齐华, 白向历, 孙世贤, 等. 2009. 水分胁迫对玉米叶绿素荧光特性的影响. 华北农学报, 24(3): 102-106.

秦莹, 娄翼来, 姜勇, 等. 2009. 沈哈高速公路两侧土壤重金属污染特征及评价. 农业环境科学学报, 28(4): 663-667.

束良佐, 朱育晓. 2001. Al^{3+}和阳离子型表面活性剂复合污染对玉米幼苗的影响. 生态与农村环境学报, 17(2): 50-52.

苏春田, 唐健生, 潘晓东, 等. 2011. 重金属元素在玉米植株中分布研究. 中国农学通报, 27(8): 323-327.

孙铁珩. 2005. 土壤污染形成机理与修复技术. 北京: 科学出版社.

唐结明, 姚爱军, 梁业恒. 2012. 广州市万亩果园土壤重金属污染调查与评价. 亚热带资源与环境学报, 7(2): 27-35.

唐世荣, 黄昌勇, 朱祖祥. 1996. 利用植物修复污染土壤研究进展. 环境科学进展, (6): 10-16.

田生科, 李廷轩, 彭红云, 等. 2005. 铜胁迫对海州香薷和紫花香薷根系形态及铜富集的影响. 水土保持学报, 19(3): 97-100, 183.

田玺泽, 张丹蓉, 叶斌, 等. 2012. 南湖荡圩区农田表层土壤营养物质空间分布. 江苏农业科学, (6): 318-321.

佟屏亚. 2001. 中国玉米种质资源的整理与成就. 中国种业, (3): 7-8.

王宝辉, 张学佳, 纪巍, 等. 2007. 表面活性剂环境危害性分析. 化工进展, 26(9): 1263-1268.

王焕校. 1990. 污染生态学基础. 昆明: 云南大学出版社.

王庆仁, 刘秀梅, 董艺婷, 等. 2002. 典型重工业区与污灌区植物的重金属污染状况及特征. 农业环境科学学报, (2): 115-118, 149.

魏秀国, 何江华, 陈俊坚, 等. 2002. 广州市蔬菜地土壤重金属污染状况调查及评价. 土壤与环境, (3): 36-38.

吴龙华, 骆永明, 黄焕忠. 2000. 铜污染土壤修复的有机调控研究 I. 可溶性有机物和 EDTA 对污染红壤铜的释放作用. 土壤, (2): 62-66.

伍端平. 2008. 玉米育苗移栽好处多. 农村新技术, (7): 7.

夏星辉, 陈静生. 1997. 土壤重金属污染治理方法研究进展. 环境科学, (3): 74-78, 96-97.

徐稳定. 2014. 超甜 38 玉米对镉的耐受机理及强化富集研究. 广州: 华南理工大学.

许炼烽, 刘腾辉. 1996. 广东土壤环境背景值和临界含量的地带性分异. 华南农业大学学报, (4): 58-62.

严竞平, 魏永超. 1985. 夏玉米吐水规律的研究. 百泉农专学报, 13(1): 58-65.

杨建刚, 刘翔, 余刚, 等. 2004. 非离子表面活性剂 Tween20 对菲生物降解的影响. 环境科学, 25(1): 53-56.

杨强. 2004. 有机污染物-重金属复合污染土壤植物修复技术研究. 杭州: 浙江大学.

杨仁斌, 曾清如, 周细红, 等. 2000. 植物根系分泌物对铅锌尾矿污染土壤中重金属的活化效应. 农业环境保护, 19(3): 152-155.

杨世勇, 王方, 谢建春. 2004. 重金属对植物的毒害及植物的耐性机制. 安徽师范大学学报(自然科学版), 27(1): 71-74, 90.

杨肖娥, 龙新宪, 倪吾钟, 等. 2001. 古老铅锌矿山生态型东南景天对锌耐性及超积累特性的研究. 植物生态学报, 25(6): 665-672.

姚金玲, 王海燕, 于云江, 等. 2010. 城市污水处理厂污泥重金属污染状况及特征. 环境科学研究, 23(6): 696-702.

叶雨盛, 孙甲, 郝楠, 等. 2008. 我国玉米种质资源创新的现状. 种子, 27(10): 79-81.

尹华, 谢丹平, 彭辉, 等. 2005. 假单胞菌 XD-1(*Pseuomonas* XD-1)的产表面活性剂性能研究. 环境科学学报, (2): 220-225.

余贵芬, 青长乐. 1998. 重金属污染土壤治理研究现状. 农业环境与发展, (4): 22-24.

余海粟, 朱利中. 2004. 混合表面活性剂对菲和芘的增溶作用. 环境化学, 23(5): 485-489.

曾经, 付晶. 2011. 长株潭地区公路两侧土壤重金属污染特性. 长沙理工大学学报(自然科学版), 8(2): 81-85.

张朝阳, 彭平安, 刘承帅, 等. 2012. 华南电子垃圾回收区农田土壤重金属污染及其化学形态分布. 生态环境学报, 21(10): 1742-1748.

张慧, 党志, 姚丽贤, 等. 2007. 镉芘单一污染和复合污染对土壤微生物生态效应的影响. 农业环境科学学报, 26(6): 2225-2230.

张素娟, 肖玲, 关帅朋, 等. 2009. 蓝田冶炼厂周边农田土壤重金属复合污染分析评价. 干旱地区农业研究, 27(5): 265-270.

张晓琳, 鄂勇, 胡振帮, 等. 2010. 污泥施田后土壤和玉米植株中重金属分布特征. 土壤通报, 41(2): 479-484.

张永, 廖柏寒, 曾敏, 等. 2004. 表面活性剂 LAS 与重金属 Cd 复合污染对黄豆生长的影响. 农业环境科学学报, 23(6): 1070-1072.

赵其国, 杨劲松, 周华. 2011. 保障我国"耕地红线"及"粮食安全"十字战略方针. 土壤, 43(5): 681-687.

郑世英, 张秀玲, 王丽燕, 等. 2007. Cd^{2+} 胁迫对蚕豆抗氧化酶活性及丙二醛含量的影响. 河南农业科学, (2): 35-37.

周翠, 杨祥田, 何贤彪. 2012. 电子垃圾拆解区周边农田土壤重金属污染评价. 浙江农业学报, 24(5): 140-144.

周东美, 王玉军, 郝秀珍, 等. 2002. 铜矿区重金属污染分异规律初步研究. 农业环境科学学报, (3): 225-227.

周红卫, 施国新, 陈景耀, 等. 2003. 6-BA 对水花生抗氧化酶系 Hg^{2+} 毒害的缓解作用. 生态学报, 23(2): 387-392.

周建民. 2006. 重金属污染土壤的螯合诱导植物提取及其环境风险研究. 广州: 华南理工大学.

周建民, 党志, 蔡美芳, 等. 2005a. 大宝山矿区污染水体中重金属的形态分布及迁移转化. 环境科学研究, (3): 5-10.

周建民, 党志, 司徒粤, 等. 2004. 大宝山矿区周围土壤重金属污染分布特征研究. 农业环境科学学报, 23(6): 1172-1176.

周建民, 党志, 陶雪琴, 等. 2005b. NTA 对玉米体内 Cu、Zn 的积累及亚细胞分布的影响. 环境科学, (6): 128-132.

周希琴, 莫灿坤. 2003. 植物重金属胁迫及其抗氧化系统. 新疆教育学院学报, 19(2): 103-108.

朱永官, 陈保冬, 林爱军, 等. 2005. 珠江三角洲地区土壤重金属污染控制与修复研究的若干思考. 环境科学学报, 25(12): 1575-1579.

Abed R M M, Al-Sabahi J, Al-Maqrashi F, et al. 2014. Characterization of hydrocarbon-degrading bacteria isolated from oil-contaminated sediments in the sultanate of oman and evaluation of bioaugmentation and biostimulation approaches in microcosm experiments. International Biodeterioration & Biodegradation, 89: 58-66.

Afzal M, Yousaf S, Reichenauer T G, et al. 2012. The inoculation method affects colonization and performance of bacterial inoculant strains in the phytoremediation of soil contaminated with diesel oil. International Journal of Phytoremediation, 14(1): 35-47.

Agamuthu P, Abioye O P, Aziz A A. 2010. Phytoremediation of soil contaminated with used lubricating oil using Jatropha curcas. Journal of Hazardous Materials, 179(1-3): 891-894.

Albergaria J T, Alvim-Ferraz M C, Delerue-Matos C. 2012. Remediation of sandy soils contaminated with hydrocarbons and halogenated hydrocarbons by soil vapour extraction. Journal of Environment Management, 104: 195-201.

Amor L, Kennes C, Veiga M C. 2001. Kinetics of inhibition in the biodegradation of monoaromatic hydrocarbons in presence of heavy metals. Bioresource Technology, 78(2): 181-185.

Atteia O, Guillot C. 2007. Factors controlling BTEX and chlorinated solvents plume length under natural attenuation conditions. Journal of Contaminant Hydrology, 90(1-2): 81-104.

Aykol A, Budakoglu M, Kumral M, et al. 2003. Heavy metal pollution and acid drainage from the abandoned balya Pb-Zn sulfide mine, NW Anatolia, Turkey. Environmental Geology, 45(2): 198-208.

Baath E, Diaz-Ravina M, Frostegard A, et al. 1998. Effect of metal-rich sludge amendments on the soil microbial community. Applied and Environmental Microbiology, 64(1): 238-245.

Banks M K, Schultz K E. 2005. Comparison of plants for germination toxicity tests in petroleum-contaminated soils. Water Air & Soil Pollution, 167(1-4): 211-219.

Banks M K, Lee E, Schwab A P. 1999. Evaluation of dissipation mechanisms for benzo[a]pyrene in the rhizosphere of tall fescue. Journal of Environmental Quality, 28(1): 294-298.

Baran S A, Bielińska J E, Oleszczuk P. 2004. Enzymatic activity in an airfield soil polluted with polycyclic aromatic hydrocarbons. Geoderma, 118(3-4): 221-232.

Beveridge A, Pickering W F. 1983. The influence of surfactants on the adsorption of heavy metal ions by clays. Water Research, 17(2): 215-225.

Binet P, Portal J M, Leyval C. 2017. Dissipation of 3–6-ring polycyclic aromatic hydrocarbons in the rhizosphere of ryegrass. Soil Biology & Biochemistry, 32(14): 2011-2017.

Brooks R R, Shaw S, Marfil A A. 2006. The chemical form and physiological function of nickel in some iberian alyssum species. Physiologia Plantarum, 51(2): 167-170.

Brown S L, Chaney R L, Angel J S, et al. 1994. Phytoremediation potential of thlaspi caerulescens and bladder campion for zinc- and cadmium-contaminated soil. Journal of Environmental Quality, 23(6): 1151-1157.

Bush R T, McInerney F A. 2013. Leaf wax n-alkane distributions in and across modern plants: implications for paleoecology and chemotaxonomy. Geochimica et Cosmochimica Acta, 117: 161-179.

Cartmill A D, Cartmill D L, Alarcón A. 2014. Controlled release fertilizer increased phytoremediation of petroleum-contaminated sandy soil. International Journal of Phytoremediation, 16(3): 285-301.

Casson S, Gray J E. 2008. Influence of environmental factors on stomatal development. New Phytologist, 178(1): 9-23.

Chan H L. 2003. Assessment of contamination load on water, soil and sediment affected by the kongjujeil mine drainage, republic of Korea. Environmental Geology, 44(5): 501-515.

Chander K, Brookes P C. 1991. Is the dehydrogenase assay invalid as a method to estimate microbial activity in copper-contaminated soils? Soil Biology & Biochemistry, 23(10): 909-915.

Chaney R L, Malik M, Li Y M, et al. 1997. Phytoremediation of soil metals. Current Opinion in Biotechnology, 8(3): 279-284.

Chanmugathas P, Bollag M J. 1987. Microbial mobilization of cadmium in soil under aerobic and anaerobic conditions. Journal of Environmental Quality, 16(2): 161-167.

Chaoui A, Jarrar B, Ferjani E L. 2004. Effects of cadmium and copper on peroxidase, NADH oxidase and IAA oxidase activities in cell wall, soluble and microsomal membrane fractions of pea roots. Journal of Plant Physiology, 161(11): 1225-1234.

Cheema S A, Khan M I, Shen C, et al. 2010. Degradation of phenanthrene and pyrene in spiked soils by single and combined plants cultivation. Journal of Hazardous Materials, 177(1-3): 384-389.

Chekol T, Vough L R, Chaney R L. 2004. Phytoremediation of polychlorinated biphenyl-contaminated soils: the rhizosphere effect. Environment International, 30(6): 799-804.

Cheng S. 2003. Heavy metal pollution in China: origin, pattern and control. Environmental Science and Pollution Research, 10(3): 192-198.

Chien Y C. 2012. Field study of in situ remediation of petroleum hydrocarbon contaminated soil on site using microwave energy. Journal of Hazardous Materials, 199: 457-461.

Cocco P, Moore P S, Ennas M G, et al. 2007. Effect of urban traffic, individual habits, and genetic polymorphisms on background urinary 1-hydroxypyrene excretion. Annals of Epidemiology, 17(1): 1-8.

Collins C, Fryer M, Grosso A. 2006. Plant uptake of non-ionic organic chemicals. Environmental Science & Technology, 40(1): 45-52.

Courchesne F, Gobran G R. 1997. Mineralogical variations of bulk and rhizosphere soils from a norway spruce stand. Soil Science Society of America Journal, 61(4): 1245-1249.

Cui Y S, Wang Q R, Dong Y T, et al. 2004. Enhanced uptake of soil Pb and Zn by Indian mustard and winter wheat following combined soil application of elemental sulphur and EDTA. Plant and Soil, 261: 181-188.

Cunha A C B D, Sabedot S, Sampaio C H, et al. 2012. Salix rubens and salix triandra species as phytoremediators of soil contaminated with petroleum-derived hydrocarbons. Water Air & Soil Pollution, 223(8): 4723-4731.

Cunningham S D, Anderson T A, Schwab A P, et al. 1996. Phytoremediation of soils contaminated with organic pollutants. Advances in Agronomy, 56: 55-114.

Custos J M, Moyne C, Treillon T, et al. 2014. Contribution of Cd-EDTA complexes to cadmium uptake by maize: a modelling approach. Plant & Soil, 374(1-2): 497-512.

Dang Z, Liu C, Haigh M J. 2002. Mobility of heavy metals associated with the natural weathering of coal mine spoils. Environmental Pollution, 118(3): 419-426.

Das P, Samantaray S, Rout G R. 1997. Studies on cadmium toxicity in plants: a review. Environment Pollution, 98: 29-36.

Dawei L I, Zhang Y, Xie Q, et al. 2009. Microwave thermal remediation of crude oil contaminated soil enhanced by carbon fiber. Journal of Environmental Sciences, 21(9): 1290-1295.

Demidchik V, Sokolik A, Yurin V. 2001. Characteristics of non-specific permeability and H^+-ATPase inhibition induced in the plasma membrane of *Nitella flexilis* by excessive Cu^{2+}. Planta, 212(4): 583-590.

Demmig B, Bjrkman O. 1987. Photon yield of O_2 evolution and chlorophyll fluorescence characteristics at 77 K among vascular plants of diverse origins. Planta, 170(4): 489-504.

Desalme D, Binet P, Bernard N, et al. 2011. Atmospheric phenanthrene transfer and effects on two grassland species and their root symbionts: a microcosm study. Environmental & Experimental Botany, 71(2):146-151.

Desalme D, Binet P, Chiapusio G. 2013. Challenges in tracing the fate and effects of atmospheric polycyclic aromatic hydrocarbon deposition in vascular plants. Environmental Science & Technology, 47(9): 3967-3981.

Desborough S L, Spychalla J P. 1990. Superoxide dismutase, catalase, and α-tocopherol content of stored potato tubers. Plant Physiology, 94(3): 1214-1218.

Desrois M, Sciaky M, Lan C, et al. 1999. Polycyclic aromatic hydrocarbons in the diet. Mutation Research, 443(1): 139-147.

Dominguez-Rosado E, Pichtel J. 2004. Phytoremediation of soil contaminated with used motor oil: II. greenhouse studies. Environmental Engineering Science, 21(2): 169-180.

Durbak A, Yao H, McSteen P. 2012. Hormone signaling in plant development. Current Opinion in Plant Biology, 15(1): 92-96.

Falcó G, Domingo J L, Llobet J M, et al. 2003. Polycyclic aromatic hydrocarbons in foods: human exposure through the diet in catalonia, Spain. Journal of Food Protection, 66(12): 2325-2331.

Farhadian A, Jinap S, Abas F, et al. 2010. Determination of polycyclic aromatic hydrocarbons in grilled meat. Food Control, 21(5): 606-610.

Fässler E, Robinson B H, Gupta S K, et al. 2010. Uptake and allocation of plant nutrients and Cd in maize, sunflower and tobacco growing on contaminated soil and the effect of soil conditioners under field conditions. Nutrient Cycling in Agroecosystems, 87(3): 339-352.

Fernández M D, Pro J, Alonso C, et al. 2011. Terrestrial microcosms in a feasibility study on the remediation of diesel-contaminated soils. Ecotoxicology & Environmental Safety, 74(8): 2133-2140.

Fismes J L, Perrin-Ganier C, Empereur-Bissonnet P, et al. 2002. Soil-to-root transfer and translocation of polycyclic aromatic hydrocarbons by vegetables grown on industrial contaminated soils. Journal of Environmental Quality, 31(5): 1649-1659.

Frimmel F H, Christman R F. 1988. Humic Substances and Their Role in the Environment. New York, Chichester: John Wiley and Sons Ltd.

Gadd G M. 2001. Phytoremediation of toxic metals: using plants to clean up the environment. Journal of Chemical Technology & Biotechnology, 76(3): 325.

Gadelle F, Wan J, Tokunaga T K. 2001. Removal of uranium(VI) from contaminated sediments by surfactants. Journal of Environmental Quality, 30(2): 470-478.

Gan S, Lau E V, Ng H K. 2009. Remediation of soils contaminated with polycyclic aromatic hydrocarbons (PAHs). Journal of Hazardous Materials, 172(2-3): 532-549.

Gao Y, Zhu L. 2004. Plant uptake, accumulation and translocation of phenanthrene and pyrene in soils. Chemosphere, 55(9): 1169-1178.

Gao Y, Shen Q, Ling W, et al. 2008. Uptake of polycyclic aromatic hydrocarbons by *Trifolium pretense* L. from water in the presence of a nonionic surfactant. Chemosphere, 72(4): 636-643.

Gargouri B, Karray F, Mhiri N, et al. 2014. Bioremediation of petroleum hydrocarbons-contaminated soil by bacterial consortium isolated from an industrial wastewater treatment plant. Journal of Chemical Technology & Biotechnology, 89(7): 978-987.

Ghosh M, Singh S P. 2005. A review on phytoremediation of heavy metals and utilization of its byproducts. Applied Ecology & Environmental Research, 3(1): 1-18.

Glick B R. 2010. Using soil bacteria to facilitate phytoremediation. Biotechnology Advances, 28(3): 367-374.

Gogolev A, Wilke B M. 1997. Combination effects of heavy metals and fluoranthene on soil bacteria. Biology and Fertility of Soils, 25(3): 274-278.

Gordon M, Choe N, Duffy J, et al. 1998. Phytoremediation of trichloroethylene with hybrid poplars. Environmental Health Perspectives, 106(suppl 4): 1001-1004.

Grant C A, Bailey L D, Harapiak J T, et al. 2002. Effect of phosphate source, rate and cadmium content and use of *Penicillium bilaii* on phosphorus, zinc and cadmium concentration in durum wheat grain. Journal of the Science of Food & Agriculture, 82(3): 301-308.

Gregorio S D, Barbafieri M, Lampis M, et al. 2006. Combined application of Triton X-100 and *Sinorhizobium* sp. Pb002 inoculum for the improvement of lead phytoextraction by *Brassica juncea* in EDTA amended soil. Chemosphere, 63(2): 293-299.

Griffiths B S, Díaz-Raviña M, Ritz K, et al. 1997. Community DNA hybridisation and %G+C profiles of microbial communities from heavy metal polluted soils. FEMS Microbiology Ecology, 24(2): 103-112.

Haynes R J. 1990. Active ion uptake and maintenance of cation-anion balance: a critical examination of their role in regulating rhizosphere pH. Plant and Soil, 126(2): 247-264.

Heitkamp M A, Cerniglia C E. 1989. Polycyclic aromatic hydrocarbon degradation by a *Mycobacterium* sp. in microcosms containing sediment and water from a pristine ecosystem. Applied and Environmental Microbiology, 55(8): 1968-1973.

Henner P, Schiavon M, Druelle M, et al. 1999. Phytotoxicity of ancient gaswork soils. Effect of polycyclic aromatic hydrocarbons(PAHs)on plant germination. Organic Geochemistry, 30(8): 963-969.

Herman D C, Artiola J F, Miller R M, et al. 1995. Removal of cadmium, lead, and zinc from soil by a rhamnolipid biosurfactant. Environmental Science & Technology, 29(9): 2280-2285.

Hong L, Weisman D, Ye Y, et al. 2009. An oxidative stress response to polycyclic aromatic hydrocarbon exposure is rapid and complex in *Arabidopsis thaliana*. Plant Science, 176(3): 375-382.

Hseu Z Y, Jien S, Wang S, et al. 2013. Using EDDS and NTA for enhanced phytoextraction of Cd by water spinach. Journal of Environmental Management, 117: 58-64.

Ijah U J J, Auta S H, Olanrewaju R K. 2013. Biostimulation of crude oil contaminated soil using soybean waste. Advanced Science Focus, 1(4): 285-291.

James C A, Strand S E. 2009. Phytoremediation of small organic contaminants using transgenic plants. Current Opinion in Biotechnology, 20(2): 237-241.

Jasmine J, Mukherji S. 2014. Evaluation of bioaugmentation and biostimulation effects on the treatment of refinery oily sludge using 2^n full factorial design. Environmental Science: Processes & Impacts, 16: 1889-1896.

Jiang L, Shi G, Ding Y L, et al. 2013. Differential responses of two bamboo species (*Phyllostachys auresulcata* 'spectabilis' and *Pleioblastus chino* 'hisauchii')to excess copper. Bioenergy Research, 6(4): 1223-1229.

Kacálková L, Tlustoš P. 2011. The uptake of persistent organic pollutants by plants. Central European Journal of Biology, 6(2): 223-235.

Kai W, Huagang H, Zhiqiang Z, et al. 2013. Phytoextraction of metals and rhizoremediation of PAHs in co-contaminated soil by co-planting of *Sedum alfredii* with ryegrass (*Lolium perenne*) or castor (*Ricinus communis*). International Journal of Phytoremediation, 15(3): 283-298.

Kaimi E, Mukaidani T, Miyoshi S, et al. 2006. Ryegrass enhancement of biodegradation in diesel-contaminated soil. Environmental and Experimental Botany, 55(1-2): 110-119.

Kang J W. 2014. Removing environmental organic pollutants with bioremediation and phytoremediation. Biotechnology Letters, 36(6): 1129-1139.

Kanzari F, Syakti A D, Asia L, et al. 2014. Distributions and sources of persistent organic pollutants (aliphatic hydrocarbons, PAHs, PCBs and pesticides) in surface sediments of an industrialized urban river (Huveaune), France. Science of the Total Environment, 478: 141-151.

Ke L, Zhang C, Wong Y S, et al. 2011. Dose and accumulative effects of spent lubricating oil on four common mangrove plants in South China. Ecotoxicology & Environmental Safety, 74(1): 55-66.

Khan S, Afzal M, Iqbal S, et al. 2013. Plant-bacteria partnerships for the remediation of hydrocarbon contaminated soils. Chemosphere, 90(4): 1317-1332.

Kirk J L, Klirnomos J N, Lee H, et al. 2002. Phytotoxicity assay to assess plant species for phytoremediation of petroleum-contaminated soil. Bioremediation Journal, 6(1): 57-63.

Kirkham M B. 2000. EDTA-Facilitated phytoremediation of soil with heavy metals from sewage sludge. International Journal of Phytoremediation, 2(2): 159-172.

Korte F, Kvesitadze G, Ugrekhelidze D, et al. 2000. Organic toxicants and plants. Ecotoxicology & Environmental Safety, 47(1): 1-26.

Krauss M, Wilcke W, Martius C, et al. 2005. Atmospheric versus biological sources of polycyclic aromatic hydrocarbons (PAHs) in a tropical rain forest environment. Environmental Pollution, 135(1): 143-154.

Krystyna P, Witold G, Andrzej K. 2003. The effect of selenium on the accumulation of some metals in *Zea mays* L. plants treated with indole-3-acetic acid. Cellular & Molecular Biology Letters, 8(1): 97-103.

Kučrová P, Macková M, Chromá L, et al. 2000. Metabolism of polychlorinated biphenyls by solanum nigrum hairy root clone SNC-9O and analysis of transformation products. Plant & Soil, 225(1-2): 109-115.

Kulli B, Balmer M, Krebs R, et al. 1999. The influence of nitrilotriacetate on heavy metal uptake of lettuce and ryegrass. Journal of Environmental Quality, 28(6): 1699-1704.

Kuo C W, Genthner B R S. 1996. Effect of added heavy metal ions on biotransformation and biodegradation of 2-chlorophenol and 3-chlorobenzoate in anaerobic bacterial consortia. Applied & Environmental Microbiology, 62 (7): 2317-2323.

Laha S, Tansel B, Ussawarujikulchai A. 2009. Surfactant-soil interactions during surfactant-amended remediation of contaminated soils by hydrophobic organic compounds: A review. Journal of Environmental Management, 90 (1): 95-100.

Lai C C, Huang Y C, Wei Y H, et al. 2009. Biosurfactant-enhanced removal of total petroleum hydrocarbons from contaminated soil. Journal of Hazardous Materials, 167 (1-3): 609-614.

Lan J, Zhang S, Lin H, et al. 2013. Efficiency of biodegradable EDDS, NTA and APAM on enhancing the phytoextraction of cadmium by *Siegesbeckia orientalis* L. grown in Cd-contaminated soils. Chemosphere, 91 (9): 1362-1367.

Lasat M M, Kochian B L V. 1998. Altered Zn compartmentation in the root symplasm and stimulated Zn absorption into the leaf as mechanisms involved in Zn hyperaccumulation in *Thlaspi caerulescens*. Plant Physiology, 118 (3): 875-883.

Le J, Zou J, Yang K, et al. 2014. Signaling to stomatal initiation and cell division. Frontiers in Plant Science, 5: 1-6.

Li C R, Wei A B, Chen T, et al. 2011. Phytoremediation of petroleum-contaminated soil. Advanced Materials Research, 356-360: 2737-2740.

Li D W, Quan X, Zhang Y, et al. 2008. Microwave-induced thermal treatment of petroleum hydrocarbon-contaminated soil. Soil & Sediment Contamination, 17 (5): 486-496.

Li X G, Du Y L, Wu G Z, et al. 2012. Solvent extraction for heavy crude oil removal from contaminated soils. Chemosphere, 88 (2): 245-249.

Li Z B, Larry M S. 1996. Extractability of zinc, cadmium, and nickel in soils amended with EDTA. Soil Science, 161 (4): 226-232.

Lian J, Wu J, Ha Y, et al. 2013. Effects of cotton on several enzymatic activities of the petroleum contaminateds oil: A laboratory experiment. Environment Protection Engineering, 39 (1): 163-182.

Liang M, Qiao M, Arp H P H. 2011. Phytoremediation efficiency of a PAH-contaminated industrial soil using ryegrass, white clover, and celery as mono-and mixed cultures. Journal of Soils & Sediments, 11 (3): 482-490.

Liang P, Arthur B P. 1992. Differential display of eukaryotic messenger RNA by means of the polymerase chain reaction. Science, 25: 967-971.

Liang Z Y. 1999. Overexpression of glutathione synthetase in Indian mustard enhances cadmium accumulation and tolerance. Plant Physiology, 119 (1): 73-80.

Lima T M S, Procópio L C, Brandão F D, et al. 2011. Evaluation of bacterial surfactant toxicity towards petroleum degrading microorganisms. Bioresource Technology, 102(3): 2957-2964.

Lin D, Zhu L, Wei H, et al. 2006. Tea plant uptake and translocation of polycyclic aromatic hydrocarbons from water and around air. Journal of Agricultural & Food Chemistry, 54 (10): 3658-3662.

Lin H, Tao S, Zuo Q, et al. 2007. Uptake of polycyclic aromatic hydrocarbons by maize plants. Environmental Pollution, 148(2): 614-619.

Lin Q, Shen K, Zhao H, et al. 2008. Growth response of *Zea mays* L. in pyrene-copper co-contaminated soil and the fate of pollutants. Journal of Hazardous Materials, 150(3): 515-521.

Lin Q, Wang Z, Ma S, et al. 2006. Evaluation of dissipation mechanisms by *Lolium perenne* L. and *Raphanus sativus* for pentachlorophenol (PCP) in copper co-contaminated soil. Science of the Total Environment, 368(2-3): 814-822.

Linger P, Ostwald A, Haensler J, et al. 2005. Growing on heavy metal contaminated soil: Growth, cadmium uptake and photosynthesis. Biologia Plantarum, 49(4): 567-576.

Liste H H, Alesander M. 2000a. Accumulation of phenanthrene and pyrene in rhizosphere soil. Chemosphere, 40(1): 11-14.

Liste H H, Alexander M. 2000b. Plant-promoted pyrene degradation in soil. Chemosphere, 40(1): 7-10.

Liu F H, Wang C H, Liu X Y, et al. 2013. Enhancing aquatic plant uptake of PAHs using environment-friendly surfactant alkyl polyglucoside(APG). Applied Mechanics and Materials, 295-298(2013): 255-258.

Lladó S, Covino S, Solanas A M, et al. 2013. Comparative assessment of bioremediation approaches to highly recalcitrant PAH degradation in a real industrial polluted soil. Journal of Hazardous Materials, 248-249: 407-414.

Ller M, Jensen M I, Hansson P E, et al. 2007. Oxidative modifications to cellular components in plants. Annual Review of Plant Biology, 58(1): 459-481.

López M L, Peralta-Videa J R, Benitez T, et al. 2005. Enhancement of lead uptake by alfalfa (*Medicago sativa*) using EDTA and a plant growth promoter. Chemosphere, 61(4): 595-598.

Lovley D R, Coates J D. 1997. Bioremediation of metal contamination. Current Opinion in Biotechnology, 8(3): 285-289.

Lu L, Zhu L. 2009. Reducing plant uptake of PAHs by cationic surfactant-enhanced soil retention. Environmental Pollution, 157(6): 1794-1799.

Lu M, Zhang Z, Qiao W, et al. 2010. Remediation of petroleum-contaminated soil after composting by sequential treatment with Fenton-like oxidation and biodegradation. Bioresource Technology, 101(7): 2106-2113.

Lu S, Teng Y, Wang J, et al. 2010. Enhancement of pyrene removed from contaminated soils by bidens maximowicziana. Chemosphere, 81(5): 645-650.

Luo P, Peng P, Lü H Y, et al. 2012. Latitudinal variations of CPI values of long-chain-alkanes in surface soils: evidence for CPI as a proxy of aridity. Science China Earth Science, 55(7): 1134-1146.

Luo Y M, Christie P. 1998a. Bioavailability of copper and zinc in soils treated with alkaline stabilized sewage sludges. Journal of Environmental Quality, 27(2): 335-341.

Luo Y M, Christie P. 1998b. Choice of extraction technique for soil reducible trace metals determines the subsequent oxidisable metal fraction in sequential extraction schemes. International Journal of Environmental Analytical Chemistry, 72(1): 59-75.

Macek T, Macková M, Káš J. 2000. Exploitation of plants for the removal of organics in environmental remediation. Biotechnology Advances, 18(1): 23-34.

Maliszewska-Kordybach B, Smreczak B. 2003. Habitat function of agricultural soils as affected by heavy metals and polycyclic aromatic hydrocarbons contamination. Environment International, 28(8): 719-728.

Margesin R, Moertelmaier C, Mair J. 2013. Low-temperature biodegradation of petroleum hydrocarbons (n-alkanes, phenol, anthracene, pyrene) by four actinobacterial strains. International Biodeterioration & Biodegradation, 84: 185-191.

Mäser P, Gierth M, Schroeder J J. 2002. Molecular mechanisms of potassium and sodium uptake in plants. Plant & Soil, 247(1): 43-54.

Maslin P, Maier R M. 2000. Rhamnolipid-enhanced mineralization of phenanthrene in organic-metal co-contaminated soils. Bioremediation Journal, 4(4): 295-308.

Mata-Sandoval J C, Karns J, Torrents A. 2001. Influence of rhamnolipids and triton X-100 on the biodegradation of three pesticides in aqueous phase and soil slurries. Journal of Agricultural and Food Chemistry, 49(7): 3296-3303.

Mcgrath S. 1997. Heavy metal uptake and chemical changes in the rhizosphere of thlaspi caerulescens and thlaspi ochroleucum grown in contaminated soils. Plant & Soil, 188(1): 153-159.

McLachlan M S. 2011. Framework for the interpretation of measurements of SOCs in plants. Environmental Science & Technology, 33(11): 1799-1804.

Megharaj M, Ramakrishnan B, Venkateswarlu K, et al. 2011. Bioremediation approaches for organic pollutants: a critical perspective. Environment International, 37(8): 1362-1375.

Merkl N, Schultze-Kraft R, Infante C. 2005. Phytoremediation in the tropics-influence of heavy crude oil on root morphological characteristics of graminoids. Environmental Pollution, 138(1): 86-91.

Mihelcic J R. 1993. Bioavailability of sorbed-and separate-phase chemicals. Biodegradation, 4(3): 141-153.

Mitch M L, Nicole S P, Deborah L D. 2001. Zinc phytoextraction in Thlaspi caerulescens. International Journal of Phytoremediation, 3(1): 129-144.

Mukherjee A K, Bordoloi N K. 2011. Bioremediation and reclamation of soil contaminated with petroleum oil hydrocarbons by exogenously seeded bacterial consortium: a pilot-scale study. Environmental Science and Pollution Research, 18(3): 471-478.

Mulligan C N, Yong R N, Gibbs B F, et al. 1999. Metal removal from contaminated soil and sediments by the biosurfactant surfactin. Environmental Science and Technology, 33(21): 3812-3820.

Mulligan C N, Yong R N, Gibbs B F. 2001. Heavy metal removal from sediments by biosurfactants. Journal of Hazardous Materials, 85(1-2): 111-125.

Muratova A Y, Golubev S N, Dubrovskaya E V, et al. 2012. Remediating abilities of different plant species grown in diesel-fuel-contaminated leached chernozem. Applied Soil Ecology, 56: 51-57.

Naicker K, Cukrowska E, McCarthy T S. 2003. Acid mine drainage arising from gold mining activity in johannesburg, south Africa and environs. Environmental Pollution, 122(1): 29-40.

Namkoong W, Hwang E Y, Park J S, et al. 2002. Bioremediation of diesel-contaminated soil with composting. Environmental Pollution, 119(1): 23-31.

Nie J, Shi J, Duan X, et al. 2014. Health risk assessment of dietary exposure to polycyclic aromatic hydrocarbons in Taiyuan, China. Journal of Environmental Sciences, 26(2): 432-439.

Nikolopoulou M, Pasadakis N, Kalogerakis N. 2008. Enhanced bioremediation of crude oil utilizing lipophilic fertilizers combined with biosurfactants and molasses. Marine Pollution Bulletin, 56(11): 1855-1861.

Nikolopoulou M, Pasadakis N, Kalogerakis N. 2013. Evaluation of autochthonous bioaugmentation and biostimulation during microcosm-simulated oil spills. Marine Pollution Bulletin, 72(1): 165-173.

Ning P, Liao C S, Li S, et al. 2012. Maize cob plus husks mimics the grain sink to stimulate nutrient uptake by roots. Field Crops Research, 130: 38-45.

Occulti F, Roda G C, Berselli S, et al. 2008. Sustainable decontamination of an actual-site aged PCB-polluted soil through a biosurfactant-based washing followed by a photocatalytic treatment. Biotechnology & Bioengineering, 99(6): 1525-1534.

Olfa H, Radhia L, Mariem A, et al. 2013. Toxicity assessment for petroleum-contaminated soil using terrestrial invertebrates and plant bioassays. Environmental Monitoring and Assessment, 185(4): 2989-2998.

Olson P E, Wong T, Leigh M B, et al. 2003. Allometric modeling of plant root growth and its application in rhizosphere remediation of soil contaminants. Environmental Science and Technology, 37(3): 638-643.

Ortega-Calvo J J, Tejeda-Agredano M C, Jimenez-Sanchez C, et al. 2013. Is it possible to increase bioavailability but not environmental risk of PAHs in bioremediation? Journal of Hazardous Materials, 261: 733-745.

Page C A, Bonner J S, Kanga S A, et al. 1999. Biosurfactant solubilization of PAHs. Environmental Engineering Science, 16: 465-474.

Peng S W, Zhou Q X, Cai Z, et al. 2009. Phytoremediation of petroleum contaminated soils by *Mirabilis jalapa* L. in a greenhouse plot experiment. Journal of Hazardous Materials, 168(2-3): 1490-1496.

Peralta-Videa J R, Gardea-Torresdey J L, Gomez E, et al. 2002. Effect of mixed cadmium, copper, nickel and zinc at different pHs upon alfalfa growth and heavy metal uptake. Environmental Pollution, 119(3): 291-301.

Pimmata P, Reungsang A, Plangklang P. 2013. Comparative bioremediation of carbofuran contaminated soil by natural attenuation, bioaugmentation and biostimulation. International Biodeterioration & Biodegradation, 85: 196-204.

Polder M D, Hulzebos E M, Jager D T. 1995. Validation of models on uptake of organic chemicals by plant roots. Environmental Toxicology & Chemistry, 14(9): 1615-1623.

Qin G, Gong D, Fan M Y. 2013. Bioremediation of petroleum-contaminated soil by biostimulation amended with biochar. International Biodeterioration & Biodegradation, 85(7): 150-155.

Rahbar F G, Kiarostami K, Shirdam R. 2012. Effects of petroleum hydrocarbons on growth, photosynthetic pigments and carbohydrate levels of sunflower. Journal of Food Agricultural Environment, 10(1): 773-776.

Roberts S K, Snowman B N. 2000. The effects of ABA on channel-mediated K^+ transport across higher plant roots. Journal of Experimental Botany, 51(350): 1585-1594.

Roy D, Kommalapati R R, Mandava S S, et al. 1997. Constant. Soil washing potential of a natural surfactant. Environmental Science & Technology, 31(3): 670-675.

Sachdev D P, Cameotra S S. 2013. Biosurfactants in agriculture. Applied Microbiology & Biotechnology, 97(3): 1005-1016.

Salt D E, Blaylock M, Kumar N P B A. 1995. Phytoremediation: A novel strategy for the removal of toxic metals from the environment using plants. Biotechnology (NY), 13(5): 468-474.

Sandrin T R, Maier R M. 2002. Effect of pH on cadmium toxicity, speciation, and accumulation during naphthalene biodegradation. Environmental Toxicology & Chemistry, 21(10): 2075-2079.

Sayara T, Borràs E, Caminal G, et al. 2011. Bioremediation of PAHs-contaminated soil through composting: influence of bioaugmentation and biostimulation on contaminant biodegradation. International Biodeterioration & Biodegradation, 65(6): 859-865.

Schmidt A C, Steier S, Otto M. 2009. Evaluation of the arsenic binding capacity of plant proteins under conditions of protein extraction for gel electrophoretic analysis. Talanta, 77(5): 1830-1836.

Schnoor J L, Licht L A, Mccutcheon S C. 1995. Phytoremediation of organic and nutrient contaminants. Environmental Science & Technology, 29(7): 318A-323A.

Singh A K, Cameotra S S. 2013. Efficiency of lipopeptide biosurfactants in removal of petroleum hydrocarbons and heavy metals from contaminated soil. Environmental Science & Pollution Research, 20(10): 7367-7376.

Singh S, Singh T N. 2013. Guttation 1: chemistry, crop husbandry and molecular farming. Phytochemistry Reviews, 12(1): 147-172.

Sinsabaugh R L. 2009. Phenol oxidase, peroxidase and organic matter dynamics of soil. Soil Biology and Biochemistry, 42(3): 391-404.

Soleimani M, Afyuni M, Hajabbas M, et al. 2010. Phytoremediation of an aged petroleum contaminated soil using endophyte infected and non-infected grasses. Chemosphere, 81(9): 1084-1090.

Sparrow P A C, Irwin J A, Dale P J, et al. 2007. Pharma-planta: road testing the developing regulatory guidelines for plant-made pharmaceuticals. Transgenic Research, 16(2): 147-161.

Stanhope K G, Hutchinson J J, Kamath R. 2000. Use of isotopic dilution techniques to assess the mobilization of nonlabile Cd by chelating agents in phytoremediation. Environmental Science & Technology, 34(19): 4123-4127.

Sui H, Hua Z, Li X, et al. 2014. Influence of soil and hydrocarbon properties on the solvent extraction of high-concentration weathered petroleum from contaminated soils. Environmental Science & Pollution Research International, 21(9): 5774-5784.

Sutton T, Baumann U, Hayes J, et al. 2007. Boron-toxicity tolerance in barley arising from efflux transporter amplification. Science, 318(5855): 1446-1449.

Tang J, Wang R, Niu X, et al. 2010. Enhancement of soil petroleum remediation by using a combination of ryegrass (Lolium perenne) and different microorganisms. Soil & Tillage Research, 110(1): 87-93.

Tao S, Jiao X C, Chen S H, et al. 2006. Accumulation and distribution of polycyclic aromatic hydrocarbons in rice (Oryza sativa). Environmental Pollution, 140(3): 406-415.

Tao Y Q, Zhang S Z, Zhu Y, et al. 2009. Uptake and acropetal translocation of polycyclic aromatic hydrocarbons by wheat (*Triticum aestivum* L.) grown in field-contaminated soil. Environmental Science & Technology, 43(10): 3556-3560.

Tara N, Afzal M, Ansari T M, et al. 2014. Combined use of alkane-degrading and plant growth-promoting bacteria enhanced phytoremediation of diesel contaminated soil. International Journal of Phytoremediation, 16(12): 1268-1277.

Taylor M D. 1997. Accumulation of cadmium derived from fertilisers in new zealand soils. Science of the Total Environment, 208(1-2): 123-126.

Thangamani S, Shreve G S. 1994. Effect of anionic biosurfactant on hexadecane partitioning in systems. Environmental Science & Technology, 28: 1993-2000.

Thomas R A, Beswick A J, Basnakova G, et al. 2000. Growth of naturally occurring microbial isolates in metal-citrate medium and bioremediation of metal-citrate wastes. Journal of Chemical Technology & Biotechnology, 75(3): 187-195.

Tode K, Lüthen H. 2001. Fusicoccin-and IAA-induced elongation growth share the same pattern of K^+ dependence. Journal of Experimental Botany, 52(355): 251-255.

Trapp S, Matthies M, Scheunert I, et al. 1990. Modeling the bioconcentration of organic chemicals in plants. Environmental Science & Technology, 24(8): 1246-1252.

Türkan S, Bor M, Zdemir F, et al. 2005. Differential responses of lipid peroxidation and antioxidants in the leaves of drought-tolerant *P. acutifolius* Gray and drought-sensitive *P. vulgaris* L. subjected to polyethylene glycol mediated water stress. Plant Science, 168(1): 223-231.

Tyagi M, Fonseca M M R D, de Carvalho C C C R. 2011. Bioaugmentation and biostimulation strategies to improve the effectiveness of bioremediation processes. Biodegradation, 22(2): 231-241.

Udo E J, Fayemi A A A. 1975. The effect of oil pollution of soil on germination, growth and nutrient uptake of corn. Journal of Environment Quality, 4(4): 537-540.

Uhmann A, Aspray T J. 2012. Potential benefit of surfactants in a hydrocarbon contaminated soil washing process: fluorescence spectroscopy based assessment. Journal of Hazardous Materials, 219-220(15): 141-147.

Urum K, Grigson S, Pekdemir T, et al. 2006. A comparison of the efficiency of different surfactants for removal of crude oil from contaminated soils. Chemosphere, 62(9): 1403-1410.

Verner J F, Ramsey M H, Helios-Rybicka E, et al. 1996. Heavy metal contamination of soils around a PbZn smelter in bukowno, Poland. Applied Geochemistry, 11(1-2): 11-16.

Wan C, Du M, Lee D J, et al. 2011. Electrokinetic remediation and microbial community shift of β-cyclodextrin-dissolved petroleum hydrocarbon-contaminated soil. Applied Microbiology and Biotechnology, 89(6): 2019-2025.

Wang C X, Tao L, Ren J. 2013. The response of maize seedlings to cadmium stress under hydroponic conditions. Russian Journal of Plant Physiology, 60(2): 295-299.

Wang Y, Tian Z J, Zhu H L, et al. 2012. Polycyclic aromatic hydrocarbons (PAHs) in soils and vegetation near an e-waste recycling site in South China: Concentration, distribution, source, and risk assessment. Science of the Total Environment, 439(15): 187-193.

Weyens N, van der Lelie D, Taghavi S, et al. 2009. Phytoremediation: Plant-endophyte partnerships take the challenge. Current Opinion in Biotechnology, 20(2): 248-254.

Whang L M, Liu P W G, Ma C C, et al. 2008. Application of biosurfactants, rhamnolipid, and surfactin, for enhanced biodegradation of diesel-contaminated water and soil. Journal of Hazardous Materials, 151(1): 155-163.

Wild E, Dent J, Thomas G O, et al. 2005. Direct observation of organic contaminant uptake, storage, and metabolism within plant roots. Environmental Science & Technology, 39(10): 3695-3702.

Wittig R, Ballach H, Kuhn A. 2003. Exposure of the roots of Populus nigra L. cv. loenen to PAHs and its effect on growth and water balance. Environmental Science & Pollution Research, 10(4): 235-244.

Woodward F I, Kelly C K. 2006. The influence of CO$_2$ concentration on stomatal density. New Phytologist, 131(3): 311-327.

Wuana R A, Okieimen F E, Imborvungu J A. 2010. Removal of heavy metals from a contaminated soil using organic chelating acids. International Journal of Environmental Science & Technology, 7(3): 485-496.

Wyszkowski M, Wyszkowska J, Ziolkowska A. 2004. Effect of soil contamination with diesel oil on yellow lupine yield and macroelements content. Plant Soil and Environment, 50(5): 218-226.

Xiao X, Chen H, Si C, et al. 2012. Influence of biosurfactant-producing strain Bacillus subtilis BS1 on the mycoremediation of soils contaminated with phenanthrene. International Biodeterioration & Biodegradation, 75: 36-42.

Xu J, Xin L, Huang T, et al. 2011a. Enhanced bioremediation of oil contaminated soil by graded modified Fenton oxidation. Journal of Environmental Sciences, 23(11): 1873-1879.

Xu Q, Nakajima M, Liu Z, et al. 2011b. Biosurfactants for microbubble preparation and application. International Journal of Molecular Sciences, 12(12): 462-475.

Xu S Y, Chen Y X, Wu W X, et al. 2006. Enhanced dissipation of phenanthrene and pyrene in spiked soils by combined plants cultivation. Science of the Total Environment, 363(1-3): 206-215.

Yan P, Lu M, Guan Y, et al. 2011. Remediation of oil-based drill cuttings through a biosurfactant-based washing followed by a biodegradation treatment. Bioresource Technology, 102(22): 10252-10259.

Yang B M, Kao C M, Chen C W. 2012. Application of *in situ* chemical oxidation for the remediation of TPH-contaminated soils. Applied Mechanics and Materials, 121: 196-200.

Yilmaz K, Akinci R E, Akinci S. 2009. Effect of lead accumulation on growth and mineral composition of eggplant seedlings (*Solarium melongena*). New Zealand Journal of Experimental Agriculture, 37(3): 189-199.

Zhang Z, Zhou Q, Peng S, et al. 2010. Remediation of petroleum contaminated soils by joint action of *Pharbitis nil* L. and its microbial community. Science of the Total Environment, 408(22): 5600-5605.

Zhou J M, Dang Z, Cai M, et al. 2007. Soil heavy metal pollution around the Dabaoshan mine, Guangdong province, China. Pedosphere, 17(5): 588-594.

Zhou W, Wang X, Chen C, et al. 2013. Enhanced soil washing of phenanthrene by a plant-derived natural biosurfactant, sapindus saponin. Colloids & Surfaces a Physicochemical & Engineering Aspects, 425: 122-128.

Zuo Q, Lin H, Zhang X L, et al. 2006. A two-compartment exposure device for foliar uptake study. EnvironmentaL Pollution, 143(1): 126-128.

附录 本书相关论文及专利成果

一、期刊论文

1. Zhou J M, Dang Z, Cai M F, et al. 2007. Soil heavy metal pollution around the Dabaoshan Mine, Guangdong province, China. Pedosphere, 17(5): 588-594.

2. Zhang H, Dang Z, Zheng L C, et al. 2009. Remediation of soil co-contaminated with pyrene and cadmium by growing maize (*Zea mays* L.). International Journal of Environmental Science and Technology, 6(2): 249-258.

3. Zhang H, Dang Z, Yi X Y, et al. 2009. Evaluation of dissipation mechanisms for pyrene by maize (*Zea mays* L.) in cadmium co-contaminated soil. Global NEST Journal, 11(4): 487-496.

4. Xu W D, Lu G N, Dang Z, et al. 2013. Uptake and distribution of Cd in sweet maize grown on contaminated soils: a field-scale study. Bioinorganic Chemistry and Applications, Article ID: 959764.

5. Liao C J, Liang X J, Lu G N, et al. 2015. Effect of surfactant amendment to PAHs-contaminated soil for phytoremediation by maize (*Zea mays* L.). Ecotoxicology and Environmental Safety, 112: 1-6.

6. Liao C J, Xu W D, Lu G N, et al. 2015. Accumulation of hydrocarbons by maize (*Zea mays* L.) in remediation of soils contaminated with crude oil. International Journal of Phytoremediation, 17(7): 693-700.

7. Xu W D, Lu G N, Wang R, et al. 2015. The effect of pollination on Cd phytoextraction from soil by maize (*Zea mays* L.). International Journal of Phytoremediation, 17(10): 945-950.

8. Liao C J, Xu W D, Lu G N, et al. 2016. Biosurfactant-enhanced phytoremediation of soils contaminated by crude oil using maize (*Zea mays* L.). Ecological Engineering, 92: 10-17.

9. Qu L, Xie Y Y, Lu G N, et al. 2017. Distribution, fractionation and contamination assessment of heavy metals in paddy soil related to acid mine drainage. Paddy and Water Environment, 15(3): 553-562.

10. Liang Y Y, Yi X Y, Dang Z, et al. 2017. Heavy metal contamination and health risk assessment in the vicinity of a tailing pond in Guangdong, China. International

Journal of Environmental Research and Public Health, 14(12): 1557-1574.

11. Luo W Q, Ji Y P, Qu L, et al. 2018. Effects of eggshell addition on calcium-deficient acid soils contaminated with heavy metals. Frontiers of Environmental Science & Engineering, 12(3): 4.

12. 马毅红, 易筱筠, 党志. 2002. 污染土壤中重金属的可萃取性与生物可利用性. 华南理工大学学报(自然科学版), 30(12): 93-96.

13. 蔡美芳, 党志, 文震, 等. 2004. 矿区周围土壤中重金属危害性评估研究. 生态环境, 13(1): 6-8.

14. 周建民, 党志, 司徒粤, 等. 2004. 大宝山矿区周围土壤重金属污染分布特征研究. 农业环境科学学报, 23(6): 1172-1176.

15. 周建民, 党志, 陶雪琴, 等. 2005. NTA 对玉米体内 Cu、Zn 的积累及亚细胞分布的影响. 环境科学, 26(6): 128-132.

16. 周建民, 党志, 陈能场, 等. 2007. NTA 对玉米体内 Cu、Zn 的积累及化学形态的影响. 农业环境科学学报, 26(2): 453-457.

17. 张慧, 党志, 姚丽贤, 等. 2007. 镉芘单一污染和复合污染对土壤微生物生态效应的影响. 农业环境科学学报, 26(6): 2225-2230.

18. 周建民, 党志, 陈能场, 等. 2007. 螯合剂诱导下污染土壤溶液中 TOC 和重金属的动态变化及其相关性. 环境化学, 26(5): 602-605.

19. 周建民, 党志, 陈能场, 等. 2007. 3-吲哚乙酸协同螯合剂强化植物提取重金属的研究. 环境科学, 28(9): 2085-2088.

20. 惠俊爱, 党志, 叶庆生. 2010. 镉胁迫对玉米光合特性的影响. 农业环境科学学报, 29(2): 205-210.

21. 张慧, 党志, 易筱筠, 等. 2010. 玉米修复芘污染土壤的初步研究. 环境化学, 29(1): 29-34.

22. 党志, 卢桂宁, 杨琛, 等. 2012. 金属硫化物矿区环境污染的源头控制与修复技术. 华南理工大学学报(自然科学版), 40(10): 83-89.

23. 惠俊爱, 党志. 2013. 长期镉胁迫对玉米 CT38 生长和生理特性的影响. 生态环境学报, 22(7): 1226-1230.

24. 陈强培, 郭楚玲, 廖长君, 等. 2013. 绿肥植物绿豆去除土壤中芘的试验研究. 农业环境科学学报, 32(6): 1172-1177.

25. 章慧, 郭楚玲, 卢桂宁, 等. 2013. 具有产表面活性剂功能石油降解菌的筛选及其发酵条件优化. 农业环境科学学报, 32(11): 2185-2191.

26. 惠俊爱, 党志. 2014. 土壤不同镉浓度对玉米 CT38 生长及抗氧化酶活性的影响. 生态环境学报, 23(5): 884-889.

27. 刘沙沙, 付建平, 蔡信德, 等. 2018. 重金属污染对土壤微生物生态特征的影响研究进展. 生态环境学报, 27(6): 1173-1178.

28. 梁雅雅, 易筱筠, 党志, 等. 2019. 某铅锌尾矿库周边农田土壤重金属污染状况及风险评价. 农业环境科学学报, 38(1): 103-110.

二、学位论文

1. 周建民. 重金属污染土壤的螯合诱导植物提取及其环境风险研究. 广州: 华南理工大学博士学位论文, 2006.

2. 张慧. 镉-芘复合污染土壤的植物修复及其强化技术研究. 广州: 华南理工大学博士学位论文, 2009.

3. 徐稳定. 超甜 38 玉米对镉的耐受机理及强化富集研究. 广州: 华南理工大学博士学位论文, 2014.

4. 廖长君. 玉米CT38对石油污染土壤的修复研究. 广州: 华南理工大学博士学位论文, 2015.

5. 刘健. 玉米、黄豆、紫花苜蓿和黑麦草去除酸性土壤中石油的效果研究. 广州: 华南理工大学硕士学位论文, 2012.

6. 陈强培. 绿豆去除污染土壤中芘的试验研究. 广州: 华南理工大学硕士学位论文, 2013.

7. 马林. 多环芳烃污染农田生物修复——大田试验. 广州: 华南理工大学硕士学位论文, 2017.

8. 屈璐. 基于废弃蛋壳的矿区农田土壤重金属及酸化污染控制研究. 广州: 华南理工大学硕士学位论文, 2017.

9. 梁雅雅. 铅锌尾矿库重金属污染风险评价技术规范制定研究——以广东省某铅锌尾矿库为例. 广州: 华南理工大学硕士学位论文, 2018.

10. 骆蔚菱. 钙基生物矿物对矿区重金属污染农田土壤的修复研究. 广州: 华南理工大学硕士学位论文, 2019.

三、发明专利

1. 党志, 周建民. 2005. 重金属污染土壤的植物修复方法: CN 200510032683. X, 公开日期[2005-07-20].

2. 郭楚玲, 章慧, 党志, 等. 2013. 产脂类生物表面活性剂的原油降解菌及应用: CN 201210474165.3, 公开日期[2013-03-20].

3. 卢桂宁, 屈璐, 林璋, 等. 2016. 一种采用蛋壳对重金属污染酸性农田土壤进行改良的方法: CN 201610785765.X, 公开日期[2017-01-04].

4. 卢桂宁, 骆蔚蓁, 季晏平, 等. 2018. 一种基于蛋壳资源化利用的重金属污染农田土壤调理方法: CN 201810025244.3, 公开日期[2018-06-15].

5. 卢桂宁, 骆蔚蓁, 季晏平, 等. 2018. 一种基于骨粉资源化利用的重金属污染农田土壤调理方法: CN 201810025243.9, 公开日期[2018-07-27].